넥스트 워

NEXT WAR

by John Antal

Copyright ⓒ 2023 John Antal
All rights reserved.

Korean translation copyright ⓒ 2025 Planet Media Publishing Co.
Korean translation rights are arrangement with Casemate Publishers and
Book Distributors LLC through AMO Agency.

이 책의 한국어판 저작권은 AMO Agency를 통한 저작권자와 독점 계약한
도서출판 플래닛미디어에 있습니다.
저작권법에 의하여 한국 내에서 보호를 받는 저작물이므로 무단 전재와 무단 복제를 금합니다.

KODEF 안보총서 127

넥스트 워
NEXT WAR

존 앤털 지음 | 진학근 · 이상호 · 최원석 옮김

플래닛미디어

★

무엇이든 결정하는 것이 우유부단한 것보다 낫다.
우리는 결정을 내려야 한다.
만약 내가 틀렸다면 우리는 곧 그것을 알게 될 것이고 그때 가서 다른 선택을 하면 된다.
그러나 결정을 내리지 않으면
시간과 돈을 모두 낭비할 뿐만 아니라 모든 것을 망칠 수도 있다.
— 율리시스 S. 그랜트(Ulysses S. Grant)[1] —

★

2022년 캘리포니아주 포트 어윈(Fort Irwin)에 있는 국립훈련센터(NTC, National Training Center)에서 미군 병사들이 소형 드론을 운용하며 훈련하고 있다. 병사들 뒤로는 로봇분대(robotic squad) 차량이 보인다. 미 육군은 다음 전쟁에서 승리하기 위해 점차 유무인 결합 하이브리드 군대를 구축해가고 있다. 〈출처: U.S. Army〉

| 추천사 |

생각한다 고로 존재한다(Cogito ergo sum), 데카르트의 부활

이 책의 저자인 존 앤털John Antal 스타일로 시작해보면 이렇습니다.

데카르트René Descartes는 30년 전쟁에 포병장교로 참전했습니다. 아마도 관측장교 임무를 수행했을 그는 최전방에서(그때는 대포의 사거리가 짧아서 보병 대열 앞에서 사격한 후 2차 사격을 위해 뒤로 빠지는 모습으로 전투가 진행되었지요) 적진을 바라보며 포병 사격을 이끌어내고 있었습니다. 그런데 첫발이 목표를 맞히지 못하고 말았습니다. 그러자 데카르트는 포대에 외칩니다. "오른쪽으로 100걸음 더!"

이번에는 목표에 명중했습니다. 포대의 두 번째 발사는 데카르트의 생각에 따라 이루어진 것입니다. 대부분의 군인들은 환호하면서 기뻐했는데, 독특하면서도 천재적이었던 데카르트는 이 순간 전혀 다른 것을 깨닫습니다. '생각하는 것이 존재한다!'

얼마 후 군복을 벗은 데카르트는 전쟁에서 얻은 교훈들을 철학적으로 사유하면서 정리해보았고, 이를 『방법론』이라는 책으로 발간하게 됩니다. 바로 여기에서 'Cogito ergo sum'이라는 유명한 명제를 이야기하게 됩니다. '생각한다, 고로 존재한다.'

100여 년 뒤. 쾨니히스베르크Königsberg에서 매일 정확한 시간에 산책을 즐기던 칸트Immanuel Kant는 '코페르니쿠스적 전환'이라는 명제를 던지며 선험적 종합판단을 주장했습니다. 그리고 칸트의 제자이자 『판단력비판』의 교정과 출판을 담당했던 키제베터J. G. C. Ch. Kiesewetter는 그의 제자 클라우제비츠Carl von Clausewitz에게 칸트의 철학을 충실하게 가르쳤습니다.

클라우제비츠 사상의 대부분은 칸트 철학에 바탕을 두고 있습니다. 전장터에서는 데카르트처럼 생각하는 것이 존재한다기보다 오히려 군인들 개개인이 느끼는 감정, 경험치 등이 더 많은 영향을 미친다고 보았습니다. 'I think'가 아니라 'I feel'이 실존에 가깝다는 것이죠. 즉, '인식하는 것이 존재한다'는 것입니다. 전장에서는 아무리 생각한 대로 하려 해도, 불확실한 정보, 육체적 고통, 위험, 지형과 기상에 따라 그렇게 되지 않습니다. 클라우제비츠는 이를 '마찰'이라는 단 한 단어로 명쾌하게 정의했습니다.

이 두 이야기가 전쟁철학에서 두 개의 큰 뿌리가 됩니다. 데카르트의 후예들은 생각하는 것이 중요해서 전쟁을 과학적으로 해석하고자 했고, 이를 이론화하여 '작전선', '결정적 지점' 등을 만들어냈습니다. 대표적으로 조미니Antoine-Henri Jomini가 데카르트의 정신을 이어받았고, 또 조미니를 추앙하는 이들이 바로 해군의 이론적 아버지 머핸Alfred Thayer Mahan과 공군의 아버지 두에$^{Giulio\ Douhet}$입니다. 그들의 사상은 제2차 세계대전까지 영향을 미치게 됩니다. 그런데 한국전쟁과 베트남 전쟁을 겪으면서 미국에서 클라우제비츠에 대한 탐구가 시작되었고, 이후 수십 년 동안 클라우제비츠의 이론이 거의 모든 군사학을 지배하고 있습니다. 심지어 대부분의 군사학 이론이 클라우제비츠의 이론에 함몰되어 있어, 저는 이러한 현상을 '클라우제비츠의 악령$^{The\ Ghost\ of\ Clausewitz}$'이라고 부르기도 했습니다.

하지만 이제 전장의 환경은 완전히 바뀌고 있습니다. 클라우제비츠가 이야기한 마찰을 최대한 최소화하면서, 첨단과학기술의 힘으로 내가 생각한 대로 전장을 지배할 수 있는 시대가 다가오고 있는 것입니다. 따라서 데카르트의 말처럼 생각하는 것이 존재하게 할 수 있는 시대가 온 것입니다. 저는 이를 '데카르트의 부활'이라고 말합니다.

데카르트의 부활 시대에 존 앤털의 『넥스트 워$^{Next\ War}$』는 매우 시의적절한 책입니다. 여기서 그는 드론, AI(인공지능), 합동전영역지휘통신, 스타링크와 같은 첨단 기술이 실제 전장에서 어떻게 구현될지를 가상의 시나리오와 실제 사례를 결합해 생생하게 보여줍니다. 단순한 기술 설명이 아니라, 그것이 전장의 상황 판단, 지휘 결심, 부대 운용, 전투 결과에 어떤 영향을 미치는지를 구체적으로 풀어냅니다.

아무리 좋은 내용이라도 지나치게 전문적이고 난해하면 독자에게 외면당하기 마련입니다. 그러나 『넥스트 워』는 여기에 강점이 있습니다.

존 앤털은 가상의 상황과 흥미로운 이야기 전개로 군사 전문 지식이 없는 독자도 쉽게 몰입하도록 합니다. 각 장의 서두를 장면 묘사로 열어, 독자가 마치 전투 현장에 있는 듯한 감각을 느끼게 한 뒤, 그 장면을 뒷받침하는 기술과 전술 개념을 자연스럽게 설명합니다. 이 방식은 군사 전문가에게는 다음 전쟁을 내다보는 상상력과 통찰력을, 일반 독자에게는 재미와 함께 다음 전쟁을 쉽게 이해할 수 있는 기회를 제공합니다.

이 책이 저에게 특별하게 느껴지는 이유가 더 있습니다. 제가 함께 근무했던 후배 장교 세 분이 바로 이 책의 번역에 참여했다는 점입니다. 이들은 모두가 인정하는 전략가이자, 계획관^{Planner}으로서 높은 전문성과 탁월한 리더십으로 군을 이끌어가고 있는 인재들입니다. 저는 이들의 현장 경험과 전문성이 번역 과정에서도 고스란히 녹아들었음을 보았습니다. 원문이 가진 긴박감과 전문성을 해치지 않으면서도, 한국 독자가 읽기 편하고 정확하게 이해하도록 다듬어진 번역은 결코 우연이 아닙니다. 또한 지난날 한미동맹의 최선봉에 함께 있었던 브런슨$^{Xavier\ T.\ Brunson}$ 대장의 이야기가 등장하는 것도 저에게는 소중합니다. 그와 저는 전 세계 어디에서도 시작해보지 못했던 연합전영역작전을 한반도에 최초로 적용하면서 계획과 연습으로 호흡을 맞추어 왔었습니다. 그런 의미에서 이 책이 이야기하고자 하는 것들은 바로 한반도에서 곧 일어날 일들임을 인식해야 합니다. 미래는 예측하는 것이 아니고, 우리가 원하는 모습으로 만들어가는 것입니다.

마지막으로 전혀 다른 관점으로 글을 마칠까 합니다. 데카르트의 부활 시대에도 클라우제비츠의 마찰은 새로운 마찰로 바뀌면서 여전히 존재할 것입니다. 그리고 오늘날 우리에게 중요한 질문이 진정한 인간다움이 무엇이냐는 것처럼, 변화하는 시대에 과연 참다운 군인은 무엇이냐는 질문을 끊임없이 우리에게 던져야 할 것입니다. 그리고 또 다른 질문은 이 책에서 이야기하고 있는 것들이 과연 이루어질 것인가가 아니고, 이루어진 그 다음 날 우리에게는 무슨 일이 일어나고 또 우리는 어떻게 해야 할 것인가가 될 것입니다.

2025년 가을 하늘 아래 밀아$^{\text{Military Art}}$ 초아에서

강신철 (예비역 육군 대장)

| 역자 서문 |

우리는 전쟁 방식의 변화에 대비하고 있는가

이 책을 번역한 우리 세 명은 합동참모본부 내 작전계획을 만드는 부서에서 계획관Planner으로 함께 근무했습니다. 당시 우리의 화두는 "유사시 어떻게 싸워야 변화하는 작전 환경 속에서 조기에 주도권을 장악하고 승리할 수 있을까?", "이를 위해 작전계획은 어떻게 만들어야 하는가?"였습니다. 우리는 함께 근무했던 기간 내내 이 주제를 가지고 때로는 즐겁게, 때로는 진지하고 심각하게 토론을 했습니다. 함께 근무했던 부서를 떠난 이후에도 우리는 우리 군의 본질적 질문인 "어떻게 적과 싸워 승리할 것인가?"라는 대화를 이어가며 이 책을 번역했습니다. 번역 과정이 절대 쉽지는 않았으나, 지난 기간은 일이라기보다는 배움의 여정이었습니다.

도서출판 플래닛미디어 김세영 대표님의 추천을 받아 이 책을 처음 읽었을 때부터, 이 책이 평범한 군사서적이 아니라는 것을 느꼈습니다.

이 책의 저자 존 앤털은 그저 분석하거나 설명하지 않고 독자를 전투의 중심으로 데려가, 그곳에서 새로운 기술과 무기체계가 어떻게 전쟁의 판도를 바꾸는지를 체험하게 만들기 때문입니다.

전쟁의 역사에서 새로운 기술과 무기의 등장은 언제나 전쟁 양상의 근본적인 변화를 이끌어왔습니다. 중세 백년전쟁 시기에 영국군이 도입한 장궁Longbow은 당시 무적이라 불리던 프랑스 중기병을 크레시Crécy와 아쟁쿠르Agincourt 전투에서 무너뜨렸습니다. 제1차 세계대전에서는 기관총이 전투의 양상을 완전히 바꾸었고, 제2차 세계대전에서는 독일군의 전격전Blitzkrieg이 기계화부대, 항공력, 무선통신을 결합해 전장을 재편했습니다. 걸프전에서는 GPS와 정밀유도무기가 전투 계획과 타격 방식을 혁신했습니다. 역사는 한결같이 증명합니다. 변화의 흐름을 읽고 신속하게 대응한 자는 승리했고, 그렇지 못한 자는 패배한다는 사실을 말입니다.

최근 몇 년간 전쟁의 양상은 정말이지 눈부시게, 그리고 때로는 두렵게 변했습니다. AI(인공지능), 드론, 스타링크와 같은 신기술이 전쟁의 '보조 수단'이 아니라 전장의 핵심 요소로 자리 잡았는데, 우리는 러시아-우크라이나 전쟁, 이스라엘-하마스 전쟁을 통해 이를 직접 확인하고 있습니다. 과거에는 전문가들의 보고서나 비공개 자료에서나 볼 수 있었던 장면들이, 이제는 유튜브 라이브 방송과 SNS 영상으로 실시간 전해집니다. 값싼 드론이 수백만 달러에 달하는 고가 전차를 파괴하는 장면은, '전쟁이 달라졌다'는 사실을 누구나 체감하게 만듭니다.

하지만 우리가 전쟁 방식의 변화를 인식하고 있다는 사실과는 별개로 이 변화가 실제 전장에서 어떻게 구체적인 차이를 끌어낼지에 대한 심도 있는 논의와 준비는 여전히 부족한 것이 현실입니다. 기술의 발전을 목격하며 기술의 발전이 '전쟁 방식을 변화시키고 있다'는 인식은 공유하지만, 이를 전술·전략적으로 어떻게 적용할 것인지, 어떤 조직 개편과 훈련 변화로 이어가야 하는지는 구체적 해답을 내놓지 못하는 경우가 많습니다. 역사가 증명하듯, 변화의 흐름을 읽는 것만으로는 부족합니다. 읽은 것을 '우리의 것'으로 만들어 전장에 구현할 수 있어야 비로소 승리를 거머쥘 수 있습니다.

최근 전쟁들(제2차 나고르노-카라바흐 전쟁, 이스라엘-하마스 전쟁, 러시아-우크라이나 전쟁 등)을 통해 전쟁 방식의 변화와 그에 대한 대비책을 연구해온 이 책의 저자 존 앤털은 구체적으로 무엇이, 어떻게, 왜 변했는지를 설명하고, 이러한 전쟁 방식의 변화에 대응해 어떻게 준비해야 하는지 생각하도록 자극하기 위해, '사고실험 Thought Experiment'이라는 독특한 형식을 활용합니다. 그는 단순히 데이터를 나열하거나 개념을 정의하는 수준에서 그치지 않고, 가상의 전투 장면으로 독자의 상상력을 자극한 뒤, 실제 사례와 교차시켜 설명합니다. 이러한 형식은 읽는 재미를 높이는 동시에, 독자가 새로운 기술의 실전 적용 방식을 직관적으로 이해하도록 돕습니다.

번역자로서 어려움을 느꼈던 점은 원문 속 용어와 표현이 미국 군사 문화와 깊이 연결되어 있어, 이를 그대로 옮기면 한국 독자에게 낯설거나 의미를 제대로 전달하기 어렵다는 것이었습니다. 그래서 그런 부분들은 우리 군에서 통용되고 있는 용어와 표현을 기준으로 번역했습니다.

번역 과정 내내 '원문의 숨결'을 유지하는 것을 가장 중요한 목표로 삼았습니다. 존 앤털의 문장은 단순히 정보 전달에 그치지 않고, 전투 현장의 공기와 소리마저도 함께 실어 나릅니다. 포성이 울리는 소리, 드론이 저공을 스치는 장면, 지휘관의 신속한 결심… 이런 요소들은 단순한 설명으로는 담기 어렵습니다. 그래서 문장을 우리말로 옮길 때마다, 독자가 마치 전투 현장에 있는 듯한 몰입감을 느낄 수 있도록 원문의 리듬과 호흡을 최대한 살리려고 노력했습니다.

미·중 경쟁, 북한의 핵 위협, 러시아–우크라이나 전쟁의 여파 속에서, 한반도의 안보 환경은 그 어느 때보다 복잡하고 불확실합니다. 이런 상황에서 변화하는 전쟁 양상을 예측하고 대비 태세를 발전시키는 일은 '선택'이 아니라 '필수'입니다.

존 앤털은 이 책을 통해 우리에게 질문합니다. "당신은 전쟁 방식의 변화에 대비하고 있는가? 새로운 전투공간에서 적에 맞설 준비가 되어 있는가?" 이 질문은 단순히 군사전문가만을 향한 것이 아닙니다. 국가 안보와 자유를 지키는 일에 관심 있는 모든 사람, 그리고 이 땅에서 살아가는 우리 모두에게 던져진 물음입니다.

우리는 이 책이 몇몇 전문가의 책상 위에만 머물지 않기를 바랍니다.

부대 강의실, 정책회의실, 대학 강단, 그리고 안보와 평화를 고민하는 모든 이의 손에 닿기를 소망합니다. 읽는 이가 군인이라면, 이 책은 훈련과 작전을 설계하는 데 새로운 시각을 제공해줄 것입니다. 정책입안자라면, 전략과 무기체계 개발 방향에 대한 깊은 통찰을 얻을 수 있습니다. 일반 독자라면, 기술과 전쟁이 어떻게 얽혀 우리의 삶과 미래를 바꾸는지 이해하는 기회를 얻게 될 것입니다.

 이 책을 통해 독자 여러분이 '다음 전쟁'이 어떤 양상으로 펼쳐질지 머릿속으로 시각화하여 상상해보고 어떻게 대응해야 할지 깊이 생각해 보길 바랍니다. 이는 단순히 더 빠른 무기나 더 강한 화력을 갖추는 것을 넘어, 변화에 적응하고 대응하는 사고방식 자체를 재설계해야 한다는 것을 의미합니다. 다음 전쟁에 대한 상상력과 통찰력을 불어넣어 줄 이 책이 한반도에서의 전쟁 억제와 평화를 위해 헌신하는 분들에게 조금이라도 도움이 되기를 진심으로 희망합니다.

2025년 가을
진학근, 이상호, 최원석

CONTENTS

| 추천사 | 생각한다 고로 존재한다(Cogito ergo sum), 데카르트의 부활 · 9
    – **강신철**(예비역 육군 대장)

| 역자 서문 | 우리는 전쟁 방식의 변화에 대비하고 있는가 · 14

| 추천사 | 전쟁 수행 방식을 새롭게 구상하고 혁신하는 데 좋은 출발점이 될 책 · 24
    – **마이크 라운즈**(미 상원의원, 상원 군사위원회 위원)

| 서문 | 생각하는 사람이 이긴다! · 28

| 감사의 말 | · 37

| CHAPTER 1 |
상상력의 결여 · 40
현대전의 9가지 핵심 변혁 요인 · 62

| CHAPTER 2 |
투명한 전투공간 · 64
광학 신호 · 76
열 신호 · 83
전자 신호 · 87
음향 및 지진(파) 스펙트럼 · 93
양자 스펙트럼 · 95
숨바꼭질 게임 · 96

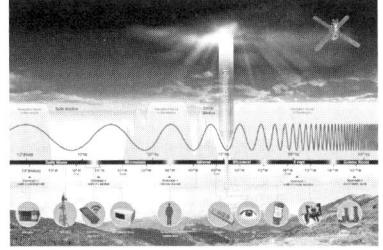

| CHAPTER 3 |
선제공격의 이점 · 100

무인전투기와 자폭 드론 · 117
새로운 타격 수단 · 118
드론 전쟁이라는 새로운 현실에 적응하기 · 121
먼저, 세게 때려라 · 124

| CHAPTER 4 |
무인 공중공격 · 130

드론 공중공격을 격퇴하는 방법 · 142
레이저 · 142
마이크로파 · 144
전자전 재밍 · 144
물리적 파괴 수단 · 145
무인 공중공격은 결정적 교전 방식이다 · 146

| CHAPTER 5 |
AI와 가속화되는 전쟁의 템포 · 150

가장 빠른 자가 이긴다 · 169

| CHAPTER 6 |
완전자율무기로의 전환 · 176

완전자율무기에 대한 마스킹 · 183
다영역 융합은 전영역작전으로 발전할 것이다 · 184

| CHAPTER 7 |

킬웹 · 192

킬체인 · 199
킬웹 · 202

| CHAPTER 8 |

슈퍼 군집 · 212

군집 공격 전술 · 219
슈퍼 군집의 정의 · 226

| CHAPTER 9 |

전투공간의 가시화 · 232

총체적 관점 · 245
직관성 · 246
미니멀리스트 · 247
인지 부하 감소 · 248
다양한 형태의 피드백 · 248
구성 가능성 및 통제의 소재 · 249
자동화 · 250
전영역공통작전상황도 개발 · 251
속도와 AI · 252
JADC2는 어떻게 작동하는가 · 254

| CHAPTER 10 |

결심 우위 · 262

결심 우위의 핵심은 숙련된 지휘관과 전투원 · 275
라이브 신스 · 278
구성 전술 시뮬레이션 – 가상 전투공간 · 280
아르마 3 · 284
리프트와 퀘스트 · 285

| CHAPTER 11 |
최초의 스타링크 전쟁 · 292

스타링크는 무엇인가 · 303
우크라이나, 전쟁에서 스타링크를 활용하다 · 304

| CHAPTER 12 |
미래 도시전투에 대한 준비 · 312

기동타격력 · 323
미래의 센서, 타격무기, 그리고 재머 · 329
군집 ISR 및 타격 · 332
도시 상공과 성층권 장악하기 · 335
미래 도시전투를 위한 ISR 및 타격 · 343

| CHAPTER 13 |
빅 블루 블랭킷: 대드론 작전을 위한 경전술기 · 346

| CHAPTER 14 |
인간-로봇 하이브리드 부대 · 362

난제 · 369
올바르게 질문하기 · 371
로봇을 지휘할 것인가, 조종할 것인가 · 373

| CHAPTER 15 |
지휘소 운용 규칙 · 378

| CHAPTER 16 |
전투충격 · 400

지휘 · 417
설계 · 421
훈련 · 424
전투 · 427
지원 · 429
승리 · 433
다음 전쟁 · 436

| 저자주(著者註) | · 442

| 추천사 |

전쟁 수행 방식을 새롭게 구상하고 혁신하는 데 좋은 출발점이 될 책

마이크 라운즈 Mike Rounds*

(미 상원의원, 상원 군사위원회 위원)

전쟁이란 권력과 영향력을 획득하기 위한 조직화된 폭력행위다. 전쟁은 시대를 초월하고 복잡하며 끊임없이 변화하고 있다. 미래 전쟁 방식의 변화를 다룬 존 앤털John Antal의 저서 『넥스트 워Next War』는 국방 관련 업무에 종사하는 사람이라면 반드시 읽어야 할 필독서다.

  미국 상원 군사위원회 위원이자 사이버 보안 소위원회의 공화당 간사로서 나의 업무 중 상당 부분은 국방, 특히 새로운 국방기술에 관한 것이다. 이 책의 저자인 존 앤털은 지난 2년간 군 고위 지휘관, 참모,

---

* 마이크 라운즈 상원의원은 사우스다코타(South Dakota) 주지사를 두 차례 역임하고, 2014년 미 상원의원에 당선되었다. 상원의원 재임 기간에 상원 군사위원회 위원으로 활동했다. 사이버 보안 소위원회의 초대 위원장을 역임했고, 2021년부터는 소위원회의 공화당 소속 위원으로 활동하고 있다. 첨단기술에 관심이 많아 미 상원 인공지능 코커스(the United States Senate Artificial Intelligence Caucus)의 공동 의장도 맡고 있다.

그리고 나에게 변화하는 전쟁 방식에 대해 브리핑을 해왔다. 특히, 그가 나에게 직접 브리핑해주었던 제2차 나고르노-카라바흐 전쟁Second Nagorno-Karabakh War은 전쟁의 미래와 새로운 군사기술에 대한 심오한 의미를 담고 있었다. 그가 제공한 정보는 우리가 적보다 앞서 나가기 위해 무엇을 해야 하는지를 보여주었다. 그는 미국과 미국이 지향하는 자유라는 가치를 믿는 애국자로서 대가 없이 이러한 브리핑을 해왔다.

전쟁을 연구하는 데 평생을 헌신한 존 앤텔은 국방성 고위 관계자와 일반 대중에게 다음 전쟁Next War에 대한 정보를 제공해줄 수 있는 최적의 인물이다. 미국 웨스트포인트West Point 육군사관학교, 육군 지휘참모대학Army Command and General Staff College, 육군 전쟁대학Army War College을 졸업한 그는 30년 동안 육군 장교로 복무했다. 합참의장 특별보좌관을 지냈으며, 소대부터 여단에 이르기까지 다양한 전투부대를 지휘했다. 군 복무를 마치고 전역한 뒤 민간 기업의 기술팀을 이끌었고, 2018년부터 2021년까지는 육군 과학위원회Army Science Board 위원으로도 활동했다. 베스트셀러 작가이기도 한 그는 군사사軍事史, 리더십, 군사문제 등에 관한 책을 17권 출간했다. 무엇보다도 그는 청중과 독자가 어려운 질문을 던지도록 유도하고, 생각하도록 자극한다.

지금 미국은 국가안보의 역사에서 매우 위험한 시기를 맞이하고 있다. 러시아, 중국, 이란, 북한은 세계 평화와 미국, 그리고 동맹국을 위협하고 있다. 2022년 러시아가 우크라이나를 침공한 이후 제2차 세계대전 이래 가장 파괴적인 전쟁이 유럽에서 벌어지고 있다. 중국, 이란, 북한은 푸틴의 침략을 지지하며 힘을 합치고 있다. 우크라이나 국민들은 영웅적으로 싸우고 있으나 전쟁의 끝은 아직 요원하고 푸틴 정권은 자유롭고 독립적인 우크라이나를 정복하겠다는 결심을 굳힌 것으로 보인다.

중국은 주변 이웃 국가들에 위협이 되고 있고, 어떤 수단을 동원해서라도 대만을 수복하겠다는 의지까지 천명하고 있다. 시진핑習近平 주석은 인민해방군 지휘부에 대만에 대한 공격을 준비하라고도 지시했다. 이란 지도자들은 푸틴Vladimir Putin의 우크라이나 전쟁을 지지하면서 이스라엘을 파괴하겠다는 의지를 공공연히 밝히고 있다. 북한은 사실상의 핵보유국으로, 여전히 호전적이고 예측 불가능하다. 북한의 종신 최고 지도자인 김정은은 핵무기와 탄도미사일 프로그램을 계속 고도화하고 있다. 의도적이든 실수이든 미국과 대등한 군사능력을 보유한 국가peer power와 미국이 전쟁을 벌일 가능성은 점차 커지고 있다. 이들 정권이 미국과 미국의 동맹국 및 우방국을 상대로 도발 행위를 저지르고 침략할 마음을 먹게 만드는 것은 자신이 가진 힘이 아니라 상대의 약점이다. 평화를 유지하기 위해서는 전쟁이 일어나지 않기를 바라는 동시에 전쟁에 대비해야 한다.

군사 문제에 대한 통찰을 얻는 것은 보기 드문 일이다. 이 책에서 저자가 여러 차례 분명하게 강조하듯이 통찰을 얻기 위해서는 사고와 질문, 대화가 필요하다. 『넥스트 워』는 미국을 지키기 위한 우리의 노력을 더욱 활성화하는 데 필요한 생각과 질문, 대화를 촉진하는 데 도움을 줄 것이다. 우리가 군대를 전쟁에 투입한다면, 대등한 싸움이 되기를 바라지 않을 것이다. 미군은 적을 뛰어넘는 우수한 인력, 기술, 무기체계를 보유해야 하며, 첨단 기술과 시스템을 활용해 승리할 수 있는 교리를 갖추어야 한다. 이를 위해 우리는 지금 존 앤털이 던지는 어려운 질문에 답해야만 한다. 이 책이 미국의 국방이 직면하고 있는 핵심 문제 해결에 필요한 대화를 촉진할 수 있다면, 이 책은 그 중요한 목적을 달성한 것이다. 우리는 반드시 전쟁 수행 방식을 새롭게 구상하고 혁신해야 한다. 이 책이 좋은 출발점이 될 것이라 확신한다.

| 서문 |

생각하는 사람이 이긴다!

> 대부분의 사람은 생각보다 빨리 죽는다. 정말 그렇다.[1]
> ― 버트런드 러셀(Bertrand Russel) ―

생각하는 사람이 이긴다.[2] 이것은 변하지 않는 전쟁의 진리. 호메로스Homeros의 『일리아드Iliad』를 보면, 그리스 군대가 대규모 함대를 끌고 강력한 트로이군과의 전쟁에 나섰을 때 그들의 계획은 정면 전투에서 트로이군을 물리치는 것이었다. 그리스인들은 깊은 생각 없이 10년간 계속된 전쟁에 그들의 군대와 재산, 그리고 명예를 바쳤다. 어느 쪽도 결정적인 우위를 점하지 못한 채 전쟁은 교착상태에 빠졌다. 10년간의 우유부단함과 이로 인한 희생이 끝을 모른 채 이어지는 상황에서 아테나Athena 여신이 '위대한 전술가'로 칭송한 그리스의 지도자 오디세우스Odysseus는 기발한 계획을 고안해냈다. 오디세우스는 무력만으로는 트로이의 견고한 성벽을 뚫을 수 없다는 것을 알고 있었다. 승리를 위해서는 새롭고 창의적인 방법이 필요했다. 베르길리우스Vergilius*의 서사시 『아에네이스Aeneid』에서 오디세우스의 계획은 '창의적인 두뇌'[3]의 책략이자 교활한 계략으로 묘사된다. 오디세우스는 뛰어난 지도자이자 그리스 최고 전략가일 뿐만 아니라, 신들로부터 예지력을 부여받은 인물이었다. 예지력이란 빠르게 문제를 파악하고 해결하는 동시에 장기적 해결책을 함께 제시할 수 있는 능력이다. 오디세우스는 결국 트로이 목마라는 계략으로 트로이의 성벽을 무너뜨리고 그리스에 승리를 안겨주었다. 이 이야기에서 얻을 수 있는 교훈은 명확하다. 창의적이고 기발한 방식으로 생각하는 사람이 승리한다는 것이다.

오늘날 우리는 기하급수적인 변화의 시대에 살고 있다. 기술은 모든 것을, 특히 전쟁 방식을 변화시키고 있다. 대부분의 미국인은 전쟁의 급격한 변화를 인지하지 못하고 있다. 유럽에서 대규모 전쟁이 벌어지고 있으며, 그 전쟁이 더 큰 갈등으로 확대될 가능성이 있는 지금, 우리는 주의를 기울여야 한다. 공산주의 중국은 대만을 공격할 준비가 끝난 듯이 보인다. 북한은 여전히 도발적이다. 이란은 대리세력을 활용한 하이브리드 전쟁hybrid war을 벌이며 미국을 공격하고, 이스라엘을 파괴하겠다는 위협을 멈추지 않고 있다. 2022년 6월 말, 영국 육군 참모총장 패트릭 샌더스 경Sir Patrick Sanders은 이 시기를 "1937년의 순간"4이라고 부르며 제2차 세계대전의 폭풍이 몰아치기 직전의 시기와 비교했다. 전쟁의 바람이 다시 거세지는 상황에서 우리는 다가오는 폭풍에 대비할 준비가 되어 있을까? 강풍이 우리를 강타하기 전에 우리는 주어진 시간을 현명하게 사용할 수 있을까?

---

* 베르길리우스(Vergilius): 역사상 가장 위대한 작가 중 한 명으로 평가받는 고대 로마의 시인. 오비디우스, 호라티우스와 함께 역대 최고의 라틴어 문학가라고 불린다.

군사 및 국가안보 지도자들은 전쟁 방식의 변화를 연구하고 이해해야 할 의무가 있다. 우리는 이러한 지도자들이 전쟁을 억제하고, 억제가 실패할 경우 현명하게 싸워 승리할 수 있기를 기대한다. 1973년 이스라엘의 지도자들은 다음 전쟁이 이전 전쟁과 비슷할 것이라고 생각했다. 1967년 6월 5일부터 10일까지 벌어진 '6일 전쟁'은 이스라엘 방위군의 우월성을 입증한 이스라엘의 결정적인 승리였다. 하지만 군사적 우위는 절대 영원하지 않다. 1973년 10월 6일부터 25일까지 이스라엘은 혹독한 시험과도 같은 놀라운 새로운 전쟁에 직면했다. 유대교 성일인 욤 키푸르Yom Kipurr 속죄일에 시작되어 '욤 키푸르 전쟁'이라 불리는 전쟁에서 이스라엘은 결국 승리를 달성했지만, 개전 초에는 그 누구도 우세를 점하지 못하는 상황이었다. 이집트, 시리아, 그리고 다른 아랍 세력들이 대부분 소련군의 장비와 전술을 사용했기 때문에 미국의 군사 지도자들은 욤 키푸르 전쟁을 장차 유럽에서 소련과의 전쟁이 필연적으로 일어나리라는 것을 암시하는 사례로 보고 이를 면밀하게 분석했다. 윌리엄 드푸이William DePuy 장군, 돈 스타리Donn Starry 장군 등 미군의 저명한 군사 지도자들은 욤 키푸르 전쟁을 깊이 연구하여 교훈을 도출했고, 이를 미군의 발전에 적용했다. 이러한 선견지명은 미 육군의 훈련, 장비, 전술을 변화시켰는데, 이는 공지전투AirLand Battle라는 새로운 교리의 탄생으로 이어졌다.[5] 오늘날 우리의 상황은 여러모로 그때와 비슷하다. 최근 발생한 세 가지 분쟁─제2차 나고르노-카라바흐 전쟁Nagorno-Karabakh War(2020년), 이스라엘-하마스 전쟁(2021년)[*], 그리고 아직도 끝나지 않은 2022년 러시아-우크라이나 전쟁─은 우리에게 다른 나라의 전쟁을 통해 배울 수 있는 기회를 제공한다. 우리 군의 많은 사람들이

루마니아에서 훈련 중 브래들리 보병전투차량이 전투진지로 이동하는 동안 헬기가 머리 위에서 비행하고 있다. 미군은 북대서양조약기구 방어에 동참하기 위해 유럽에 배치되어 있다. 〈출처: U.S. Army〉

이 전쟁들을 연구하고 있지만, 더 많은 노력이 필요하다. 우리는 이러한 분쟁들을 통해 전쟁의 변화를 인식하고 어떻게 싸울 것인지 다시 생각해야 한다.

---

* 이스라엘-하마스 전쟁: 2021년 5월 10일부터 20일까지 11일간 이어진 이스라엘과 팔레스타인 하마스 간의 분쟁을 말한다.

"우리는 다음 전쟁에 대비하고 있는가?" 이는 우리의 군사 및 국가안보 지도자들이 매일 스스로에게 던져야 하는 질문이다. 미군은 다양한 도전에 대응하기 위한 전천후 능력을 갖추고 있지만, 오늘날 미군은 대규모 군사작전 능력을 갖춘 잠재적인 적과 경쟁하고 있다. 전투준비태세란 부대나 조직이 전투작전을 효과적으로 수행하여 승리를 달성할 수 있는 수준을 말한다. 전투준비태세는 다음 전투에서 승리하기 위해서뿐만 아니라 공격을 억제하기 위해서도 필요하다. 이러한 능력은 지적 능력과 물리적 능력 모두를 포함한다. 미국은 다른 어떤 국가보다도 많은 국방예산을 지출하고 있다. 미군은 항공모함, 5세대 전투기, 가장 강력한 전차 등 세계 최고 수준의 최첨단 무기체계를 보유하고 있다. 우리는 동맹국이 우리를 존중하고 적이 우리를 두려워한다고 생각하지만, 이러한 생각은 재검토해야 한다. 전쟁에서 이기지 못한다면 이 모든 생각은 환상일 뿐이다. 실제로 미국이 마지막으로 전쟁에서 승리했던 것이 언제였는가?

지난 25년 동안 미국은 전쟁을 억제하고 승리를 이끄는 데 있어 우려스러울 정도로 상상력과 미래를 내다보는 통찰력이 부족했다. 2001년 9월 11일, 세계무역센터World Trade Center와 펜타곤Pentagon에 대한 테러 공격 이후 이라크와 아프가니스탄에서 이어졌던 오랜 기간의 우유부단한 보복전쟁은 중대한 실패로 끝이 났다. 우리는 최근의 이 패배를 있는 그대로, 즉 상상력의 실패로 직시할 수 있는 용기를 가져야 한다. 우리는 실패의 원인을 파악하고 그 교훈을 배우기 위해 상세하고 전체적인 사후 검토를 수행해야 한다.

미군은 지금 역사적 전환점에 서 있다. 초소형화 기술, 컴퓨팅 파워,

로봇공학, 센서 등을 융합하는 기술과 이것이 만들어내는 시너지 효과가 전쟁의 방식을 바꾸고 있다. 이 중에서도 AI$^{\text{Articial Intelligence}}$(인공지능)[6]는 전쟁 패러다임의 변화를 가속하고 있다. 오늘날 AI는 여전히 '제한적이고' 단순하지만, 전투공간 곳곳에서 유영하고, 주행하고, 비행하는 다양한 스마트 자율 무기를 가능하게 한다.

도처에 있는 센서, 무인전차, 자폭 드론, 무인전투기, 장거리 정밀타격 무기, AI(인공지능), 킬웹 등 새로운 기술이 하루아침에 등장한 새로운 것처럼 보일지 모르나 이는 사실이 아니다. 이러한 능력은 수십 년에 걸쳐 진화해왔다. 제2차 세계대전 당시 독일군이 개발했던 전기구동 로봇 골리아트^{Goliath}(Leichter Ladungsträger SdKfz. 302)는 220파운드의 폭탄을 탑재한 소형 궤도차량으로, 연합군 병사들에게 '딱정벌레 전차$^{\text{beetle tank}}$'라는 별명으로 불리었다. 조이스틱 컨트롤러에 유선으로 연결된 골리아트는 한 명의 병사가 조이스틱 컨트롤러로 조종해 목표 지점까지 이동시킨 다음 명령 신호를 통해 원격으로 지뢰를 정확하게 폭파할 수 있었다. 제2차 세계대전 당시 독일은 7,564대의 골리아트를 생산했다. 골리아트가 전투에 사용된 최초의 로봇은 아니었지만, 매우 유의미한 사례였다.[7] 그 이후로도 로봇 전투체계는 빠르게 발전해왔다. 로봇과 AI는 군사작전 방식을 혁신할 것이며, 인간과 기계가 함께 싸우는 지능형 하이브리드 체계는 전쟁의 새로운 시대를 열어갈 것이다.

전쟁을 예방하는 가장 좋은 방법은 전쟁에 대비하는 것이며, 만약 전쟁이 일어난다면 가능한 한 빨리 승리하는 것이 목표여야 한다. 내일 무슨 일이 일어날지는 아무도 모르지만, 미래를 예측하고 계획하지 않으면 기습공격을 당할 수밖에 없다. 제때 생각하고, 행동하는 지휘관은 매우 귀중하다. 상상력과 미래를 내다보는 통찰력을 갖춘 지휘관을 양성하는 것이 우리가 직면한 가장 절실한 과제다. 전쟁에서 승리하기 위해 기술만큼 중요한 것은 인간의 리더십이다. 전쟁에서 승리할 수 있는 리더십은 기술력, 상상력, 미래를 내다보는 통찰력을 요구한다. 읽고, 비판적으로 사고하고, 관련 질문을 던지고, 답을 도출하고, 결론을 검증하는 과정에서 상상력을 발휘해야 한다. 우리는 독서, 학습, 상호작용, 대화, 워게임, 레드팀 활동을 통해 미래를 내다보는 통찰력을 키워야 한다. 미래를 내다보는 통찰력을 기르기 위한 노력을 내일로 미뤄서는 안 된다. 지금 당장 시작해야 한다.

이 책을 저술한 중요한 목적은 제2차 나고르노-카라바흐 전쟁, 이스라엘-하마스 전쟁, 그리고 아직도 끝나지 않은 러시아-우크라이나 전쟁을 통해 우리에게 필요한 교훈과 결론을 도출해내기 위해서다. 최근의 전쟁들은 새로운 수단을 통해 전투에 영향력을 행사하는 다영역 군대multidomain forces가 주도하고 있다. 변화의 필요성에 직면한 미 육군은 다영역작전MDO, Multidomain Operations이라 불리는 새로운 개념으로 전환했다.[8] 다영역작전은 미 육군이 합동군(육군, 해군, 공군, 해병대, 우주군)의 일원으로서 미 육군이 경쟁과 분쟁 상황에서 미군과 모든 영역(공중, 지상, 해상, 우주, 사이버 공간)에서 동동한 능력을 갖춘 적에 맞서 어떻게 대응하고 격파할 것인지를 설명하는 개념이다. 이는 궁극적으로 미군 전체에 적용하기 위한 합동전영역작전JADO, Joint All Domain Operation이라는 합동교리로 발전할 수도 있을 것이다.[9]

이 책의 내용은 파격적이다. 거친 모험을 기대해도 좋다. 여러분의 상상력을 자극하고 변화하는 전쟁 방식에 대한 이해를 높이기 위해, 나는 극적이고 가정적인 설명을 통해 변화하는 전쟁 방식들을 소개할 것이다. 이러한 것들을 '사고 실험$^{thought\ experiments}$'이라고 생각해보자. 전통적인 사고방식을 가진 사람들에게는 다소 생소한 내용일 수 있다. 사고 실험이란 어떤 행동이나 조건에 따라 나타나는 결과를 설명하고 분석하기 위해 상상 속에서 일련의 사건을 전개해보는 것으로, 인간의 상상력을 활용하여 문제를 해결하려는 시도다. 나는 베스트셀러 작가이자 군사 분야 미래학자인 피터 싱어$^{Peter\ Singer}$에게서 이러한 접근법에 대한 영감을 얻었다. 2023년 2월 미 의회 군사위원회에서 싱어는 상상력을 자극하는 가상 이야기의 유용성을 다음과 같이 강조했다.

> **전략과 시나리오를 결합한 이러한 방법론은 논픽션에 서사적 전달$^{narrative\ communication}$ 기법을 의도적으로 접목한 것이다. '허구적 지능$^{Fictional\ Intelligence}$' 또는 '유용한 허구$^{Useful\ Fiction}$'로 알려진 FICINT의 목적은 기존의 백서, 논문 또는 간략한 보고서를 대체하는 것이 아니라, 가장 오래된 의사소통 기술인 이야기를 통해 통찰력을 공유함으로써 연구 및 분석의 영향력을 극대화하는 것이다. 이 서사 기법은 독자가 변화된 관점에서 뿐만이 아니라, 뇌과학이 이해와 행동으로 이어질 가능성이 더 높다고 입증한 형식을 통해 새로운 경향, 기술 또는 위협을 시각화할 수 있도록 설계되어 있다. 이러한 접근방법은 미군과 나토군부터 포춘^{Fortune} 500대 기업에 이르기까지 다양한 조직에서 널리 활용되고 있다.**[10]

『넥스트 워』가 여러분의 상상력을 자극하고, 경각심을 높이며, 변화하는 전쟁 방식에 대해 다른 사람들과 대화를 나누도록 이끈다면, 이 책은 그 사명을 완수한 것이다. 상상력의 결여는 당신을 죽음으로 몰아갈 것이다. 편견을 수용하고, 어려운 질문을 던지고, 이에 대한 답을 얻을 때까지 계속 연구해야 한다. 해답을 얻었다면 늦지 않게 행동해야 한다. 생각하는 사람이 이긴다!

| 감사의 말 |

모든 책은 하나의 여정이며, 그 여정을 성공으로 이끌기 위해서는 팀이 필요하다. 무엇보다도 아내 운차^{Uncha}에게 감사의 말을 전하고 싶다. 아내의 사랑과 지원이 없었다면 이 책을 쓸 수 없었을 것이다.

바쁜 일정 중에도 『넥스트 워』를 읽고 서문을 써준 마이크 라운즈 상원의원께 진심으로 감사드린다. 미 상원에서 그가 보여준 리더십, 특히 군사위원회에서의 활동은 매우 중요하며, 국가를 위한 헌신적 봉사의 본보기가 되고 있다. 상원 군사위원회는 국방부, 군사 연구개발, 원자력, 군인복지, 선택복무제 등 중요 사안에 대한 입법 감독 권한을 가지고 있다. 라운즈 상원의원은 "우리의 목표는 전쟁을 피하는 것이고 전쟁 억제가 핵심이다"라고 말했다. 나는 그의 말에 전적으로 동의하며, 군사위원회에서 그가 보여주고 있는 리더십은 미국이 이러한 억제력을 유지하는 데 크게 기여하고 있다고 확신한다.

다음으로, 이 책을 읽고 분석하고 개선하기 위해 시간을 할애해준 친구들에게 감사의 말을 전한다. 특히, 제임스 앤털^{James Antal}(미 해병대 대령, 은퇴), 베스 앤털^{Beth Antal}, 대니얼 아델스타인^{Daniel Adelstein}(미 육군 중령, 은퇴), 케빈 벤슨^{Kevin Benson}(미 육군 대령, 은퇴), 에드워드 브레이스^{Edward Braese}(미 육군 중사, 은퇴), 프랜시스 피어코^{Francis Fierko}(미 육군 대령, 은퇴), 션 그레이브스^{Shawn Graves}(미 육군 대령, 은퇴), 리처드 정^{Richard Jung}(미 육군 대령, 은퇴), 캐롤린 페트라카^{Carolyn Petraca} 부인에게 감사드린다. 여러분의 참여는 이 책을 완성하는 데에 결정적인 도움을 주었다. 모두에게 감사하다.

또한, 케이스메이트^{Casemate} 출판사, 특히 편집과 지원, 그리고 격려를 아끼지 않은 루스 셰퍼드^{Ruth Sheppard}, 아이소벨 풀턴^{Isobel Fulton}, 앤디 라이트^{Andy Wright}, 데클란 잉그램^{Declan Ingram}에게 감사의 마음을 전하고 싶다.

마지막으로, 이 임무를 완수하도록 격려와 조언을 아끼지 않은 모든 미군과 연합군 장교 여러분에게도 감사의 인사를 드린다. 내 인생의 목적은 리더를 키우고, 국가에 봉사하는 전문가들에게 영감을 주는 것이다. 여러분의 영감과 헌신은 내가 그 목표에 더 가까이 다가갈 수 있게 도와주었다. 여러분 모두에게 진심으로 감사드린다.

2023년 5월 17일
존 앤털

러시아 전차가 우크라이나 소형 드론에 의해 무력화된 채 연기를 내뿜고 있다. 최근 세 차례의 분쟁—제2차 나고르노-카라바흐 전쟁(2020년), 이스라엘-하마스 전쟁(2021년), 러시아-우크라이나 전쟁(2022년~)—은 미래 전투 양상을 보여준다. 제2차 나고르노-카라바흐 전쟁(2020년)은 주로 로봇 시스템이 승리를 이끌었고, 이스라엘-하마스 전쟁(2021년)은 AI가 전장을 지배했으며, 러시아-우크라이나 전쟁(2022년~)은 1945년 이후 유럽에서 발생한 최대 규모의 분쟁으로 소형 드론이 핵심 전력으로 급부상했다. 〈출처: the Armed Forces of Ukraine〉

| CHAPTER 1 |
상상력의 결여

사건이 발생하고 난 후에 사건과 연관된 신호와 관계없는 신호를 구분하기란 쉽다.
사건이 일어난 이후에는 이와 관계된 신호가 무엇인지 명확하게 드러나기 때문에
무엇이 재난을 알리는 신호였는지 알 수 있다.
하지만 사건이 일어나기 전까지는 모두가 모호하고 모순되는 의미들로 가득 차 있을 뿐이다.[1]

— 로베르타 모건 월스테터(Roberta Morgan Wohlstetter),
미국 군사정보 분야에서 가장 중요한 역사학자 중 한 명 —

| 일러두기 |

1. 저자주(著者註)는 본문의 해당 부분에 일련번호를 매기고 미주(尾註)로 처리했다.
2. 독자의 이해를 돕기 위해 역자가 단 역자주(譯者註)는 각주(脚註)로 처리했다.

● 리더십과 전쟁에서 변하지 않는 단 하나의 사실은 그것이 변화한다는 것이다. 지휘관에게는 다음 전투를 가시화하고 준비할 수 있는 통찰력을 불어넣는 상상력이 필요하다. 변화하는 전쟁 방식에 대한 상상력을 키우는 것은 쉬운 일이 아니다. 위대한 물리학자 알베르트 아인슈타인Albert Einstein은 "상상력은 지식보다 중요하다. 지식은 한정적이지만, 상상력은 온 세상을 아우른다"[2] 라고 말했다. 아인슈타인은 복잡한 주제를 가시화하여 탐구하기 위해 사고실험이라는 기법을 활용했다. 이러한 개념을 토대로 한 다음 이야기는 오늘날 끊임없이 변화하는 전쟁 방식과 직접 관련이 있는 사고실험의 하나다. 이 이야기는 1941년 12월에 실제로 일어났더라면 제2차 세계대전의 결과를 바꿀 수도 있었던 사건을 다룬다. 이를 실현하는 데 필요한 것은 단지 다르게 생각하는 것뿐이었다.

* * *

유일하게 들리는 소리는 시계의 똑딱거리는 소리뿐이다. 벽에 걸린 일력日曆의 날짜는 1941년 11월 25일.

그는 딜레마에 직면했을 때 변수 하나를 바꾼 다음 문제를 다시 검토하면 도움이 된다는 것을 알고 있다. 그러나 이러한 발상은 야만적이고 끔찍해서 상상하기조차 싫지만 다른 한 편으로 기발하며 사무라이의 기개가 서려 있고 숭고하다. 그는 이 제안을 듣고 공포에 질려 몸서리치면서도 결국에는 그것을 전적으로 받아들인다. 그 순간, 그는 깨닫는다. 겐다의 말이 맞다는 것을. 그럼에도 불구하고…

일본 제국 최고의 전략가이자 해군 사령관인 야마모토 이소로쿠山本 五十六 제독은 고개를 저으며 한숨을 내쉰다. 그는 상상력의 부족이 일본 제국의 패배를 초래할 것이라는 것을 알고 있다. 상상력의 부족은 부하들을 죽음으로 내몰고 자신에게도 불명예를 안길 것이다. 어떻게 해서라도 그런 일은 막아야 한다.

딜레마 앞에서 그는 고민에 빠진다. 공격에 필요한 전투력이 절대적으로 부족하다. 그가 생각하는 목표는 태평양에서 미 해군을 전멸시키는 것이다. 단순히 함대에 피해를 주는 수준이 아니라 전쟁을 수행할 수 있는 능력을 완전히 파괴해야 한다. 완전한 파괴만이 목표를 달성할 수 있는 유일한 방법이다. 일본 제국 함대의 공격군이 미군을 상대로 신속하고 결정적인 승리를 거두기 위해서는 항공모함을 침몰시키고, 하와이 진주만에 정박 중인 주력 함정, 조선소와 정비시설, 석유공급시설을 모두 불태워야 한다.

특히 항공모함과 전함은 태평양 지역 미 해군의 공격력을 구성하는 핵심 요소다. 만약 일본이 이 함정들을 모두 침몰시킨다면, 미국이 피해로부터 회복하고 다시 대응하기까지는 수개월 또는 수년이 걸릴 것이다. 일본이 진주만에 있는 조선소를 파괴한다면 미군은 중부 태평양에서 손상된 함정을 수리할 수 있는 능력이 없어진다. 일본의 항공모함이 진주만 유류저장고를 파괴해버리면 미군은 비행도 항해도 할 수 없다. 연료와 수리시설이 없다면 살아남은 함정은 진주만을 떠날 수밖에 없다.

진주만 시설이 무력화된다면 미 해군은 미 본토 서부 해안의 조선소와 보급창고까지 이동해야 하는데, 살아남은 함정은 이동 중에 일본 잠수함의 공격에 시달릴 것이다. 연료도 탄약도 부족하고 이미 손상을 입은 함정들은 일본군 후속 공격의 쉬운 먹잇감이 될 게 뻔하다.

하지만 지금 일본군의 계획으로는 이러한 목표를 달성할 수 없다. 현재 계획으로 얻을 수 있는 최선의 결과는 잠깐의 놀라운 승리일 뿐, 미 함대를 완전히 파괴할 수는 없다. 새로이 올라온 보고서에 기재된 데이터가 이를 보여준다.

세 가지 핵심 표적―함정, 조선소, 석유시설―을 완벽하게 파괴하지 못하면 공격이 성공한다고 해도 부분적 성공일 뿐이다. 세 가지 표적을 모두 파괴해야 한다. 시간이 지나면 미국은 전열을 재정비하고 재무장할 것이며, 일본으로서는 도저히 이길 수 없는 능력을 갖추고 반격에 나설 것이다. 그는 일본군의 공격력으로 앞으로 6개월간은 충분히 미국에 큰 타격을 가할 수 있다고 확신하지만, 그 이후에는 미국이 각성하여 무장하고 산업력을 총동원하여 압도적인 힘으로 일본군을 산산조각 낼 수도 있음을 알고 있다.

그가 지금 직면한 결정의 무게는 엄청나다.

일본 제국 해군은 태평양에서 가장 강력한 해군 전력으로, 전함 10척, 항공모함 10척, 순양함(중순양함과 경순양함) 38척, 구축함 112척, 잠수함 65척, 그리고 다양한 소형 보조함으로 편성되어 있다. 아카기赤城, 가가加賀, 소류蒼龍, 히류飛龍, 쇼카쿠翔鶴, 즈이카쿠瑞鶴 등 6척의 항공모함을 포함한 51척의 함정을 보유한 일본 제국 해군 공격부대는 진주만 주둔 미 함대를 공격하기 위해 일본에서 곧 출항할 예정이다. 그러나 야마모토는 성공이 주사위를 던지는 것과 같으며, 자신에게 주어진 기회가 단 한 번뿐임을 잘 알고 있다.

야마모토는 겐다가 최근에 작성하여 제출한 진주만 공격계획에 대해 고민 중이다. 겐다 미노루源田実 소령은 뛰어난 해군 장교이자 작전의 천재로 야마모토가 신뢰하는 전략가다. 야마모토의 지시에 따라 겐다는 그의 치밀함과 천재성으로 진주만 공습을 계획했지만, 지금은 기존 계획을 재검토하고 있다. 그는 몇 가지 비관적인 정보에 기반해서 기존의 계획을 다시 평가했다. 이 자료를 통해 그는 일본이 극단적인 조치를 취하지 않는 한 이번 공격으로는 야마모토가 의도하는 목표를 달성할 수 없다는 것을 알게 된다. 겐다는 계획에 대한 전면적 수정이 필요하다고 했지만, 출항하기 전까지 남은 시간은 단 이틀뿐이다. 야마모토가 이 새로운 계획을 수용한다고 해도 새로운 명령을 하달하고 준비할 수 있는 시간은 거의 없다.

평소처럼 치밀하게 조사한 겐다는 일본 해군 최고 함재기 조종사들이 지난 7개월간 연습한 급강하폭격의 명중률이 40%에 불과하다고 보고했다. 뇌격기torpedo bomber의 명중률은 그것보다 조금 더 높지만, 이는 진주만의 얕은 수심에서도 어뢰가 작동할 수 있도록 개조된 신형 91식 공중어뢰가 예상대로 성능을 발휘해야만 가능하다.

이제 해결책은 분명하다. 그것은 상상력의 문제다.

야마모토는 전투준비실에서 지도들이 펼쳐져 있는 긴 테이블 앞 소박한 금속의자에 앉아 있다. 그는 진주만 지도를 응시한다. 세심하게 그어져 있는 선들은 미 해군의 요새에 도달하기 위한 함선의 접근 경로와 항공기의 공중공격 경로다. 야마모토는 마음속으로 겐다의 말이 옳다는 것을 깨닫는다. 그들 모두가 '낡은 방식'으로 사고하고 있다. 다르게, 근본적으로 완전히 다르게 생각할 필요가 있다. 야마모토는 미국이라는 엄청난 적에 대한 결정적인 해결책이 필요하다. 이를 위해서는 독창적이고 단호한 접근 방식이 필요하다.

하지만 이 선택지는 끔찍하다. 주사위를 던질 기회가 단 한 번뿐이라면 그는 무엇을 선택해야 하는가?

문을 두드리는 소리가 들린다. "들어와." 야마모토가 큰 소리로 외친다. 겐다가 테이블로 다가와서 경례한다.

"귀관은 이 방법밖에 없다고 확신하나?" 야마모토는 여전히 지도에 시선을 둔 채 묻는다. "네! 제독님, 다른 방법은 없습니다. 기존의 방식대로 목표를 달성하려면 지금보다는 세 배의 병력이 필요하고 최소 여섯 번의 공격을 해야 합니다."

"산 정상에 오르는 길은 여러 갈래야." 야마모토가 말한다. "네!" 겐다는 야마모토가 철학자이자 전설적인 사무라이인 미야모토 무사시宮本武藏의 말을 인용한 것을 알아차리고 다음과 같이 대답한다. "전사戰士가 살아 있는 유일한 이유는 싸우기 위함이고, 전사가 싸우는 유일한 이유는 승리하기 위함입니다. 여기에서는 삶과 죽음, 승리와 패배의 길이 분명하게 드러납니다."

"이 선택이 나를 얼마나 어렵게 만드는지 잘 알고 있군." 야마모토는 지도에서 눈을 떼고 겐다를 바라본다.

겐다는 여전히 경례한 손을 내리지 않은 채 서 있다.

"편히쉬어." 야마모토가 거수경례에 화답하고 지도를 가리킨다. "공격 개시까지는 2주도 채 남지 않았네. 시간이 별로 없는데 계획을 바꿀 수 있겠나?"

"할 수 있습니다." 겐다가 대답한다. "항공 자산을 재배정하는 데 6일이면 충분하며, 이는 이동 중에도 가능합니다. 새로운 공격 방식으로 제1파는 항공모함 4척, 전투함 8척, 중순양함 2척, 경순양함 6척을 파괴할 수 있습니다. 기존 계획대로 재래식 폭격 전력은 적의 비행장과 지상에 주기 중인 비행기를 파괴하는 데 집중할 것입니다. 제2파는 조선소와 석유시설을 목표로 하고, 제3파는 재래식 폭격으로 남아 있는 모든 표적을 타격합니다."

"우리의 손실은? 귀관의 예상은?"

"직접 타격으로 아군 항공기 353대 중 80대가 파괴될 것입니다." 겐다가 대답한다. "적의 요격기와 추격기가 비상대기 중이라면 10% 정도 추가적인 피해가 있을 수는 있지만… 우리가 기습을 달성한다면 항공기 손실은 107대 정도일 것입니다."

"107대라…." 야마모토가 되뇌면서 중얼거린다. "이게 정말 맞는 방법일까?"

"그렇습니다. 이것이 단 한 번의 신속한 공격으로 적을 궤멸할 수 있는 유일한 방법입니다. 힘든 선택인 것은 알지만, 이 공격은 가미카제神風*처럼 태평양에서 미국을 몰아낼 것입니다."

야마모토는 잠시 생각에 잠긴다. 일본에서 진주만까지의 거리는 약 4,100마일이다. 진주만에서 캘리포니아 미 해군 기지까지의 거리는 2,500마일이다. 진주만 기지를 파괴한다면 미 해군은 캘리포니아 기지에서 출발하여 작전을 수행해야 한다. 캘리포니아에서 일본 본토는

---

* 가미카제(神風): 1274년 원나라 쿠빌라이 칸이 일본 원정 당시 원나라, 고려, 남송의 연합함대의 규슈(九州) 상륙을 두 번이나 좌절시킨 태풍을 일컫는다. 신(神)이 일본을 지키기 위해 일으킨 바람이라 하여 '가마쿠라 막부(鎌倉幕府)'가 '가미카제(神風)'라고 명명한 것이 어원이다.

6,600마일이나 떨어져 있다. 이 승리는 일본 제국에게 엄청난 전략적 이점을 가져다줄 것이다.

야마모토는 눈을 감는다. 방 안은 똑딱거리는 시계 소리를 제외하면 완전히 고요하다. 무거운 침묵 속에서 몇 초가 흐른다. 제독은 아무 말도 하지 않다가 눈을 뜨고 고개를 끄덕인다. "끔찍하지만 반드시 내려야만 하는 결정이다. 전쟁은 규칙에 따라 싸우는 게임이 아니야. 애초에 게임이 아니지. 전쟁은 살인이다. 무자비하고 완벽하게 끝내는 게 상책이다. 우리 조종사들은 이것을 받아들여야 해. 나는 조종사들의 의지에 반하여 그렇게 하라고 명령하지는 않겠다."

"우리 조종사들을 잘 아시지 않습니까? 지원자가 부족하지 않을 겁니다." 겐다가 대답한다. "제독님께서 직접 이유를 설명하고 요청한다면 거절할 사람은 아무도 없을 겁니다. 그들은 사무라이 정신으로 가득 차 있고 무엇이 위태로운지 잘 알고 있습니다. 우리가 해야 하는 일을 잘 설명한다면 이 방법이 옳다는 것을 모두 깨닫게 될 것입니다."

"옳다고?" 야마모토가 말한다. "안타깝지만 자네 말이 맞아. 전쟁은 누가 옳은지를 결정하는 게 아니야. 누가 살아남을지를 결정할 뿐이네. 최후에 살아남는 쪽은 일본이어야 해."

"제독님, 승인하시면 제가 명령을 내리겠습니다." 겐다가 말한다. "제1파 70대 항공기와 제2파 10대 항공기가 가미카제를 일으킬 것입니다. 각 항공기에 폭발물을 최대로 싣고 미 함정, 조선소, 석유시설로 뛰어든다면 워싱턴 D. C.에서도 들을 수 있을 정도의 엄청난 굉음을 내며 폭발할 것입니다."

야마모토는 고개를 끄덕인다. "새로운 계획을 실행하라. 태평양에서 단 한 번 칼을 휘둘러 미국을 베어버릴 것이다. 가미카제 전투기 80대는 전쟁의 양상을 완전히 바꾸는 선두부대가 될 것이다."

"네!" 겐다가 차려자세를 취하며 대답한다.

1941년 12월 7일 새벽, 나구모 추이치南雲忠一 제독이 이끄는 야마모토 공격군의 항공모함이 바람을 가르며 출항한다. 미군이 이미 전투기를 출격시켰을 경우를 대비하여 가미카제를 호위하기 위해 가장 먼저 이륙한 항공기는 제로 전투기들이다. 폭탄을 가득 실은 가미카제 전투기가 그 뒤를 따른다. 제1파가 진주만에 접근하자 '토라, 토라, 토라Tora, Tora, Tora'라는 암호어가 일본 무선망에 울려 퍼진다. 일본이 완벽한 기습에 성공했다는 의미다.

제로 전투기들이 체공 중이던 미군 전투기 몇 대를 격퇴하고 가미카제 전투기들의 진로를 확보한다. 그 후 30분 동안 가미카제 전투기 70대가 끔찍한 죽음의 춤을 추듯 진주만에 정박 중인 미군 함정들을 향해 돌진한다. 그중 67대가 목표를 정확하게 명중시킨다. 함선 67척이 불타오르며 폭발하자 화염이 갑판을 집어삼킨다. 2차 폭발로 함정들이 산산조각 나면서 항구 바닥에 가라앉는다. 일본군 급강하폭격기와 어뢰 장착 뇌격기가 대형 함정들을 공격하며 가미카제 공격을 지원한다.

일본 항공기 수십 대가 히컴Hickam과 휠러Wheeler 비행장에 주기 중인 미군 항공기를 공격한다. 일본군 급강하폭격기는 날개를 맞대고 활주로에 정렬해 있는 미군 항공기를 격파한다. 다른 일본 폭격기들은 미군의 유류탱크와 창고, 조선소를 공격한다. 엄청난 폭발이 일어나면서 수천 갤런의 연료와 석유가 불에 타버린다. 일본군 공격대의 제2파가 도착했을 때 진주만은 검은 연기로 뒤덮여 많은 목표물이 보이지 않는 상황이

수많은 경고와 사전 징후가 있었음에도 불구하고 미국은 일본의 태평양 선제 공격에 대비하지 못했다. 진주만 공격을 받은 후 미국은 제2차 세계대전에 공식적으로 참전했다. 위 사진은 1941년 12월 7일 일본의 진주만 공격으로 전함 애리조나함(USS Arizona)가 침몰하는 모습이다. 일본군 급강하폭격기들은 애리조나함과 주변 지역에서 네 번의 명중과 세 번의 근접 명중을 기록했다. 전방 탄약고가 폭발한 후 전방 삼각대 마스트의 지지 구조물이 붕괴하여 1,177명의 장교와 승무원이 사망했다. 애리조나함은 현재 애리조나함 기념관(USS Arizona Memorial)이 있는 진주만 바다에 수장되어 있다. 〈출처: WIKIMEDIA COMMONS | Public Domain〉

다. 그럼에도 불구하고 제2파가 공격을 감행하고 가미카제 전투기들이 아직 물 위에 남아 있는 함정들을 끝까지 파괴한다. 한편, 폭격기들은 조선소와 석유시설을 다시 공격한다.

이날 진주만에서 미 태평양 함대는 사실상 전멸한다. 미 해군 항공모함들이 하와이에서 떨어진 해역에서 기동 중이어서 일본군의 공격을 피한 것은 많은 사람들이 말하듯 기적과도 같은 일이다.

미국 국민들이 받은 충격은 엄청났다. 도대체 어떤 적이길래 자살을 선택하면서까지 우리 함정으로 뛰어들어 우리 해군을 죽이려고 하는 것인가? 우리가 맞서고 있는 적은 미친 광신도 집단인가? 태평양 함대를 잃은 미국은 어떻게 일본을 이길 수 있을까?

*　*　*

물론 이 이야기는 실제로 일어난 일이 아니며, 가상 역사counter-factual history* 연습 사례에 불과하다. 진주만 공격 당시 이러한 광적인 가미카제 공격이 실제로 일어났다면 이후 상황이 어떻게 전개되었을지는 그 누구도 짐작할 수 없다. 다행히도 일본 해군은 진주만 공격에 가미카제 특공대를 투입하지 않았다. 야마모토는 그 정도 수준의 극단적 조치가 필요하다고 생각하지 않았고, 전통적인 전쟁 방법을 신뢰했다. 일본군이 가미키제 공격에 의존하게 된 것은 1944년 전략적 군사 상황이 절망적이었던 시기에 반격을 가하고 피할 수 없는 패배의 흐름을 늦추기 위해 어떤 수단이라도 동원해야 했기 때문이었다.

1944년까지 태평양 전역戰域에서 미군과 연합군은 수많은 해상전과 공중전, 그리고 태평양 곳곳에 흩어져 있는 섬들에서 벌어진 유혈 전투

---

* 가상 역사(counter-factual history): 실제로 일어나지 않은 사건을 가정하여 '만약 그때 이런 일이 일어났다면 역사는 어떻게 달라졌을까'를 탐구하는 역사 연구 방법이다. 역사적 사실과 가정을 비교하며 분석하는 사고실험의 일종이다.

에서 일본군을 물리쳤다. 일본이 진주만을 공습했을 당시 미 해군의 항공모함은 4척뿐이었다. 1945년에는 미 해군이 오키나와^{沖繩} 침공 작전에 지원할 수 있는 항공모함이 44척이었던 반면, 일본 해군은 작전에 투입할 수 있는 항공모함이 단 1척도 없었다. 함정, 항공기, 지상 전력 등 현대전의 모든 수단에서 미국을 따라잡을 수 없었던 일본은 조종사들에게 자살 공격을 명령하여 미군 함정을 향해 항공기를 충돌시키게 했다. 1944년 10월 레이테만 전투$^{Battle of Leyte Gulf}$에서 일본군 가미카제 항공기 55대는 미 호위 항공모함 1척과 기타 함정 5척을 침몰시켰고, 항공모함 6척과 기타 함정 40척에 손상을 가했다. 절망적인 상황에 빠지자, 많은 일본군 조종사들은 치명적인 인간 유도 정밀무기가 되었다. 이후 1945년 4월 1일부터 6월 22일까지 이어진 오키나와 전투에서 가미카제는 미군과 연합군 함정 130척을 공격하여 호위 항공모함 2척과 구축함 3척을 침몰시켰다. 그러나 이러한 격렬한 희생적인 노력에도 불구하고 미국의 승세를 막을 수 없었고, 오히려 연합군의 경각심만 불러일으켰을 뿐이었다. 1945년 8월 12일 제2차 세계대전이 끝나갈 무렵 미 해군은 수십 척의 항공모함과 전함을 포함해 총 6,768척이라는 압도적인 함대를 보유하고 있었다.[3]

만약 야마모토의 군대가 1941년에 진주만에서 가미카제 공격을 실행했다면 어떻게 되었을까? 당시 미 해군의 규모는 훨씬 작았고 그 정도 수준의 맹렬한 공격에 대비하지 못했을 때였다. 만약 일본이 단 한 번 던질 수 있는 주사위를 다르게 던져야 한다는 것을 그 당시에 깨달았다면 무엇이 달라졌을까? 야마모토가 진주만 공격 때에 일본군 조종사들에게 가미카제가 되어달라고 요청했다면 역사는 어떻게 변했을까?

물론 오늘날의 전쟁은 그때와 매우 다르다. 오늘날의 첨단화 다영역 multidomain 전투공간에서 지휘관은 인간 조종사에게 가미카제 임무를 수행하라고 명령할 필요가 없다. 무인 로봇 시스템은 아군 인명을 희생시키지 않고도 같은 임무를 정밀하게 수행할 수 있다. 가미카제는 오늘날 무인화되고 정밀하며 은밀하고 격퇴하기 어려운 첨단 무기로 진화했다. 전쟁 방식의 변화를 고려할 때, 무인 로봇 시스템은 비교적 최근에 등장한 새로운 무기체계다. 만약 진주만 공격과 같은 사태가 다시 일어난다면 미사일, 무인전투기, 자폭 드론loitering munition*과 같은 장거리 정밀 타격 무기가 동원될 것이다. 이러한 새로운 기술들은 현대 전투공간에 엄청난 영향을 미치고 있다. 다음 전쟁에서 승리하기 위해서는 이러한 새로운 무기체계를 어떻게 활용할지 상상하는 것이 중요하다.

현대전에서 상상력의 부족은 죽음과 직결된다. 적이 감히 맞설 수 없다고 믿어 전쟁 방식의 변화에 적응할 필요가 없다고 여기는 오만한 태도를 취하면, 상상력의 부족은 더욱 심화되고 국가의 생존은 위태로워진다. 전쟁은 '저 멀리' 다른 사람들에게 일어나는 일이다. 미국은 패배를 경험한 적 없는 초강대국이다. 미국인들은 패배를 상상조차 할 수 없다. 물론 베트남, 이라크, 아프가니스탄에서 긴 전쟁을 치르기는 했지만, 그게 사실 그리 중요한 전쟁이었는가? 누가 미국을 이길 수 있겠는가? 어쨌든 미국은 세계 최고의 군대를 보유하고 있다. 그렇지 않은가?

강한 군사력을 유지하는 목적은 분쟁을 억제하고 전쟁에서 승리하기

---

* 자폭 드론(loitering munition): 영어를 직역하면 '체공 탄약' 혹은 '배회탄' 정도의 의미이나, 한국군은 이를 주로 '자폭 드론'으로 부르고 있다.

위함이다. 우리의 적은 미국이 어떻게 싸웠는지, 어떻게 실패했는지를 연구하고 있다. 미국은 아무런 대비 없이 대등한 적과 싸울 수 없다. 사고방식을 바꾸고 적시에 행동하지 않는다면 약소국과의 전쟁에서조차도 재앙적인 결과를 초래하게 될 것이다. 발상의 전환이 절실하다.

최근에 일어난 전쟁들은 우리의 사고와 상상력을 자극할 수 있는 수많은 교훈을 제공한다. 2020년 9월, 아제르바이잔은 나고르노-카라바흐Nagorno-Karabakh에서 아르메니아를 상대로 전쟁을 치렀는데, 이 전쟁은 미군의 모든 군사교육 기관에서 반드시 깊이 있게 다루어야 한다. 2020년 이전까지만 해도 아제르바이잔을 군사강국이라고 생각하는 사람은 거의 없었다. 하지만 아제르바이잔군은 적을 상대로 매우 능숙한 합동 다영역작전 능력을 보여주었다. 미군도 쉽게 적용하지 못했던 신기술을 능숙하게 운용한 아제르바이잔군은 견고한 산악 방어선을 형성했던 적을 44일 만에 격퇴하고 결정적인 승리를 거두었다. 아제르바이잔군의 작전이 완벽했다고 할 수는 없었지만, 그들은 적보다 전략적으로 더 올바른 판단을 내렸고, 전쟁에서 중요한 것은 바로 그것이다. 아제르바이잔군은 드론, 전자전, 사이버전을 활용해 아르메니아 수비군의 기존 우위를 뒤집었다. 아제르바이잔군과 그들의 동맹군인 터키군은 '충격용 드론shock drone'[4]과 정밀 센서, 전투공간 통합 능력을 결합하여 아르메니아군의 방공망을 파괴하고 남은 전쟁 기간 내내 공중우위를 확보할 수 있었다.

제2차 나고르노-카라바흐 전쟁이 가지는 수많은 함의와 교훈에도 불구하고, 미군이 이 중요한 전쟁을 깊이 있게 연구하지 않아서 이에 대한 교훈은 미군 내에서 거의 알려지지 않았다. 이 전쟁은 역사상 최초로 로봇 시스템을 활용하여 승리한 전쟁이었고, 러시아-우크라이나 전쟁의 전투 양상을 미리 보여주었다는 점에서 이를 제대로 연구하지 않은 것은 안타까운 일이 아닐 수 없다.[5] 미 육군 장관 크리스틴 워머스Christine Wormuth는 2021년 10월 11일 미 육군협회Association of the US Army 회의에 참석하여 다음과 같이 말했다.

"우리가 억제에 실패할 경우 미래 첨단 전장에서 직면하게 될 모든 도전 과제를 충분히 고민했는지 확신할 수 없습니다. 아르메니아와 아제르바이잔 간에 벌어졌던 나고르노-카라바흐 전쟁과 같은 주요 사례를 더 면밀하게 검토해야 합니다. … 무엇보다도 이러한 변화는 지체 없이 이루어져야만 합니다."[6]

두 번째로 연구해야 할 전쟁은 2021년 봄에 발발했다. 이스라엘 방위군IDF, Israel Defense Forces이 '성벽의 수호자Guardians of the Walls' 작전으로 명명한 2021년 이스라엘-하마스 전쟁은 단 11일 만에 끝났지만, 향후 전쟁의 또 다른 가능성을 보여주었다. 이스라엘 방위군은 이 전쟁을 '최초의 AI 전쟁'[7]이라고 불렀는데, 이는 AI가 처음으로 전쟁 수행의 핵심이 되었기 때문이다. 하마스는 이스라엘의 도시와 마을을 향해 로켓 4,360발을 발사했으나, 그중 상당수는 이스라엘의 아이언돔Iron Dome 요격미사일에 의해 공중에서 격추되었다. 이스라엘 방위군의 대미사일 방어는 인상적이었지만, 전쟁을 끝내기 위해서는 결국 지상에서 적과 싸워야 했다. 하마스 전투원들이 민간인들 사이에 숨어 있어서 이스라엘은 도시지역의 밀집된 전투공간에서 전투원과 비전투원을 구분해야 하는 곤란한 상황에 직면했다. 이스라엘 방위군은 센서들을 통해 다양한 출처로부터 수년간 적에 관한 데이터를 수집하고, 이를 다영역 센서 데이터베이스에 통합했으며, 전쟁 기간 내내 이것을 실시간으로 활용하여 다영역 표적 정보를 도출했다. 이스라엘 방위군은 센서로부터 끊임없이 실시간으로 전송되는 데이터를 기반으로 공통작전상황도COP, Common Operating Picture를 업데이트함으로써 적의 상황을 투명하게 파악할 수 있었다. 이스라엘 방위군은 또한 AI 기반 군집 드론을 활용하여 감지 및 타격을 수행했다. AI는 초고속 킬 체인kill chain을 생성하여 이스라엘 방위군이 적 전투기를 제거하고 하마스의 로켓 발사기를 파괴하는 동시에 가자 지구 내 민간인 사상자를 최소화할 수 있도록 했다.

세 번째로 깊이 연구해야 할 전쟁은 지금도 끝나지 않은 러시아-우크라이나 전쟁이다. 2021년 말까지만 해도 러시아가 우크라이나를 공격해 1945년 이후 유럽에서 가장 끔찍한 전쟁을 일으킬 것이라는 예측은 가능성은 있었지만, 현실화될 가능성은 낮아 보였다.[8] 2022년 1월 중순에 정보기관의 평가가 바뀌면서 미국은 러시아가 우크라이나를 공격할 것이라고 확신하는 듯했지만, 미국의 외교적 노력은 러시아의 침공을 막는 데에 실패했다. 러시아의 침공이 시작되기 직전 미 합참의장 마크 밀리Mark Milley 장군은 미 의원들에게 "만약 러시아가 우크라이나를 전면 침공한다면 키이우Kyiv는 72시간 안에 함락될 수 있다"라고 말했다.[9] 2022년 2월 24일 러시아가 침공을 개시하자, 미국의 정보기관은 러시아군과 우크라이나군의 규모와 능력 등을 고려할 때 2~3일 안에 러시아가 우크라이나를 점령할 것이라고 전망했다. 이는 러시아도 같은 생각이었다. 러시아군은 우크라이나인들이 중요한 손님을 맞이할 때 주는 러시아식 전통 환영 선물인 빵, 소금, 꽃으로 자신들을 맞이할 것이라고 생각했다. 하지만 러시아 침략자들을 기다린 건 우크라이나인들의 화염병과 재블린Javelin 대전차유도미사일, 칼라시니코프Kalashinikov 소총이었다.

우크라이나의 저항의지는 전 세계를 놀라게 했다. 군의 전투의지란 측정하기 매우 어려운 요소다. 어려운 상황에 적응하고 이를 극복해내는 용기와 결단력이 어떠한 모습으로 발현될지는 실제 전투가 이루어지기 전까지는 그 누구도 예측할 수 없다. 우크라이나군의 전투의지 다음으로 인상적인 것은 끊임없이 변화하는 전쟁 방식을 깊이 생각하고 그것에 맞는 해결책을 찾아내는 능력이다. 2022년 2월 24일, 러시아군은 해일처럼 밀려들었지만, 우크라이나군은 이 해일에서 헤엄쳐 살아남는 방법을 배워나갔다. 우크라이나군은 러시아의 침략에 맞서 격렬히 싸운 첫 주의 혼란 속에서 빠르게 적응하면서 역경을 이겨냈다. 아직도 진행 중인 이 전쟁은 역사상 가장 기술집약적인 전쟁으로 변모하고 있다.

앞서 언급한 세 가지 전쟁들은 강펀치를 가진 복서가 양팔을 모두 사용하는 숙련된 상대에게 패배할 수 있음을 보여준다. 상대가 몸통, 머리, 다리, 팔을 모두 사용할 줄 아는 숙련된 종합격투기 선수라면 경기는 더욱 일방적인 것이 될 것이다. 현대의 다영역 전투공간은 종합격투기 경기장과도 같다. 지상, 해상, 공중, 우주, 사이버 공간에서의 협력과 조정, 통합을 통해 전자기, 정보, 인간 차원에까지 영향력을 행사하는 군대는 한두 영역에서만 싸울 줄 아는 적을 반드시 물리칠 수 있다. 3류 군사강국조차도 보유하고 있는 다영역 역량은 '전장^{battlefield}'—현대 전투지역의 다영역적 특성을 나타내기 위해 이제는 이를 '전투공간^{battlespace}'이라고 부른다—을 투명하게 만들었다. 다영역 센서 네트워크는 진흙탕 속부터 우주공간까지 탐지하여 전투공간에 존재하는 모든 표적들을 식별한다. 혼란스러운 전투공간에서 표적을 식별하고, 위치를 파악하고, 추적할 수 있는 눈을 만드는 것은 쉬운 일이 아니다. 새로운 전투공간에 숨겨진 적의 모습을 파악하려면 정교한 시스템과 목표, 계획이 필요하다. 도처에 있는 센서들을 장거리 정밀타격무기와 결합해 원거리 표적을 타격·파괴할 수 있는 능력이 바로 문제의 핵심이다. 실제로 2020년 나고르노-카라바흐 전쟁, 2021년 가자 전쟁, 2022년부터 진행 중인 러시아-우크라이나 전쟁에서 센서와 드론, 장거리 정밀타격무기의 결합은 전쟁 수행 방식을 결정지었다.

그렇다고 전통적인 전쟁 수단이 더는 중요하지 않다는 것은 아니다. 전투 방식을 새롭게 구상하고 전투력을 조합하는 방법을 혁신해야 한다는 의미다. 제2차 세계대전 이후로 미군은 우월한 공군력을 바탕으로 공중우세를 누려왔으나, 이것이 언제까지 유지되리라는 보장은 없다. "위협이 바뀌었다. 대규모, 소규모의 적들은 이제 정보^{Intelligence}·감시^{Surveillance}·정찰^{Reconnaissance}(ISR) 센서, 특히 무인항공시스템$^{\text{UAS,unmanned aerial systems}}$을 장거리 정밀타격무기와 통합하여 운용하고 있다. 이는 그동안 당연시해왔던 미군의 공중우세가 더는 보장될 수 없다는 의미이기도 하다."[10] 전쟁은 '찾으려는 자'와 '숨으려는 자', '공격하는 자'와 '방어하는 자' 간의 대결이다. 대만을 방어하기 위해 급파된 미군이 중국군과 전투하는 장면을 상상해보자. 미군과 연합군이 제2차 세계대전 당시 일본군에게 했던 것처럼 미국과 동맹국은 중국의 야망을 막고 있다. 센서가 모든 것을 탐지하고 장거리 정밀타격무기가 눈에 보이는 모든 것을 타격하는 전투공간에서 우리 군은 어떻게 생존하고 승리할 수 있는가? 우리 군은 적이 선제공격하면 생존할 수 있는 기술, 훈련, 장비를 갖추고 있는가? 우리 군은 점점 가속화되는 전쟁의 속도를 따라잡을 수 있는가? 통신 환경이 열악한 상황에서도 임무형 지휘$^{\text{Mission Command}}$[11]를 수

대표적인 최첨단 무인전투기인 중고도 장거리 무인기 그레이 이글(Gray Eagle)의 모습이다. MQ-1C 그레이 이글은 제너럴 아토믹스 에어로노티컬 시스템즈(General Atomics Aeronautical Systems)가 제작해 미 육군에 공급하고 있다. 2009년에 도입된 무인기로 AIM-92 스팅어(Stinger) 공대공미사일 8발 또는 AGM-114 헬파이어(Helfire) 대전차유도미사일 4발을 탑재한다. 〈출처: U.S. Army〉

행해낼 수 있는가? 지휘소는 어떻게 해야 살아남을 수 있는가? 지휘관은 전투공간에서 벌어지는 상황을 보고 제대로 이해하고, 적시에 계획하고, 결정하고, 행동할 수 있는가?

이와 같은 질문에 우리는 어떻게 답해야 할까? 먼저, 문제를 가시화해야 한다. 이를 위해 스스로 사고실험을 구상하고 당면한 문제에 대한 새로운 해결책을 찾기 위해 워게임을 수행해야 한다. 다르게 생각하기 위해서는 과거의 분쟁이 오늘날의 도전과 어떻게 맞물려 있는지 가시화해서 볼 수 있어야 한다.

첫 번째이자 가장 중요한 교훈은 우리가 변화의 벼랑 끝에 서 있으며, 지금까지의 성공과 이를 가능하게 했던 생각, 개념, 교리, 장비, 훈련, 인력만으로는 단기적으로 성공을 담보하기 어렵고, 이를 수정하거나 재검토하지 않으면 중장기적으로도 성공을 보장할 수 없다는 것을 이해하고 내면화해야 한다는 것이다.[12]

첫 번째 단계에서는 무엇보다 명확하게 정의를 내리는 것이 중요하다. 모든 이해는 정의에서 시작되기 때문이다. 여기에서 주목해야 할 세 가지 정의가 있다. 첫 번째는 '전투충격battleshock'이다. 전투충격은 주요 교란 요소들이 전투공간에 빠르게 집중되어 발생하는 작전·정보·조직의 마비 상태를 의미한다. 전투충격은 작전 속도가 너무 빠르고 다영역 수단이 너무 압도적으로 투입되어 적이 제때 생각하고 결정하고 행동할 수 없을 때 발생한다. 두 번째는 '마스킹masking'*이다. 마스킹은 적의 센서를 속이고 적의 표적화 작업을 교란하기 위한 전방위 다영역 노력을 의미한다. 이를 위해 지휘관은 부대가 수행하는 모든 활동에서 적을 속이고 교란하는 조치를 취해야 한다. 마스킹은 현대 전투공간에서 생존하고 승리하기 위해 필수적이며, 21세기 전쟁의 원칙 중 하나로 자리 잡아야 한다. 세 번째는 '기동타격력mobile striking power'이다. '기동타격력'은 모든 무기체계, 부대 또는 병력이 전투공간을 가로질러 이동하면서 적을 무력화하거나 파괴할 수 있는 공격 능력이다. 기동 타격력은 공격 작전 수행에 필수적이다. 방어가 전쟁에서 가장 강력한 전투 형태일 수 있

---

* 마스킹(masking): 자연적 또는 인공적 수단을 이용하여 적의 시야나 센서 탐지선을 차단하거나 가리는 행위다.

지만, 어떤 국가도 방어만으로는 전쟁에서 승리할 수 없다. 승리를 가져오는 것은 오직 공격 작전뿐이다.

전투충격을 조성하면 결정적인 군사작전이 가속화된다. 대량살상무기를 쓰는 경우를 제외하면, 전쟁의 목적은 적을 전멸시키는 것이 아니라, 적을 도망치게 만든 다음 최종적으로 완전히 제압하는 것이다. 적의 지휘통제체계를 공격하면 적의 타격력을 무력화할 수 있다. 따라서 현대전은 팔에 총을 쏘는 것이 아니라 머리에 총을 쏘는 것이어야 한다. 타격력이 총이라면, 마스킹은 적의 총으로부터 부대를 보호하는 것이다. 타격력과 마스킹을 결합하면 상대를 압도하는 전투충격을 조성할 수 있다. 이제 어떻게 하면 이를 달성할 수 있는지 알아보자.

현대전의 9가지 핵심 변혁 요인

변혁은 두려운 개념이다. 우리는 기하급수적 변화가 일상화된 변혁의 시대를 살고 있다. 21세기의 첫 20년은 정치적·사회적·기술적·생물학적 변혁으로 가득했고, 앞으로의 20년은 더 많은 변화가 있을 것이며, 그 속도 또한 더욱 빨라질 것이다. 새로운 군사기술이 등장하면 우리는 이를 전쟁의 '게임체인저game changers'로 인식하는 경향이 있다. 새로운 무기체계가 새로운 가능성을 가져다주는 것은 사실이지만, 종종 그 영향력이 지나치게 과장된다. 게임체인저라는 용어는 모호하고 생각의 초점을 흐리므로 적절한 표현이라고 볼 수 없다. 일례로 드론이 등장했다고 보병, 전차, 포병이 필요 없어지는 것은 아니다. 기관총이 발명되었어도 보병이 쓸모없어진 것이 아니며, 대전차무기가 발명되었다고 전

전쟁의 방식을 바꾸고 있는 '9가지 핵심 변혁 요인'

 투명한 전투공간　 슈퍼 군집

 선제공격의 이점　 킬웹

 AI와 전쟁의 템포　 전투공간의 가시화

 무인 공중공격　 결심 우위

 완전자율무기

차가 과거의 유물이 된 것도 아니다. 역사를 면밀하게 살펴보면 신기술이 전쟁을 변화하는 것이 아니라, 그 기술이 불러온 작전 개념의 변화와 이의 새로운 응용과 조합이 전쟁을 변화시켰다는 것을 알 수 있다.

　제2차 나고르노-카라바흐 전쟁, 이스라엘-하마스 전쟁, 아직 끝나지 않은 러시아-우크라이나 전쟁에서 도출되는 전쟁의 핵심 변혁 요인은 투명한 전투공간transparent battlespace, 선제공격의 이점first strike advantage, AI와 전쟁의 템포AI and the tempo of war, 무인 공중공격top attack, 반자율무기semi autonomous에서 완전자율무기fully autonomous로의 전환, 슈퍼 군집super swarm, 킬체인kill chain에서 킬웹kill web으로의 변화, 전투공간의 가시화visualization of the battlespace, 결심 우위decision dominance이다. 현대전의 이 9가지 변혁 요인은 다음 전쟁을 결정지을 필수 요소들이다.

CHAPTER 2

투명한 전투공간

다음 전쟁은 매우 파괴적일 것이다. … 센서가 도처에 깔려 있어 발견될 확률이 매우 높다.
언제나 그렇듯이, 발견되면 곧바로 공격당할 것이다.
정밀유도탄이든 멍텅구리 폭탄이든 그것에 피격되는 순간, 죽음을 피할 수 없을 것이다.[1]
―마크 밀리(Mark A. Miley) 장군, 2023년 미국의 제20대 합동참모의장―

● 러시아군 전자전^{EW, Electronic-Warfare} 요원이 KamAZ-5330 트럭 안에 설치된 LEER-3 전자전 시스템 작전통제실에 앉아 있다. 그가 컴퓨터 화면을 주시하고 있는데 순간 아이콘 하나의 색상이 바뀐다. 중요한 새로운 정보가 들어왔음을 알리는 신호다. 그는 옆에 앉아 있는 장교에게 알린다. "좌표를 확인했습니다."

"드론이 그놈들의 좌표를 확인했나?" 러시아군 전자전 부대 소령이 되묻는다.

"네." 러시아군 부사관이 대답한다. "확인했습니다."

"이제 그놈들의 지휘관이 어디 있는지 확인해." 장교가 명령한다.

그의 앞에는 러시아 정보국에서 올라온 보고서가 놓여 있다. 보고서에는 그에게 필요한 전화번호가 적혀 있다. 휴대전화를 꺼내 그 번호로 전화한다.

상대방 쪽 전화벨이 울린다. "여보세요. 다코^{Dacko} 부인입니다." 한 여성이 대답한다.

"다코 부인, 저는 우크라이나 육군 초르나빌^{Chornavil} 대위입니다." 러시아군 소령이 완벽한 우크라이나어로 말한다. "당신의 아들 다코 소령이 중상을 입었다는 소식을 전하게 되어 매우 유감입니다."

"안 돼! 안 돼! 맙소사!" 여자가 소리친다. "어디서, 어떻게 다친 거죠?"

"제가 지금은 병원이 아니라 본부에 있어서 자세한 내용은 모릅니다. 혹시 부인께서 직접 전화해보시겠습니까? 아직 휴대전화를 가지고 있을 겁니다. 좋지 않은 소식을 전하게 되어 다시 한 번 죄송합니다. 다코 부인, 이만 끊어야겠군요. 죄송합니다. 신의 가호가 있기를."

러시아군 소령은 전화를 끊는다.

"잘 될까요?" 전자전 요원이 묻는다. "몇 분 후면 알게 되겠지." 소령이 말한다.

세르게이 이바노비치 페트로프$^{Sergey\ Ivanovitch\ Petrov}$ 소령은 이 임무를 위해 벌써 수주간 훈련해왔다. 그는 자신의 장비를 신뢰한다. 여러 대의 오를란^{Orlan} 드론과 데이터를 공유하는 LEER-3 전자전 시스템은 GPS 위성 내비게이션이나 휴대전화 통신의 전자 신호를 기반으로 부대의 위치를 알아낼 수 있다.

부사관의 컴퓨터 화면의 아이콘에 다른 표시가 깜박거린다.

"성공했습니다." 부사관이 말한다. "휴대전화 핑^{ping}*을 찾았습니다. 아들과 통화하고 있습니다."

"엄마의 사랑은 언제나 믿을 수 있지." 페트로프가 웃으며 말한다. "포대에 좌표를 보내."

부사관은 빠르게 암호화된 디지털 메시지를 전송한다.

개활지에서 몇 마일 떨어진, 우크라이나 젤레노필리아^{Zelenopillia} 마을 근처 집결지에는 아무것도 모르는 우크라이나 특수임무부대가 전개해 있다. 특수임무를 위해 임시로 구성된 이 부대는 8륜 BTR 장갑차를 포함한 1개 기계화보병중대와 몇 대의 BMP 보병전투차량, 자주포 1개 포대, T-64 전차 3대, 그리고 수십 대의 트럭과 각종 지원차량으로 구성되어 있다. 부대는 적으로부터 16km나 떨어져 있고, 친러 분리주의자들의 단거리포 사거리를 벗어나 있기 때문에 우크라이나 특수임무부

---

* 핑(ping): 휴대전화나 컴퓨터 장치가 서버나 기지국에 자신의 위치 또는 연결 상태를 확인하기 위해 보내는 신호를 말한다.

대 지휘관은 별다른 위험을 느끼지 못한다.

  주요 도로 근처에 진을 치고 있는 우크라이나 특수임무부대원들은 계획을 수립하고, 차량을 정비하고, 재보급을 실시하고, 휴식을 취한다. 그들은 해가 뜨면 집결을 완료하고 전방으로 이동하여 친러시아 분리주의자들과 교전을 시작할 것이다. 그날 밤 경계근무에 나섰던 병사 중에 머리 위에서 들리는 윙윙거리는 소리에 크게 주의를 기울인 사람은 거의 없었다. 지난 이틀 동안 러시아와 우크라이나 드론들이 머리 위를 계속해서 날아다녔지만 별다른 일이 일어나지 않았기 때문이다. 어제 해가 떨어지기 전에 우크라이나군은 러시아 오를란-10 드론을 격추하기도 했다. 친러시아 분리주의자 소속 포병부대의 사거리에서 벗어나 있는 우크라이나군은 드론에 크게 주의를 기울이지 않았다.

  지난주 우크라이나 육군은 우크라이나 국경 통제권을 회복하기 위해 대규모 공격을 개시했다. 이 공격으로 친러시아 분리주의자 군조직은 혼란에 빠졌고 방어선이 무너지자 후퇴했다. 친러시아 분리주의자들은 우크라이나군의 계속되는 공격에 직면해 싸울 의지를 잃은 듯 보였다. 이러한 상황에서 우크라이나 특수임무부대 지휘관은 다음날 큰 전투가 일어날 것이라고는 생각하지 않았다. 그는 국경까지 간단히 진격한 후 새로운 방어선을 점령할 것으로 예상했다.

  젤레노필리아 마을 근처에는 우크라이나군 부대와 장비가 집결 중이다. 해 질 무렵이 되자 더 많은 장갑차와 트럭들이 도착했다. 우크라이나 특수임무부대 지휘관은 새로 합류한 병력과 차량을 인근 숲에 배치한 후 야간 기동을 실시하는 대신 개활지에서 하룻밤을 보내기로 했다. 적의 포병 사거리 밖에 있어 위험이 크지 않다고 보았고 밤에 차량이 이동하다가 병사들을 치는 등의 안전사고가 발생하는 것을 원하지 않았기 때문이다. 부사관들은 주둔지 수송부에 장비를 주차하듯이 차량을 반듯하게 정렬하라는 지시를 받았다. 보급 트럭 하역 작업이 실시되자, 탄약상자들이 개활지에 적재되었다.

우크라이나 특수임무부대원들은 눈을 붙일 수 있는 곳이라면 어디에서든 잠을 잤다. 일부는 작은 텐트를 치고 자거나 장갑차 위에 담요를 깔고 침낭 안에 들어가 잤다. 진지를 만들거나 참호를 파지도 않았다. 대대 지휘소용 텐트에는 6명의 장교가 모여 있다. 텐트 안은 작은 난로의 온기로 따뜻했고, 병사들이 차를 끓이는 동안 장교들은 따뜻한 난로에 몸을 녹였다.

"내일 친러시아 분리주의자들이 아침을 먹을 때 우리는 공격을 개시할 것이다." 지휘관이 난로 주위에 모인 부대원들에게 말한다. "우리는 전차와 경장갑차^{BMP}로 반군의 보급로를 차단하고 우크라이나 국경을 확보할 것이다. 우리 국경을 말이다."

그의 부하들이 동의하며 화답한다. "러시아 놈들에게 우크라이나가 어떻게 싸우는지 가르쳐줘야죠." 대위가 덧붙인다.

"좋아. 내일 전투를 위한 준비는 끝났다." 지휘관이 말한다.

그러나 그는 크게 오판하고 있었다.

새벽 4시 30분, 동이 트기 전에 우크라이나군을 향한 러시아군의 공격이 시작되었다. 러시아의 전자전 재머^{jammer}로 인해 우크라이나군의 전자통신이 마비되어 무전기가 무용지물이 된다. 우크라이나군 집결지 일대에서 열압 로켓탄이 일제히 폭발한다. 폭탄이 터지고 젤레노필리아 인근의 들판은 지옥으로 변한다. 엄청난 굉음과 혼란으로 도대체 몇 발

러시아의 한 훈련장에서 러시아군 TOS-1A 다연장 로켓 발사기가 사격 연습을 하고 있다. TOS는 러시아군 '중화염방사기(heavy flame thrower)'의 약자이다. TOS-1A는 네이팜탄과 유사한 연료-공기 폭발탄을 장착한 열압 로켓을 발사한다. TOS-1 시스템 한 대가 로켓을 발사하면 200×300m 폭발 구역 내 모든 것을 파괴할 수 있다. 러시아군은 이와 같은 무기체계를 젤레노필리아에서 우크라이나군을 공격하는 데 사용했으며 현재 러시아-우크라이나 전쟁에서도 운용 중이다.
〈출처: WIKIMEDIA COMMONS | Vitaly V. Kuzmin | CC BY-SA 4.0〉

이 폭발했는지 셀 수조차 없다. 숨을 곳도, 도망칠 곳도, 반격할 방법도 없다.

***

이 이야기는 '핀포인트 선전전pinpoint propaganda'[2]과 정보수집·감시·정찰 ISR 드론이 장거리 정밀타격 표적을 찾아내는 방법을 이해하기 쉽게 보여준다.

2014년 7월 11일, 우크라이나 돈바스Donbas 젤레노필리아 인근에서 실제로 위의 이야기와 같은 방식의 공격이 발생했다.[3] 필립 카버Phillip A. Karber 박사의 2015년 연구에 따르면, 젤레노필리아에 전개해 있던 "우크라이나 2개 기계화보병대대는 공중공격 드론top-attack munitions과 열압폭탄의 통합공격으로 사실상 거의 전멸했다."[4] 러시아군의 포격은 약 3분간 진행되었다. 로켓포 공격으로 미콜라이프 제79공수여단the 79th Mykolaiv Airmobile Brigade 1대대에는 많은 사상자가 발생했다. 우크라이나군 37명이 사망했고 100명 이상이 다쳤다. 우크라이나 국경수비대 소속 대령 한 명도 전사자에 포함되어 있었다. 열압폭탄으로 심각한 화상을 입은 부상자 중 상당수도 결국에는 살아남지 못했다. 재앙과도 같은 결과였다.[5]

2014년 젤레노필리아 지역에서의 공격은 러시아군이 직접 돈바스 전투에 처음으로 적극적으로 개입한 사례였다. 이 공격이 일어나기 전까지 러시아군은 친러시아 분리주의자들을 지원하기는 했지만 직접 개입하지는 않았다. 우크라이나군은 러시아군의 개입을 받아들일 준비가 되어 있지 않았다. 이제 전쟁이 시작되었다. 이후 6주간 러시아군은 우크라이나군 부대에 53회의 포격을 가해 끔찍한 손실을 입혔고, 이로 인해 전쟁의 흐름이 바뀌었다. 젤레노필리아 전투에 관하여 미국, 우크라이나, 러시아 분석가들은 서로 다른 해석을 내놓았지만, 이 모두를 관통하는 핵심은 동일하다. 러시아군은 드론을 활용하여 우크라이나군의 위치를 파악했고, 이들을 정밀하게 표적화한 후 통합공격으로 격멸했다. 오늘날의 전투공간에서 광학, 열영상, 전자, 음향을 아우르는 감시체계는 네트워크로 연결되어 전투공간 깊숙이 있는 표적도 찾아낼 수 있다. 젤레노필리아 전투와 지금도 진행되고 있는 러시아-우크라이나 전쟁에서 얻을 수 있는 교훈은, 이제 더는 어디에도 피난처는 없다는 사실이다.

  우크라이나군 총참모부는 젤레노필리아에 대한 러시아군의 공격을 조사한 이후 특수임무부대 지휘관을 해임했다. 병력을 산개하고, 진지를 파고, 숲속에 야영지를 조성하라고 명령하지 않고 부대가 개활지에 야영하도록 내버려둔 무능력과 무책임이 해임의 주된 사유였다. 그들은 병사들이 전투공간에서 휴대전화를 사용하는 것이 얼마나 위험한지도 깨닫게 되었다. 현대와 같이 서로 연결된 사회에서 사람들은 스마트폰에 중독되어 있어, 스마트폰이 없을 때 느끼는 공포감을 뜻하는 '노모포비아 nomophobia'[6]라는 용어가 생겨날 정도다. 스마트폰은 적이 쉽게 추적할 수 있어 오늘날의 부대 지휘관들이라면 부대원들이 스마트폰을 전투에 휴대하지 않도록 통제해야 하지만, 전 세계 대부분의 군대는 이를 강제하지 않고 있다. 우크라이나군은 젤레노필리아 참사를 통해 앞으로 싸우는 방법이 엄청나게 변화할 것이라는 중요한 교훈을 얻었다. 그들은 러시아군의 정찰-타격 복합체계의 위력을 배웠고, 현대전에서는 전투공간이 투명하게 변했고 어디에도 숨을 곳이 없다는 사실을 아픈 경험을 통해 깨달았다. 우크라이나군은 젤레노필리아에서 발생한 장병들이 희생이 헛된 죽음이 되지 않도록 이 전투의 가슴 아픈 교훈을 남겨 미래의 우크라이나 군인들을 살리겠다고 맹세했다.

전투공간은 이제 투명해졌다. 최신 센서는 광학, 열, 전자, 음향을 활용해 표적을 식별한다. 일부 매우 정교한 센서는 양자 탐지를 이용해 표적을 식별할 수도 있다. 위 사진은 2020년 캘리포니아 포트 어윈(Fort Irwin)에 위치한 국립훈련센터(National Training Center)에서 훈련 중인 미 육군 여단의 전자적 신호를 공중에 있는 센서가 식별하여 구성한 이미지이다. 미국의 적들은 유사한 이미지를 제공하는 센서를 활용해 미군을 탐지하고 조준할 것이다. 〈출처: U.S. Army〉

휴대전화의 사용은 아군 부대의 위치를 쉽게 노출되게 만든다. 2018년 리암 콜린스$^{Liam\ Collins}$ 대령은 《육군 매거진$^{Army\ Magazine}$》에 실은 기고문에서 휴대전화의 취약점에 대해 다음과 같이 기술했다. "악몽과 같은 시나리오다. 적이 무인기로 아군의 휴대전화 신호를 끊임없이 추적해 위치를 파악한 후 본부로 좌표를 보내면, 본부는 의심조차 하지 못하고 있는 아군을 바로 폭격한다."[7] 러시아군 지휘부는 휴대전화 신호를 이용한 위치 파악 기술 때문에 2023년 1월 1일 마키이브카^{Makiivka}에서

90~200명에 이르는 자국 병력이 학살당했다고 설명했다. 정확한 사상자 수는 출처마다 다르지만, 우크라이나군의 장거리 정밀타격 사거리 범위 내에 있던 러시아군 막사에 대한 단 한 번의 공격으로 러시아군은 막대한 손실을 입었다. 이 참사에 대한 책임을 다른 곳에서 찾으려 했던 세르게이 세브류코프Sergei Sevryukov 러시아군 중장은 다음과 같이 말했다. "이런 비극의 주된 원인은 적의 화력 사거리 내에 있던 장병 대부분이 규정을 어기고 휴대전화를 사용했기 때문이다. 이러한 규정 위반 때문에 적은 우리의 위치를 추적하고 좌표를 획득할 수 있었다."[8] 이 사건이 주는 교훈은 분명하다. 마키이브카를 기억하라. 전투공간에서 휴대전화를 사용하면 자신의 위치가 노출되어 사살될 수 있다.

전투공간에서 적을 찾아낼 수 있는 기술은 기존의 전쟁 방식을 근본적으로 뒤흔든 가장 혁신적인 변화다. 과거에 적을 찾기 위해서는 사람의 눈과 귀에 의존하여 획득한 정보를 아날로그식 지도와 지형모델을 사용하여 가시화해야 했다. 밤이나 악천후에 적을 찾기란 더욱 어려웠다. 훈련된 부대는 위치를 은폐하기 위해 연기, 어둠, 폭풍우, 숲, 산, 도시지형 등을 활용했다. 과거에는 언덕 너머나 도시의 모퉁이를 돌면 무엇이 있는지를 알아내기 위해 정찰병을 보냈다. 하지만 오늘날에는 센서가 사람이 수행하던 인지처리 기능을 대신하여 수행한다.

이러한 탐지 센서는 상공에 떠서 쉬지 않고 아래를 관찰한다. 센서 네트워크가 형성되면 거의 모든 것이 드러나기 때문에 현대의 전투공간에서 무엇을 숨기기는 매우 어렵다. 지상 센서, 드론, 레이더, 항공기, 다중 스펙트럼 영상위성으로 구성된 저렴하고 효과적인 센서 네트워크는 투명한 전투공간을 만든다. 표준시각 센서standard visual sensor는 적색, 녹색,

청색 파장의 빛을 수집한다. 다중 스펙트럼 센서multispectral sensor는 이러한 가시광선 파장뿐만 아니라 근적외선, 단파 적외선 등 가시광선 스펙트럼 밖의 파장도 함께 수집한다. 적이 관심을 갖고 적절한 센서들을 배치하고 우리와 동등한 적대세력이 그와 같은 장비를 보유하고 있다면, 당신은 관측당할 수밖에 없다. 그러한 센서들을 기만하는 조치를 취하지 않으면 당신은 언제나 그들의 표적이 될 것이다.

이제 전투공간은 주야를 막론하고 완전히 노출되어 있어서, 전투공간에 있는 모든 것은 센서에 포착되는 순간 표적이 된다. 다중 센서는 실시간으로 정보를 전송해 전투공간을 가시화하고, 전투피해를 확인하며, 다른 출처의 정보와 결합하여 전투공간을 투명하게 만든다. 표준 및 다중 스펙트럼 센서는 광학, 열영상, 전자, 음향, 양자 등 다섯 가지 주요 관측 영역 또는 신호를 활용하여 전투공간을 파악할 수 있다. 이제 각각의 영역을 살펴보고, 이에 대한 마스킹 방법에 대해 논의해보자.

광학 신호

광학 스펙트럼은 눈으로 직접 볼 수 있는 영역이기 때문에 우리가 잘 알고 있다. 1609년 갈릴레오Galileo가 망원경을 처음 발명한 이후 망원경과 같은 광학장치로 인간의 눈을 보조하는 것은 흔한 관행이 되었으며, 이는 상업 기술을 군사적으로 활용한 수많은 사례 중 하나다. 망원경은 1854년경에 군 지휘관들에게 처음 보급된 이후 제1차 세계대전을 거치며 일반화되었다. 그 이후로 많은 것이 변했다. 오늘날 바이락타르Bayraktar TB2 같은 무인전투기UCAV, unmanned combat aerial vehicle는 뛰어난 고화질 광학 센서를 통해 전투공간을 관찰한다. 위장camouflage은 주변 환경에 섞여 눈에 띄지 않게 하는 기술로, 이러한 센서를 속이는 해결책이지만 오늘날 위장에 능한 군대는 거의 없다. 찾기 쉬운 곳에 있으면서도 눈에 띄지 않게 위장을 하고 있으면 스스로를 보호할 뿐만 아니라 적에 대한 기습공격이 가능하다. 자연은 위장을 본능적으로 받아들이며, 동물 세계의 지배적인 법칙 중 하나는 필요할 때가 아니라면 모습을 드러내지 않는다는 것이다. 일례로 호랑이는 서식지의 색과 조화를 이루는 무늬가 있는 털을 가지고 있으며, 카멜레온은 주변 환경의 변화를 감지하면 즉시 몸의 색을 바꾼다.

  인간도 태초부터 위장을 해왔다. 군대는 지휘관이 작전을 더 잘 지휘하고 부대가 아군과 적군을 구별해야 할 때만 화려한 제복을 입었다. 제1차 세계대전부터 현대적 의미의 위장은 생존을 위한 필수 요소가 되었다. 기관총, 속사포, 항공기 등으로부터 살아남기 위한 참호 안에서 화려한 제복은 아무 쓸모가 없었다. 전쟁 초 프랑스군은 화려한 제복을 착용했지만, 독일군의 화력에 끔찍한 피해를 본 이후로는 적의 눈에 띄지 않는 방법을 생각해내야만 했다. 프랑스는 제1차 세계대전 기간에 최초로 특수위장부대를 편성했다. 이들은 중요한 진지, 장비, 차량, 지휘소 등을 은폐하기 위한 기술을 개발하기 위해 동물학자, 화가, 연극 무대 디자이너 등을 동원했다. 이러한 작업을 담당한 사람들은 '카무플뢰르camouflurs'라 불리었는데, 이는 이후 위장을 뜻하는 영어 '캐머플라지Camouflage'의 어원이 되었다.[9]

  방해 위장disruptive camouflage─카운터셰이딩countershading*이나 뚜렷하게 대비되는 패턴을 사용하여 병사나 군용 차량의 윤곽선을 흐리게 만들어 식별하기 어렵게 만드는 위장—은 곧 널리 사용되기 시작했으며, 특히, 영국 해군은 독일 잠수함 공격으로 피해를 입는 영국 상선의 수를 줄이기 위해 상선에 '대즐Dazzle'이라는 방해 패턴을 칠했다. 그들은 제1차 세계대전 기간 동안 2,300여 척의 군함과 상선에 '대즐'이라는 방해 패턴을 칠했다.[10] 제2차 세계대전 당시 영국군의 위장 전문가로 활동했던 영국 동물학자 휴 콧Hugh Cott은 방해 위장의 목적을 다음과 같이 설명했다. "방해 패턴의 목적은 대상물을 시각적으로 식별하지 못하게 만들거나, 만약 그것이 불가능하다면 식별을 최대한 늦추는 것이다… 서로 대비되는 색상과 색조로 이루어진 불규칙한 패턴은… 관찰자의 시선을 끌어 그 패턴이 적용된 대상으로부터 주의를 분산시키는 경향이 있다."[11] 콧은 효과적인 위장을 위해 가장 중요한 요소는 위장하려는 대상의 표면 연속성과 윤곽을 감추는 것이며, 특히 대상이 피탐될 가능성이 큰 거리에서는 이를 반드시 은폐해야 한다고 강조했다. 다른 국가의 해군도 이 방해 패턴을 사용했는데, 예를 들어 미 해군은 이를 '래즐 대즐razzle dazzle'이라고 불렀다. 제2차 세계대전 이후 함정 거리측정기, 광학조준기, 항공기 등의 성능이 향상되면서 대즐 위장dazzle camouflage은 그 효과가 떨어져 사용이 중단되었다.

위장의 목적은 은폐와 기만이다. 제2차 세계대전 후반(1943~1945년)의 독일군, 제1차 인도차이나 전쟁(1946~1954년)과 베트남 전쟁

---

* 카운터셰이딩(countershading): 동물의 위장 패턴 중 하나로, 일반적으로 몸의 윗부분은 어둡고 아랫부분은 밝은 색을 띠는 형태를 말한다. 이 패턴은 동물의 입체적인 형태를 평평하게 보이게 하여, 포식자나 먹이로부터 자신을 숨기는 데 도움을 준다. 빛이 위에서 비추는 환경에서 어두운 윗부분은 배경에, 밝은 아랫부분은 물이나 하늘 등 밝은 배경에 융화되어 눈에 덜 띄게 하는 원리다.

2020년 1월 24일 독일 호헨펠스(Hohenfehls)에 있는 다국적 합동훈련센터(Joint Multinational Training Center)에 위장막을 덮은 프랑스 군용 차량이 들어오고 있다. 위 사진 속의 위장은 차량의 물리적 외관을 변화시키고 차량의 열적외선 신호를 감소하도록 제작 및 설계되었다. 〈출처: WIKIMEDIA COMMONS | U.S. Army JMRC by Sgt. Fiona Riley | Public Domain〉

(1955~1975년)의 공산 베트남군처럼 제한적인 공군의 지원 아래 싸워야 했던 군대가 뛰어난 위장 전문가가 된 것은 어쩔 수 없는 선택이었다. 독일군과 공산 베트남군은 모두 적 항공기의 관측으로부터 자신들의 병력을 효과적으로 은폐하여 저공 기관총 사격과 폭격을 피하고자 엄격한 위장 규율과 기법을 채택했다. 기술에서 미군보다 열세했던 공산 베트남군에게 위장은 생명과도 같았다. 생존하고 소통하며 이동하고 공격하기 위해서는 항상 위장해야 한다는 것을 공산 베트남군은 잘 알

고 있었다.

오늘날 미 육군은 위장camouflage, 엄폐cover, 은폐concealment 기술을 교육하는데, 여기에는 은신hiding, 주변환경에 자연스럽게 동화되기blending, 변장disguising, 교란disrupting, 적의 주의를 다른 곳으로 돌리기 위한 유인장치 활용decoying 등이 포함된다. 은신은 관측자와 대상물 사이에 위장망과 같은 물체를 설치하여 대상물을 숨기는 것이다. 주변환경과 조화 이루기는 대상물의 외형을 변화시켜 배경의 일부처럼 보이게 만드는 것이다. 변장은 다양한 재료를 활용하여 관측자가 대상물을 다른 것으로 착각하게 만드는 것이다. 교란은 대상물의 규칙적인 패턴과 특성을 변조하는 것이다. 미 육군의 위장 능력은 미흡하고, 미 해병대는 육군보다는 조금 더 나을 뿐이다. 미 공군(스텔스기 제외)과 미 해군(잠수함 제외)은 엄청난 난제를 안고 있다. 항공모함을 위장하는 것은 불가능하며, 비행장을 숨기는 것 역시 불가능하기 때문이다.

위장술에 능숙해지려면 모든 육군 장병과 해병대원이 은신, 동화, 변장, 교란, 유인장치 활용을 훈련을 통해 습관화해야 한다. 첨단 위장 시스템을 사용할 수 없다면 현지에서 구할 수 있는 재료를 활용해 자연 위장을 해야 한다. 과거의 전쟁에서 전투원들은 현지에서 획득 가능한 모든 것을 위장 재료로 활용했다. 산업시대의 전쟁에서는 더욱 정교한 형태의 위장 전투복, 위장 도색 장비, 위장망 등이 개발되어 실전에 배치되었다. 오늘날의 위장은 정교한 광학 센서와 고화질 카메라로부터 전투원을 숨겨야 한다. 기존의 방법도 여전히 유용하지만, 광학 스펙트럼 영역에서의 마스킹을 위해 첨단 다중 스펙트럼 위장 시스템을 실전 배치해야 한다. 2022년 10월 12일 워싱턴 D.C.에서 개최된 미 육군 연례 회의에서 미 육군 미래사령부US Army Future Command의 사령관 제임스 레이니James Rainey 장군은 "우리는 적이 우리를 관찰하고 있는 환경에서 싸우는 방법에 익숙해져야 한다"라고 말했다. "적이 우리를 보고 있는 상황에서 어떻게 싸울 수 있을지 고민해야 한다. 그러한 환경에서는 물자를 쌓아둘 수도, 전술작전본부TOCs, Tactical Operation Centers를 설치할 수도 없을 것이다."[12]

효과적인 위장을 수행하기 위해서는 위장을 위한 장비, 전술·기술·절차TTP, Tactic, Techniques, and Procedures, 그리고 위장 규율을 강제하는 지휘관이 필요하다. 구식 위장망과 같은 부적절한 위장 장비만으로는 작은 부분까지 찾아내는 최신 드론의 정교한 전자광학 카메라를 피해 숨을 수 없다. 따라서 새로운 다중 스펙트럼 위장망과 시스템이 필요하다. 부실한 TTP, 예를 들어 발전기나 지원 장비를 제대로 위장하지 않거나, 아예 위장하지 않는 것은 아군의 위치를 적에게 광고하는 것과 같다. 오늘날 투명한 전투공간에서 인원과 장비를 제대로 숨기지 못하는 비효율적인 위장은 사상자를 만들어내는 지름길이다. 언제나 위장의 필요성을 제대로 이해하지 못하고 위장 규율을 강제하지 않는 지휘관은 휘하 전투원들을 위험에 빠뜨린다.

2022년 12월 초, 우크라이나군은 오늘날의 전투공간이 투명해졌음을 입증하는 대표적인 사건을 전 세계에 보여주었다. 러시아 내 여러 공군기지를 촬영한 위성 이미지는 러시아 공군이 우크라이나에 대한 대규모 미사일 공격을 준비하고 있음을 알려주었다. 군사 관련 유튜브 채널에서도 얻을 수 있는 상업용 위성 이미지는 러시아 공군 항공기와 미사일 저장시설을 고화질 사진과 실시간 동영상으로 상세히 보여주었다. 유튜버들도 이러한 오픈 소스 정보에 쉽게 접근할 수 있었다면, 나토NATO와 미국의 정보위성 및 공중조기경보통제기AWACS, airborne-warning- and-control system의 지원을 받는 우크라이나군이 확보한 정보가 어떤 것이었을지는 상상하기 어렵지 않다. 러시아군은 엥겔스Engels-2와 디야길레보Dyagilevo 공군기지 활주로에 주기된 Tu-95와 Tu-160 폭격기를 제대로 숨길 수 없었다. 2022년 12월 5일 새벽 우크라이나군은 정찰 결과를 바탕으로 별도의 방호시설 없이 활주로에 방치되어 있던 항공기에 대한 선제정밀타격을 실시했다.

소련 시대의 투폴레프Tupolev Tu-141 스트리즈Strizh 정찰용 드론을 개조한 무기를 활용한 것으로 추정되는 이 공격으로 러시아 공군 폭격기 일부가 손상되고 지상 인원 사상자가 발생했다. 러시아 국방부는 우크라이나 드론이 러시아 영공을 침범해 러시아 중남부의 랴잔Ryazan과 사라토프Saratov에 있는 2개의 공군기지를 공격했다고 발표했다. 이 두 공군기지는 러시아 내륙 깊숙한 곳에 위치해 있었고, 사라토프 인근의 엥겔스 공군기지는 우크라이나 국경으로부터 370마일 이상 떨어져 있었으며, 러시아 도시 랴잔 근처의 다야길레보 공군기지는 모스크바Moskva에서 남동쪽으로 겨우 122마일밖에 떨어져 있지 않았다.

우크라이나군은 즉시 이 공격이 자신들의 소행임을 밝히지는 않았지만, 자신들이 수행한 공격임을 은연중에 암시했다. 젤렌스키Zelensky 우크라이나 대통령의 고문인 미하일로 포돌랴크Mykhailo Podolyak는 "만약 무언가가 타국 영공으로 발사된다면, 조만간 그 정체불명의 비행물체는 발사 지점으로 돌아오게 될 것이다"라고 말했다.[13] 적 후방을 깊숙이 정찰한 우크라이나군은 이 드론 공격을 통해 1942년 미국의 두리틀 공습Doolittle raid이 일본 본토에 큰 충격을 안긴 것 같은 작전적 효과를 얻었다. 두 작전 모두 적의 피해 규모는 그리 크지 않았지만, 공격을 받은 국가는 이에 대한 대응 방식을 바꿔야만 했다. 러시아 내륙 깊숙이 위치한 공군기지가 우크라이나군에게 공격당하자, 러시아군은 우크라이나와의 접경지역에 배치하려던 방공무기를 이전에는 방호할 필요가 없는 성역이라고 여겼던 내륙 기지로 이동시켜 배치해야 했다. 랴잔 및 사라토프 공군기지에 대한 우크라이나군의 공습에서 보듯이, 현대의 다영역 센서는 장거리 정밀타격체계 및 무인기의 표적화를 피하기 위해 전력을 효과적으로 마스킹하는 것을 아주 어렵게 만든다.

열 신호

광학 스펙트럼에서와 마찬가지로 열 신호thermal signature를 마스킹하기 위해서는 새로운 장비와 열 위장thermal camouflage이 필요하지만, 여전히 장갑차, 트럭 등을 설계할 때 열 신호를 줄이는 열 위장 기술은 중요한 고려 사항이 아니다. 미 육군의 최신예 전차인 M1A2 SEPv3(시스템 강화 패키지 버전 III) 에이브럼스Abrams 전차는 강력한 가스터빈 엔진을 탑재해 작동 시 열 센서로 쉽게 식별할 수 있다. 사브 쿨캠 모바일 위장 시스템 Saab CoolCam Mobile Camouflage System처럼 열 신호를 줄이는 시스템이 있지만, 가격이 비싸고 효과도 제한적이다. 최첨단 광학 및 열감지 센서를 탑재한 무인전투기는 열 위장을 하지 않은 차량을 쉽게 탐지하여 타격할 것이다. 열 위장은 비용이 많이 들고 적의 일부 센서만 속일 수 있지만, 전투원과 장비를 잃는 것은 치명적이다. 비싼 비용과 치명적 피해 중 하나를

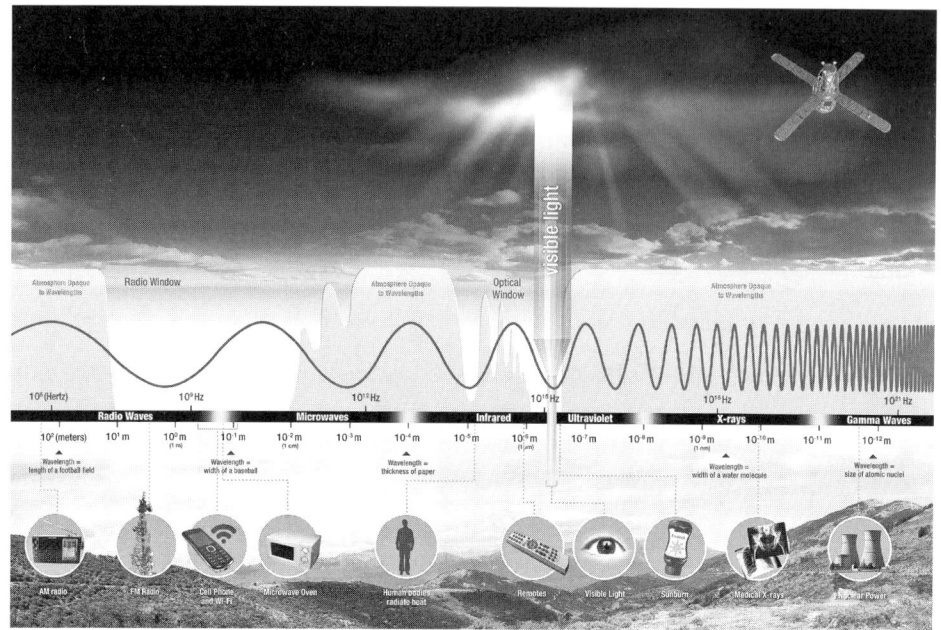

전자기 에너지는 파동으로 전파되며, 매우 긴 라디오파부터 매우 짧은 감마선까지 광범위한 스펙트럼을 형성한다. 라디오는 스펙트럼의 특정 영역을 감지하고, 엑스레이 기기는 스펙트럼의 다른 영역을 이용한다. 인간의 눈은 가시광선이라고 불리는 전자기 스펙트럼의 작은 일부 영역만을 감지할 수 있다. 〈출처: WIKIMEDIA COMMONS | NASA | Public Domain〉

선택해야 한다면 당신은 어느 쪽을 택하겠는가?

지난 20년 동안 전자광학 및 열 표적화 시스템은 엄청나게 발전했다. 위성, 무인 시스템, 항공기, 장갑차, 그리고 인간 전투원은 이제 다양한 종류의 열영상 장비를 사용할 수 있게 되었다. 이러한 시스템이 장착된 열영상 카메라는 인간의 눈에 보이지 않는 적외선을 포착하고, 목표물과 배경이 방출하는 적외선의 차이까지 감지한다. 주변 배경보다 조금이라도 뜨겁거나 차가운 물체는 모두 열 신호를 방출한다고 볼 수 있다. 열영상은 외부 광원이 물체에 반사되어서 보이는 것이 아니라, 물체 자체에서 방출하는 열을 감지해 나타내는 것이기 때문에 마스킹하기가 매우 어렵다. 따라서 기존의 위장만으로는 충분하지 않다."

1958년 미 육군 과학자 존 존슨John Johnson은 탐지거리 성능이 영상의 화질에 비례한다는 가정 하에 열영상을 포함한 시각적 임계값을 산출하기 위한 기준을 개발했다. '존슨 기준Johnson's Criteria'으로 명명된 이 기준은 영상 장치가 생성하는 픽셀의 크기를 기준으로 목표물을 탐지detect · 방향 판별orient · 인식recognize · 식별identify 하기 위한 최소 해상도를 제시했다. 이 측정치는 관측자가 탐지 · 방향 판별 · 인식 · 식별 각 단계에서 규정된 수준으로 목표물을 구별할 수 있는 확률을 50%로 제시한다.[14] 2004년에 개발된 새로운 측정 기준인 '표적화 임무 수행 성능 지표Targeting Task Performance metric'는 오늘날 전자광학 센서와 열감지 센서의 최적 탐지거리와 성능을 평가하는 데 사용된다. 1990년 연구에서 미 육군은 목표물 인식target recognition을 혼동되는 후보 목표물 집합Confusion Set에서 목표물을 구별하여 선택하는 행위로 정의했다.

1980년대에 미군이 널리 사용한 열영상 조준경thermal military sights은 전투공간에서 엄청난 이점을 제공했다. 얼마 전까지만 해도 미군과 경쟁했던 다른 국가들은 열영상 조준경 같은 무기체계가 없었다. 하지만 오늘날의 러시아 T-90M 전차와 중국형 99 전차는 3세대 열영상 조준경을 장착하고 있다. 심지어 이란의 카라르Karrar 주력전차도 열영상 조준경을 갖춘 최신예 조준체와 사격 통제 시스템을 탑재하고 있다. 우리가 적을 보는 만큼 적도 우리를 본다고 가정해야 한다. 미군은 이제 열영상

위성, 항공기, 드론, 지상 감시 시스템에 장착된 센서는 투명한 전투공간을 만들어냈다. 위 사진은 2022년 9월 6일 미 공군 E-3 센트리(Sentry) 공중조기경보통제기(AWACS)가 중동 지역에서 공중 감시 작전을 수행하는 모습이다. E-3 센트리 공중조기경보통제기는 전장 상황을 실시간으로 정확하게 파악할 수 있게 해준다. 〈출처: WIKIMEDIA COMMONS | Staff Sgt. Trevor T. McBride | Public Domain〉

분야에서 독보적인 우위를 점하지 못하게 되었으며, 장비와 전투원이 발산하는 열 신호를 줄이는 조치를 취해야 한다.

적의 열감지 센서를 속이기 위해 군사장비를 마스킹하는 것은 매우 어려운 과제다. 장비가 꺼져 있거나 정지 상태일 때조차도 '열 은폐thermal invisibility'가 가능하다면, 이는 엄청난 전술적 이점이 될 수 있지만, 이 목표는 현재까지 달성하기 어려운 것으로 밝혀졌다. 러시아군의 무기설계자들은 그들이 새로 개발한 무기체계가 열 신호 방출을 줄여 적들이 러시아군의 전차와 장갑차를 식별·조준하기 어렵게 되었다고 홍보했다. 우랄바곤자보드Uralvagonzavod 과학산업단지의 부대표인 뱌체슬라프 칼리토프Vyacheslav Khalitov는 러시아군의 T14 아르마타Armata가 서방이 보유한 열영상 조준경의 일부 장점을 무력화한다고 주장했다. 칼리토프는

2017년 《러시아 비욘드Russia Beyond》와의 인터뷰에서 "신형 러시아 전차에는 스텔스 기술이 적용될 것이다. 레이더파 흡수 소재와 특수 외장 코팅은 적외선 대역에서 T14 아르마타 전차를 야간에 탐지하기 어렵게 만들고, 전차 포탑의 각진 형상은 레이더 반사파를 흡수할 것이다."[15]라고 말했다. 칼리토프의 말이 사실인지 거짓 선전인지는 정확히 알 수 없으나, 러시아군이 전차와 차량에 대한 위장의 필요성을 정확하게 인식하고 있다는 것은 충분히 알 수 있다. '만티야Mantiya'라고 불리는 차폐용 특수 외장재는 적외선을 흡수하고 산란시켜 열 신호를 감소시키는 것으로 보고되었지만, 아직 입증된 바는 없다. 현재 진행 중인 러시아-우크라이나 전쟁에서도 이러한 주장은 검증되지 않았다. 이 글 작성 시점인 2023년 5월 기준으로 T14 아르마타는 대량 생산되지 않았고 전투에도 배치되지 않았다.

전자 신호

전자 신호를 마스킹하는 것은 상당히 어려운 과제다. 전자 방출은 인간의 눈에는 보이지 않지만, 적절한 성능을 갖춘 센서라면 탐지할 수 있기 때문이다. 오늘날 거의 모든 군사장비는 전자 신호를 발생시킨다. 여기에는 전기장치의 수동 작동, 무선통신, 레이더, 마이크로파 등 모든 형태의 전자기 신호 방출을 아우르는 다양한 주파수 또는 파장이 포함된다. 전자전EW, Electronic Warfare 시스템은 신호를 방출하지 않고도 무선 주파수RF, Radio Frequency 에너지를 탐지할 수 있다. 미군의 많은 부대에서 소총과 고가 장비를 추적하기 위해 사용되는 무선 주파수 식별 태그RFID, radiofrequency identification tag는 센서가 충분히 가까이 있으면 아군과 적군 모두가 추적할 수 있다. "일반적인 무선 주파수 식별 태그^{RFID} 칩을 배포하여 태그의 기술적 기법을 활용해 실제 세계를 감지할 수 있다면, 진정한 전방위 감지$^{pervasive\ sensing}$가 현실이 될 수도 있다."[16] 전자전은 현대전의 핵심 요소이며, 경우에 따라서는 물리적 공격보다 더 강력한 효과를 발휘한다. 오늘날의 군대는 어떤 면에서 전자기의 바다를 헤엄치는 전기 물고기와도 같다.

전자 탐지 센서를 탑재한 위성, 항공기, 무인기는 무전기, 휴대전화, 이동식 컴퓨터 네트워크, 심지어 무선 프린터가 방출하는 전자파도 탐지할 수 있다.[17] 이를 통해 획득된 정보가 장거리 정밀타격무기에 전송되면 전자 신호의 발원지는 순식간에 표적이 된다. 제2차 나고르노-카라바흐 전쟁 초기 며칠간 아제르바이잔군은 전자 탐지 센서를 이용해 아르메니아군의 방공망, 전자전 장비, 지휘소를 찾아낸 뒤, 이들을 최우선 공격 목표로 삼아 파괴했다. 고가치 표적이 파괴되자, 아르메니아군 전체가 아제르바이잔군의 공격에 무방비로 노출되었다. 아르메니아군의 방공망과 전자전 시스템이 무력화되자, 아제르바이잔군은 공중우위를 확보했고, 아제르바이잔군의 자폭 드론과 무인전투기는 포병, 전차, 장갑차, 일반 차량, 병력을 차례대로 공격했다.

2022년 2월 러시아가 우크라이나를 침공했을 때 러시아군 지휘관들은 디지털 무전기가 예상대로 작동하지 않아 크게 당황했다. 그들이 침공 전에 이 사실을 몰랐다는 것은 많은 것을 말해준다. 러시아 계약업체들은 많은 디지털 무전기에 불량 부품과 가짜 마이크로칩을 설치했다.[18] 이러한 노골적인 부패로 인해 러시아군은 제대로 통신할 수 없었다. 당황한 러시아군 지휘관들은 본인의 휴대전화나 우크라이나 민간인에게서 빼앗은 휴대전화를 사용했는데, 이러한 휴대전화의 문제점은 우크라이나의 현지 휴대전화 네트워크를 사용한다는 것이었다. 우크라이나군은 이러한 네트워크를 이용해 침략군에 맞서 허위 정보를 유포하기도 했다. 러시아군이 사용한 다른 휴대전화들은 우크라이나군의 위치 추적, 도청, 공격 대상이 되어 수많은 러시아군 사상자가 발생했고, 지휘소, 탄약 및 보급품 저장소 위치와 같은 중요한 전투 정보가 유출되었다. 우크라이나군은 러시아군이 침공한 이후 1년이 지난 2023년 2월까지 수많은 러시아군 지휘소를 찾아 타격했고 많은 러시아군 고위 장교를 사살했다고 주장했는데, 이러한 주장 중 상당수는 실제 드론 영상을 통해 확인할 수도 있다. 러시아군도 마찬가지로 많은 우크라이나군 지휘소를 타격했는데, 이는 양측 모두가 전쟁에서의 경험을 통해 고가치 표적을 찾고 타격하는 방법을 배웠다는 것을 보여준다.

지상 또는 공중 전자전 시스템은 군용 및 상업용 전자 시스템을 탐지하여 해당 시스템의 지리적 위치 정보를 제공할 수 있다. 이는 군용 송신기, 특히 설계상 전자기 스펙트럼 전반에 걸쳐 데이터를 수집하는 중앙 노드 역할을 하는 지휘소를 마스킹하는 데 엄청난 문제를 야기한다. 전자전 시스템은 보안이 철저한 디지털 및 음성 통신까지도 탐지할 수 있다. 전자기 신호를 방출하는 모든 것은 취약하다. 적의 센서 네트워크를 가짜 신호나 디코이$^{\text{decoy}*}$로 속이거나 도시의 잡음 속에 숨기는 방식으로 전자 신호를 최소화하고 마스킹하는 것은 훈련에서 우선순위로 삼아야 한다. 전자 신호 마스킹 능력이 없는 차량이나 지휘소는 투명해진 전투공간에서 살아남을 수 없다. 따라서 마스킹은 새로 개발되는 전술무기체계 설계의 필수 요건이 되어야 한다.

전자기 스펙트럼은 현대전에서 고지$^{high\ ground}$와 같은 역할을 한다. 고지를 확보하는 것은 승리를 위해 매우 중요하다. 하지만 현재 우리가 보유한 능력과 러시아와 중국의 전자기 스펙트럼 활용 능력을 극복하기 위해 우리에게 요구되는 능력 사이에는 상당한 격차가 있다. 투명한 전투공간에서 생존하고 작전을 수행하는 데 전자 및 무선 주파수 신호를 마스킹하는 것이 중요하다면, 어떻게 이를 달성할 수 있을까? 미 해군 잠수함 부대가 그들의 경험으로부터 얻은 교훈이 그것에 대한 좋은 답이 될 것이다.

'침묵의 함대$^{Silent\ Service}$'로 불리는 잠수함 부대는 자신의 신호를 감춰야만 생존할 수 있다. 잠수함은 적 센서를 속이기 위한 여러 수동적 수단을 사용한다. 예를 들어 음향 신호를 최소화하는 '침묵 운항$^{silent\ running}$', 자기 신호를 최소화하는 자기 차폐$^{magnetic\ shielding}$와 소자 기술$^{degaussing\ techniques}$**, 단순히 무전기를 사용하지 않음으로써 무선 탐지를 차단하는 방법, 냉수층을 이용해 능동 소나$^{active\ SONAR}$의 음향 신호 탐지를 차단하는 방법, 그리고 수중에서 탐지되지 않도록 잠수함의 항적과 소음을 줄이는 방법 등이 있다. 또한 잠수함은 적의 표적 획득을 교란하기 위한 능동적 수단도 사용한다. 예를 들어, 가짜 신호를 전송하는 디코이*, 적의 무기를 교란하는 전자전 시스템 및 부표^{buoy} 등이 그것이다. 잠수

---

* 디코이(decoy): 적의 레이더, 유도탄, 탐지 장비 등을 속이기 위해 설계된 기만체로, 실제 무기처럼 보이도록 만들거나 실제 무기와 유사한 신호를 내보내어 적이 잘못된 목표를 공격하도록 유도하는 가짜 표적을 말한다.

** 소자 기술(degaussing techniques): 잠수함이 내장된 자기장을 제거하거나 약화시켜, 적의 자기 센서나 자기 폭뢰에 탐지되지 않도록 하는 기술이다.

함은 가장 먼저 마스킹 능력을 고려해 설계되며, 잠수함 승조원들은 전술·기술·절차TTP를 반복 훈련하여 마스킹 능력을 향상시킨다. 잠수함 지휘관들은 잠수함이 방출하는 다양한 신호를 적의 센서로부터 마스킹해야 하며, 이에 실패하면 탐지되어 파괴된다는 것을 잘 알고 있다.

지상 전투는 잠수함 운용과는 다른 어려움이 있지만, 잠수함 승조원의 사고방식을 참고하는 것이 지상군의 마스킹 능력 향상에 좋은 출발점이 될 수 있다. 예를 들어, 잠수함은 소나가 음향 신호를 탐지하지 못하도록 무소음 기동silent running을 실시하는 것으로 잘 알려져 있다. 이와 유사하게 지상군 부대도 전자장비를 끄거나 신호를 차단하여 암전 상태를 유지함으로써 전자적 무소음 기동electronic silent running을 수행할 수 있다. 모든 전기 시스템을 끔으로써 전자기 스펙트럼에서 암전 상태를 유지하는 것은 지휘소와 부대를 마스킹할 수 있는 한 가지 방법이다. 이 방법을 사용하면 다중 영역 정보와 단절되기 때문에 우리는 이 방법을 자주 사용하지는 않지만, 짧고 특정한 기간 동안 '암전 상태'를 계획적으로 유지한다면, 적의 센서와 표적 획득 시스템이 우리를 탐지하기 어렵게 만들 수 있다. 예를 들어, 도시 지역 확보와 같은 중요 작전을 수행하기 전에 부대나 지휘소가 사전 준비된 계획에 따라 일정 시간 동안 암전한다면 적의 전자 및 전파 탐지로부터 성공적으로 부대를 마스킹할 수 있다. 불필요한 전자기 방출을 제한하는 것도 방법이다. 전자 신호를 방출하는 장비의 수를 줄이고 불필요한 장비의 전원을 끈다면 전자 신호는 줄어든다. 무선 수신 전용 대기Radio listening silence는 통신장비를 적절한 주파수에 맞춰놓되 전송은 하지 않고 수신 모드를 유지하는 기능이다. 데이터 전송은 수신보다 더 많은 전력을 필요로 하고 전자전 시스템에 의해 탐지되기 쉬우므로, 데이터 전송을 줄이면 탐지될 가능성이 낮아진다. 자체적으로 전자 신호를 방출하는 마을이나 도시의 소음 속에 숨어 작전하는 것은 많은 오탐 가능성이 있는 전자 신호가 존재하는 환경에서 "바늘 더미 속에 바늘 한 개"를 숨기는 하나의 방법이 될 수 있다.

아군 시스템에 대한 적의 탐지를 어렵게 만드는 새로운 기술도 필요하다. 최신 통신장비 중 일부는 무선 주파수 신호를 마스킹하는 기능을 갖추고 있다. 전송 신호를 마스킹하기 위해 전술 통신 파형은 전송 보안 TRANSEC, Transmission Security 기술을 사용하여 도청, 위치 추적, 재밍jamming(전파방해)에 대응한다. 전송 보안은 데이터가 전송되는 과정에서 개인이나 애플리케이션 또는 장치가 통신 시스템에 침입하여 데이터를 악용하거나 가로채지 못하도록 보호한다. 전송 보안 기술로는 주파수 호핑frequency hopping*, 직교 호핑orthogonality hopping**, 빔포밍beamforming***, 버스트 전송burst-transmission****, 적응형 프로세싱adaptive processing***** 등이 있으며, 이러한 군사통신 기술은 적의 재밍 또는 탐지 확률을 줄일 수 있다.

---

* 주파수 호핑(frequency hopping): 무선 통신에서 데이터를 전송할 때 송신 주파수를 주기적으로 변경하는 기술로. 이 방식은 간섭 회피, 보안 강화, 통신 안정성 향상에 효과적이다.

** 직교 호핑(orthogonality hopping): 여러 통신 신호를 서로 간섭하지 않도록 직교성을 유지하면서 주파수나 코드 등을 순차적으로 변경해 전송하는 방식으로, 신호 간 간섭을 줄이고 탐지 및 재밍에 대한 저항성을 높인다.

**** 버스트 전송(burst-transmission): 데이터를 짧은 시간 동안 높은 속도로 전송하는 방식으로, 전송 시간을 최소화하여 탐지 및 재밍의 위험을 줄인다. 이 기술은 군사통신에서 빠른 데이터 전송이 필요할 때 유용하게 사용된다.

***** 적응형 프로세싱(adaptive processing): 통신 환경의 변화에 따라 송수신 신호를 동적으로 조정하는 기술로, 재밍 및 간섭을 최소화하고 통신 품질을 유지한다. 이 방식은 레이더 시스템 등에서 목표 탐지 성능을 향상시키는 데 사용된다.

음향 및 지진(파) 스펙트럼

어두운 밤에 전술지휘소(TOC, Tactical Operations Center)를 찾으려는 군인이라면 누구나 헬멧을 벗고 전술작전본부에 전기를 공급하기 위해 24시간 내내 가동되는 디젤 발전기의 특유한 소리가 들리는지 귀를 기울일 것이다. 인간의 귀도 소리를 잘 듣지만, 일부 기계는 사람보다 훨씬 더 소리를 잘 듣고 심지어 소리의 방향과 위치까지도 파악할 수 있다. 지상 및 공중 무기체계에 장착된 일부 최신 음향 센서는 무기의 발사와 폭발을 탐지하고 위치까지 파악할 수 있다. 음향 센서는 극한의 기상 조건, 어둠, 가시선 밖과 같이 다른 센서가 작동하지 못하는 상황에서 상황 인식을 향상시킬 수 있다. 대부분의 정보수집·감시·정찰(SR) 드론은 '하늘의 눈'이라고 불리지만, 이제는 '하늘의 귀'라고 불리는 정보수집·감시·정찰 드론도 있다. 음향 센서를 장착한 드론은 적의 센서 탐지 범위를 벗어난 가시선 밖에서 운용되는 수동 센서를 이용해 적 포병의 사격 위치를 찾아낼 수 있다. 또한, 지상에 배치된 지진 센서는 전차 등 적의 무기체계가 만들어내는 진동을 수동으로 감지하여 가시선 너머의 표적 정보도 제공할 수 있다.

최신 음향 벡터 센서(AVS, Acoustic Vector Sensor)는 헬리콥터부터 휴대용 무기에 이르기까지 다양한 무기체계가 만들어내는 소리의 방향을 파악할 수 있다. 음향 벡터 센서(AVS)는 음파가 도달하는 방향을 측정할 수 있게 해준다. 폭이 몇 밀리미터밖에 되지 않아서 무인 지상 센서, 지상 차량, 무인기 등 모든 군사 시스템에 쉽게 장착할 수 있다. 또한, 음향 벡터 센서는 레이더에 탐지되지 않거나 무선 주파수 링크를 사용하지 않는 드

잠수함전을 통해 우리는 무소음 기동, 무반향 타일(anechoic tiles: 소나파를 흡수하는 고무 재질 제품), 디코이 사용, 신호 방출 감소 등 다양한 마스킹 전술을 배울 수 있다. 오늘날 잠수함의 마스킹은 새로운 감시 기술과 우주 기술에 의해 도전받고 있다. 위 사진은 2019년 호주 해군 잠수함과 함께 훈련에 참여한 미국 핵추진 잠수함 USS 산타페(SSN763)의 모습이다. 〈출처: U.S. Navy〉

론이나 항공기도 감지할 수 있다. 음향 센서 기술은 나날이 발전 중이고 다양한 지상 및 공중 센서에 적용되고 있다. 따라서 이로부터 탐지되어 표적화되는 것을 피하기 위해서는 마스킹 대책이 필요하다. 모든 부대는 무기체계의 소음 신호를 줄여야 하며, 더 조용한 신형 무기체계를 개발하여 실전에 배치해야 한다.

양자 스펙트럼

최신 표적 탐지 및 위치 추적 기술은 양자 과학에 기초하고 있다. 이 기술은 새롭게 부상하고 있는 첨단 기술로, 소수의 부유한 국가들만이 연구하고 있지만, 이 새로운 기술을 이해하고 연구 동향을 지속적으로 추적하는 것은 매우 중요하다. 스텔스 항공기 탐지를 위한 양자 레이더가 개발되고 있기 때문이다. 양자 센서는 가속도, 자기장, 중력 또는 시간의 변화를 측정한다. 2008년, 미국에서 양자 레이더에 대한 특허가 출원되었다. 이 기술은 양자 물리학의 핵심 원리 중 하나인 양자 얽힘quantum entanglement*을 기반으로 하며, 미국, 캐나다, 유럽, 이스라엘, 러시아, 중국 등에서 연구 중이다.

2021년 9월 3일, 중국 공산당 기관지인 《사우스차이나모닝포스트South China Morning Post》는 중국 인민해방군 과학자들이 스텔스기를 탐지할 수 있는 양자 레이더 분야에서 획기적인 발전을 이뤄냈다고 보도했다.

---

* 양자 얽힘(quantum entanglement): 두 입자가 공간적으로 멀리 떨어져 있어도 서로의 상태가 즉각적으로 연결되어, 한 입자의 상태를 측정하면 다른 입자의 상태도 동시에 결정되는 현상이다.

이 기사를 쓴 스테판 첸Stephen Chen은 "대부분의 레이더는 고정식 또는 회전식 접시 모양이지만 양자 레이더는 총처럼 생겼으며 전자를 거의 빛의 속도로 가속시킬 수 있다"고 말하면서 "전자가 매우 강한 자기장 속에서 구불구불한 관을 통과하면 토네이도처럼 앞으로 돌진하는 마이크로파 소용돌이를 만들어낸다"[19]고 설명한다.

공개 출처 정보OSINT, Open Source INTelligence로는 이것이 단순 선전인지, 실제로 획기적인 기술인지 알 수 없지만, 중국이 미국의 스텔스기를 탐지하기 위한 수단을 찾으려 하고 있다는 것은 분명하다. 향후 몇 년간은 지상 감지 시스템에 적용할 수 있는 범위가 제한적이어서 현재 전투공간에서는 큰 문제가 되지 않을 수 있지만, 그 파괴 잠재력은 점점 커지고 있다. 언젠가 양자 센서가 보다 보편화되면, 투명한 전투공간에서 마스킹은 훨씬 더 어려워질 것이다.

숨바꼭질 게임

도처에 있는 센서와 정밀공격은 미래 전쟁의 핵심이 될 것이다. 여러 영역의 센서들을 하나로 연결하는 센서 계층형 네트워크를 통해 전투공간을 실시간으로 정찰할 수 있는 새로운 센서들은 마스킹을 필수적인 요소로 만든다. 위장이 적이 보지 못하도록 광학 스펙트럼을 차단하는 수동적 수단이라면, 다영역 마스킹은 모든 영역을 포괄하는 접근방식이다. 따라서 마스킹은 모든 군사작전에서 최우선적으로 고려해야 하는 핵심 요소다. 현대의 모든 군대는 마스킹을 하지 않으면 생존할 수 없다. 앞에서 말했듯이 마스킹은 적의 센서를 속이고 적의 표적화를 교란하기 위해 모든 스펙트럼에 걸친 다영역적 노력이다. 마스킹은 단순히 수동적으로 숨는 것을 넘어 기만과 교란을 동시에 포함한다. 마스킹은 전투공간에서 가짜 신호를 만들어내고 적의 센서 네트워크가 협력하여 정보를 공유하지 못하도록 차단하는 다영역적 노력을 통해 적의 센서를 속이는 역할을 한다. 마스킹은 적의 킬 체인kill chain을 교란하거나 방해하고 적의 정밀화력 발사 능력을 차단함으로써 적의 다영역 표적화 시스템multidomain targeting system을 방해하는 핵심 수단이다. 따라서 마스킹 개념은 전쟁에서 매우 중요한 의미를 가진다. "아마추어는 전술을 연구하고 전문가는 군수를 연구한다"는 옛 농담도 이제는 바뀌어야 한다. 현대 전쟁술의 대가라면 전술과 군수뿐 아니라 마스킹까지 연구해야 한다. 마스킹은 지휘관의 수동적·능동적 노력을 수반하기 때문에 단순한 작전보안 차원의 고려사항을 넘어 전쟁 원리 수준으로 격상되어야 한다.[20]

현재 진행 중인 러시아-우크라이나 전쟁에서 대표적인 마스킹 사례로는 2022년 8~9월 우크라이나군 반격 작전에서 우크라이나군이 러시아군을 속인 사례를 들 수 있다. 우크라이나군은 다영역적 노력을 기울이고 나토의 지원을 받아, 공개한 대로 반격 작전의 주공이 남부 헤르손Kherson 인근에서 실시될 것이라고 러시아군을 믿게 만들었다. 그러나 실제 주공은 하르키우Kharkiv 북부와 동부 지역에 실시되었다. 러시아군은 우크라이나군에게 속아 북동부 전선에 있던 병력을 남부 지역으로 이동시켰다. 예상했던 것처럼 2022년 8월 29일 우크라이나군은 남부에서 공격을 개시했고, 치열한 전투 속에서 막대한 손실을 입었다. 우크라이나군이 남부 지역을 격렬하게 공격하고 막대한 손실을 입자, 러

디코이, 모형 차량, 가짜 장비는 마스킹 기술에서 매우 중요한 요소다. 공기주입식 M-47 셔먼(Sherman) 전차 모형은 제2차 세계대전 중 미 육군이 기만용으로 사용했다. 제2차 세계대전 동안 연합군은 독일군을 속이기 위해 공기주입식 전차 모형 및 차량 모형으로 구성된 이동식 독립 기만 부대를 배치하여 착시를 일으키게 만들었다. 공기주입식 전차 모형 및 차량 모형은 현재 진행 중인 러시아-우크라이나 전쟁에서도 러시아군과 우크라이나군 양측 모두가 사용하고 있다. 〈출처: WIKIMEDIA COMMONS | Public Domain〉

시아군은 남부 지역에 대한 공격이 반격 작전의 주공이라고 더욱더 확신하게 되었다. 7일 후, 우크라이나군은 러시아군의 감시망을 피해 은밀히 병력을 배치한 뒤, 9월 5일 하르키우Kharkiv-도네츠크Donetz-루한스크Luhansk 북동부 지역에서 기습공격을 감행했다. 우크라이나군은 상대적으로 약한 러시아군 방어선을 돌파하여 하르키우 지역에서 500개 이상의 거점과 약 1만 2,000km^{2}의 영토를 탈환했다. 우크라이나군이 하르키우 반격을 준비하는 과정에서 러시아군의 센서를 기만하고 표적화 네트워크를 교란함으로써 마스킹에 성공한 것은 전술적 성공을 가능케 한 중대한 성과였다. 이 공격으로 인해 러시아군은 전쟁 수행 방안을 재검토할 수밖에 없었고, 이는 블라디미르 푸틴$^{\text{Vladimir Putin}}$ 대통령이 러시아에서 '부분 동원령'을 발령하게 된 주요 요인 가운데 하나였다. 병력은 중요하지만, 투명한 전투공간에서는 그러한 병력도 마스킹에 성공할 때만 의미를 갖는다.

| CHAPTER 3 |

선제공격의 이점

계획은 밤처럼 은밀하고 간파할 수 없어야 하고, 기동은 벼락처럼 신속해야 한다.[1]

— 손자(孫子) —

● 그는 춥고 피곤하고 화가 나 있다. "빌어먹을 러시아놈들."

"뭐라고?" 다른 병사가 묻는다.

"아무것도 아니야. 그냥 생각나는 대로 중얼댄 거야." 제프리 스택^{Jeffrey Stack} 상병은 꽁꽁 얼어버린 발을 녹이려고 발을 구르고 있다. 눈 덮인 풍경을 바라보다가 시계를 흘끗 쳐다본다. 지금 시각은 새벽 2시 40분, 교대하고 숙영지로 돌아가기까지는 3시간 20분이 남았다. 3시간 20분 후면 따뜻한 커피 한 잔을 마시며 아침 식사를 할 수 있다. 그 생각만으로 갑자기 배가 고파진 그는 파카 왼쪽 주머니를 열고 마지막 전투식량에서 아껴두었던 크래커 하나를 꺼내 우적우적 씹는다.

영하를 약간 밑도는 날씨는 잔잔하다. 밝은 보름달이 떴다.

"그래도 비는 안 오는군요." 후안 루이즈^{Juan Ruiz} 일병이 대화에 끼어든다.

스택은 갑자기 작은 것에 감사한 생각이 들어 미소를 짓는다. 지난 며칠간 발트해^{Baltic Sea}에서 불어온 찬 바람이 그들을 괴롭혔다. 바람이 너무 세서 드론이나 항공기 작전이 중단될 정도였다. 비가 내리더니 진눈깨비에 이어 눈으로 변해 가시거리는 몇 미터 정도밖에 되지 않았다. 바람 때문에 헬리콥터도 비행하기 어려울 정도였지만 지금은 언제 그랬냐는 듯이 모든 것이 평온하다. 탁 트인 들판 너머로 1km 정도 떨어진 숲길도 보일 정도다. 3시간만 지나면 숙영지로 돌아가서 숙영지의 온기와 따뜻한 식사를 즐길 수 있다.

그의 머릿속에 지난 시절이 떠오른다. 지금 눈앞의 경치는 너무 평화로워서 그의 고향 와이오밍^{Wyoming}의 겨울을 떠올리게 한다. 그는 지금 당장 집으로 돌아가 부모님과 함께 저녁 식탁에 앉아 텔레비전으로 미식축구 경기를 보며 남동생에게 군대 이야기를 들려주거나, 벽난로 옆에 앉아 삼촌과 최근 뉴스를 이야기하며 휴식을 취하고 싶어진다. 집에 있었다면 따뜻하고 편안하며 안전했을 것이다. 불과 한 달 전만 해도 10일간의 휴가를 즐기며 그곳에 있었다는 사실이 믿기지 않는다. 지금 그와 그가 속한 부대의 동료들은 리투아니아에서 경계작전 임무를 수행하고 있다.

루이즈는 스택의 곁에서 추위에 떨고 있다. 두 사람은 러시아 국경에서 25km 떨어진 침엽수림 속 눈으로 뒤덮인 깊은 참호 관측소^{OP,} Observation Post에 있다. 그들 앞에 펼쳐진 들판은 평평하고 눈이 30cm 쌓여 있다. 그들이 소속된 제2기병연대 제3대대 번개부대$^{Lightning\ Troops}$는 참호 관측소^{OP}에서 2km 떨어진 리투아니아 파브라데^{Pabrade} 마을 인근 숲속 집결지에 주둔하고 있다. 숲 가장자리에 있는 참호에서 바라보는 풍경은 고요하기만 하다.

스택은 지난 몇 주간 일어났던 일들에 대해 생각해본다. 어쩌면 아무 일도 일어나지 않고 모든 것이 지나갈 수도 있다고 생각한다. 국제적 긴장이 고조되고 있다. 러시아-우크라이나 전쟁이 휴전으로 막을 내린 지 거의 1년이 지났다. 벨라루스는 독립국의 지위를 상실한 채 러시아에 병합되었고, 곳곳에 많은 러시아 전투 부대들이 주둔해 있다. 러시아는 새로운 병력을 동원하여 전쟁 기간 우크라이나에서 잃었던 병력을 보충했다. 중국제 신형 전차와 대포, 드론으로 무장한 러시아군은 무력을 과시하고 있다. 그들은 러시아-벨라루스부터 칼리닌그라드^{Kaliningrad}에 있는 월경지^{越境地}'에 이르는 더 넓은 회랑을 노리면서 그곳이 역사적으로 러시아의 영토라고 주장하고, 발트 3국에서 "도발적인 나토군"을 철수시킬 것을 요구하고 있다. 러시아가 노리는 이 지역은 '수발키 회랑^{Swalki}

Corridor'로 불리는데, 나토는 눈 위에 선을 긋듯이 "러시아는 절대로 이 영토를 가질 수 없다"라고 단호하게 거절했다. 러시아 지도자는 만약 나토군이 48시간 이내에 발트 3국으로부터 철수하지 않으면 전쟁으로 간주하겠다고 위협했다. 그 최후통첩은 날씨가 최악이던 어제 만료되었다.

참호 관측소에서 화기를 장전한 채 경계 근무 중인 스택과 루이즈는 만일의 사태에 대비하면서도 아무 일도 없기를 바란다. 그들은 러시아군을 막기 위해 눈 위에 그어진 '가느다란 녹색 경계선'의 최전선에 서 있다.

"오늘밤도 짜증이 나네요." 루이즈 일병이 말한다. "눈은 이제 진저리가 납니다. 경계 태세를 격상했다가 해제했다가 하는 것도 지겹습니다. 이제는 상병님까지 싫어질 정도예요."

"뭐야? 내가 너의 제일 친한 친구잖아."

"러시아가 어떤 짓을 할 것 같아요?"

"걱정하지 마." 스택이 웃는다. 그는 이런 때일수록 농담을 즐겼다. 그들이 얼마나 비참한 상황인지 잠시 잊을 수 있으니까.

긴 침묵이 흘렀다. 스택은 뭔가 들은 듯했지만 크게 신경 쓰지 않았다.

"왜요? 너무 추워서 말하기도 싫어요?" 루이즈가 물었다.

"아무 일 없을 거야. 여긴 우크라이나가 아니야. 러시아 놈들은 우리가 여기에 있다는 걸 알기 때문에 물러설 수밖에 없어. 그 자식들은 우리를 공격할 배짱이 없거든."

"네, 중대장님께서 말하는 걸 들었어요. 우리가 인계철선tripwire 같은 거군요. 그렇죠?"

"그래. 나토가 모스크바 놈들에게 국경을 넘지 말라고 경고했어. 그래서 우리가 여기 있는 거야. 러시아는 허풍을 떨고 있어. 공격한다면 전면전이야. 생각해봐. 심지어는 핵전쟁도 일어날 수 있다고."

"정말 즐거운 상상이네요." 루이즈가 대답한다. "근데 만약 허풍이 아니라면요?"

"흠… 그럴 리 없어. 우크라이나에서 이미 한 대 맞았잖아."

"인계철선이라… 그래요. 그게 바로 우리죠."

갑자기 윙윙거리는 소리가 한밤의 고요함을 깨뜨린다. 두 병사는 어둠 속을 응시한다. 스택은 헬멧에 부착된 야간투시경을 아래로 내린다.

"보여요?" 루이즈가 하늘을 살피며 물었다.

"아니, 하지만 확실히 무슨 소리가 들려! 근처에 있을 거야."

그때 10피트 전방에 검은 쿼드콥터^{quadcopter} 드론 한 대가 나타난다. 눈 덮인 들판 상공에서 호버링^{hovering}(정지비행)을 한 채 떠 있던 드론은 몇 초 후 윙 소리를 내며 하늘로 올라갔다가 다시 스택과 루이즈 전방 지상 6피트 상공에서 호버링을 하며 떠 있다. 스택은 야간투시경으로 드론을 바라본다. 인간과 기계는 섬뜩한 순간에 얼어붙은 듯 서로를 응시한다.

"저기 있어요. 쏠까요?" 루이즈가 드론을 가리키며 소리친다.

"잠시만. 우리 드론일지도 몰라. 내가 먼저 확인할게."

그 순간 드론은 상공으로 솟아오르더니 나무 뒤로 날아가 사라진다.

스택은 무전기를 켜고 소대장에게 상황을 보고한다. 몇 분이 지났다. 잠시 후 전쟁의 신이 강력한 망치로 내려치는 듯한 굉음과 함께 로켓과 포탄이 날아오는 소리가 하늘을 가득 채운다. 포격 소리는 귀를 찢을 지경이다. 스택과 루이즈 뒤로 펼쳐진 나무숲 사이에서 수십 개의 자탄들이 강력한 굉음을 내며 폭발한다. 나무가 쓰러지고 부러진 나무 조각들이 공중을 날아다닌다. 포탄의 충격으로 땅에 쓰러진 두 미국인은 머리 위에서 열압력탄이 폭발해 모든 것을 불태우는 불덩어리로 변하면서 전사한다. 설원 위에 그려져 있던 가느다란 녹색 경계선은 이제 곧 침범당할 것이다.

* * *

이 이야기는 허구다. 하지만 아직도 끝나지 않은 러시아-우크라이나 전쟁에서 무슨 일이 일어나든, 이와 같은 상황은 언제든지 미군에게 발생할 수 있다. 미군은 발트 3국, 동유럽, 그리고 전 세계 약 80개국에 배치되어 있다. 한국에 배치된 미군과 같이 해외에 주둔 중인 미군은 종종 전쟁을 억제하는 '인계철선' 역할을 하는데, 안타깝게도 인계철선이란 상대방이 이 철선에 걸려 넘어지는 것을 두려워할 때만 효과가 있다. 만약 적들이 미국의 보복을 두려워하지 않는다면 어떻게 될까? 발트 3국, 동유럽, 태평양에 소규모로 주둔 중인 미군이 적의 표적이 된다면 어떻게 될까? 해외 주둔 미군 부대 대부분은 이미 알려진 장소에 고정적으로 배치되어 있다. 일부 부대는 주한 미군처럼 같은 지역에 순환배치되기도 한다. 적들은 우리의 위치를 이미 알고 있다. 우리는 해외 미군 부대가 적의 전쟁 발발을 억제한다고 생각하지만, 적이 미군 부대를 인계철선이 아니라 단지 타격하기 쉬운 노출된 표적으로 생각한다면 어떻게 될까? 우리 군은 적의 기습선제공격에서 살아남을 수 있도록 훈련되어 있는가? 그렇지 않다면 왜 그런가?

독재국가들은 기습공격의 가치를 잘 알고 있다. 독재국가들에게 기습공격은 특별한 것이 아니라 일종의 규칙과도 같은 것이다. 1940년 봄 독일의 덴마크·노르웨이·프랑스·벨기에·네덜란드 침공, 1941년 독일의 유고슬라비아·그리스·러시아 침공, 1941년 12월 7일 일본의 진주만 공습과 태평양 전역 공격, 1950년 6월 25일 공산주의 북한의 대한민국 침공, 1950년 추수감사절인 11월 25일 미군과 유엔군에 대한 중국의 기습, 1990년 8월 2일 사담 후세인$^{Saddam\ Hussein}$의 쿠웨이트 침공, 2014년 2월 20일 러시아의 크림 반도 기습공격과 합병, 2014년 7월 11일 러시아가 젤레노필리아 인근의 우크라이나군에 대한 공격으로 주력 부대 중심의 본격적인 작전에 돌입한 사건, 2022년 2월 24일 우크라이나를 공격한 러시아의 '특수군사작전' 등 기습공격 사례는 수없이 많다. 이상은 20세기와 21세기 전체주의 강대국들이 감행한 가장 주목할 만한 '기습선제공격' 사례 중 일부다. 핵심 전략은 적이 예상치 못한 순간에 기습공격해 강력하게 타격하여 압도적인 힘으로 상대를 혼란에 빠뜨리는 것이다. 오늘날, 사거리가 훨씬 더 길고 정밀도가 훨씬 더 높은 무기들이 등장하면서 기습선제공격의 이점은 전쟁 전략에서 강력한 무기가 되었다. 이는 적에게 큰 전투충격을 안겨줄 수 있다. 우리의 적들은 이러한 전략을 적극적으로 활용한다. 따라서 아군의 생존을 보장하는 대비책 없이 적의 선제공격 사거리 안에 병력을 배치하는 것은 매우 어리석은 짓이다. 전 세계 취약한 지역에 배치된 미군은 과연 적의 선제공격 위험으로부터 살아남을 수 있을까?

러시아는 장거리 타격체계에 탐지 센서를 연결하여 고가치 표적을 거의 실시간으로 타격할 수 있는 능력을 갖추기 위해 50년이 넘게 노력했지만, 이를 실현시켜줄 기술이 없었다. 하지만 이제는 가능해졌다. '정찰 타격 복합체Reconnaissance Strike Complex'는 정보 융합 및 사격 지휘 본부에 제공되는 실시간 정보와 정밀한 표적 데이터에 기반하여 고정밀 장거리 무기를 통합 운용하도록 설계되었다.[2] 미국의 경쟁국들이 보유한 정찰-타격 능력과 재래식 포병 전력은 섬뜩할 정도로 위협적이다. 그들은 전투공간 내 모든 표적의 위치를 파악하고, 조준하고, 타격할 수 있다. 전투공간을 투명하게 만드는 다영역 센서와 어디든 타격할 수 있는 장거리 정밀타격무기 때문에 오늘날의 전투공간에는 피난처가 없다. 향후 러시아나 중국과 전쟁을 벌인다면 먼저 공격하는 자가 현저한 우위를 점하게 될 것이다. 미래 전쟁을 5차원에서 벌어지는 체스 게임에 비유하면, 러시아와 중국은 흰 말을 잡고 첫수를 두는 유리한 위치, 즉 선제공격의 이점을 가지고 있다고 볼 수 있다. 적이 선제공격하면 확장된 다영역 전투공간에 산개된 병력과 차량의 생존은 위태로워진다. 이처럼 강력한 화력으로부터 아군을 보호할 수 있을 정도로 신속하게 땅속 깊이 진지를 구축하지 못한다면, 우리에게 남은 유일한 선택지는 마스킹뿐이다.

상대가 미처 인지하지 못하거나 준비되지 않은 상태에서 실시되는 선제공격은 상당한 이점을 가져다줄 수 있으며, 오랜 시간 검증된 효율적인 전술이다. 오늘날 첨단 센서 네트워크와 장거리 정밀타격무기의 등장으로 핵무기를 사용하지 않는 선제공격은 나토나 미국에 대항하여 세력 균형을 바꾸고자 하는 모든 세력에게 매력적인 선택지가 되고 있다. 미국이 유럽에 대한 러시아의 추가적인 야욕, 중국의 대만과 남중국해에 대한 군사적 움직임, 예측하기 어려운 북한의 도발 등을 억제하려

고 할 때, 적이 선제공격을 감행해 전략적 이점을 확보하는 경우는 우리에게 악몽과도 같은 시나리오가 될 수 있다. 러시아는 여러 이유로 2022년에 우크라이나를 침공했다. 그중 하나는 러시아가 점령한 크림반도로 가는 육로를 확보하기 위해서였다. 또한, 러시아는 칼리닌그라드의 월경지를 점령하고 있었기 때문에 동맹국인 벨라루스와 칼리닌그라드를 잇는 육로 수발키 회랑을 확보하는 것이 그들의 장기적인 목표

다연장 로켓 시스템(MLRS, Multiple Launch Rocket Systems)은 강력하고 신속한 포화사격(saturation fire) 능력을 보유하고 있다. 다연장로켓시스템은 282km 이상 떨어진 표적을 타격할 수 있고, 적 대응사격을 회피하기 위한 신속한 진지변환 능력도 갖춘 장갑형 자주 장거리 정밀타격 무기체계이다. 로켓을 1발씩 발사할 수도, 2~12발을 연속으로 발사할 수도 있다. 컴퓨터가 각 로켓 발사마다 발사대를 재조준하기 때문에 모든 발사 모드에서 정확도를 유지할 수 있다. 사진 속 장면은 미 육군 제41야전포병여단이 2022년 3월 11일 독일 그라펜베어(Grafenwoehr) 훈련장에서 M270 다연장 로켓 시스템을 발사하고 있다. 〈출처: WIKIMEDIA COMMONS | U.S. Army photo by Markus Rauchenberger | Public Domain〉

였다. 나토는 발트해 연안 국가에 여단 또는 대대 수준의 전투 병력만을 배치한 상태이며, 이 부대들은 단기 순환 배치 방식으로 운용되고 있다. 러시아는 라트비아, 리투아니아, 에스토니아, 폴란드, 루마니아 등에 주둔 중인 나토군 부대의 위치를 이미 알고 있고, 사전 경고 없이도 이들에 대한 치명적인 선제공격을 감행할 수 있다. 러시아가 위험을 감수하고 선제공격을 감행할 의도가 있는지는 알 수 없다. 하지만 그렇다고 해서 나토군이 러시아의 의도에만 의존해서는 안 된다.

태평양의 상황도 마찬가지다. 시진핑習近平 주석이 중국 공산당 인민해방군에게 대만 침공을 명령할지는 여전히 알 수 없지만, 만약 그러한 명령이 내려진다면 전쟁은 예고 없는 대규모 기습공격으로 시작될 것이 분명하다. 중국 인민해방군은 미군이 대만을 돕기 위해 서둘러 지원에 나설 것인지에 대해 확신하지 못하고 있다. 미국이 그동안 대만에 대한 전략적 모호성을 유지해왔지만, 중국 인민해방군이 미국의 반응을 고려하지 않고 대만을 공격하지는 않을 것이다. 미국을 무시하는 것은 결코 선택지가 될 수 없다.

제2차 세계대전 당시 미 해군 함대가 일본 제국주의 야망을 가로막은 장애물이었던 것처럼 중국 인민해방군이 대만을 점령하려 할 경우 미군이 다영역 군사력을 활용해 전쟁에 개입할 가능성이 있다는 점은 중국 인민해방군 전쟁 기획자들에게 중요한 고려사항이 될 것이다. 2023년 1월, 미국 전략국제문제연구소CSIS, Center for Strategic and International Studies는 2026년 중국의 대만 침공을 가정한 워게임을 실시하고 그 결과를 바탕으로 중국 인민해방군이 대만을 점령하는 데 상당한 어려움을 겪을 것으로 예측했다. 그리고 미국이 개입하면 중국은 결국 패배하게 되겠지만, 미군의 사상자 또한 막대할 것으로 전망했다. "미국과 동맹국은 수십 척의 함정과 수백 대의 항공기, 수만 명의 군인을 잃었다. 대만의 경제는 황폐해졌다. 또한, 전쟁에서의 막대한 손실은 이후 수년간 미국의 국제적 위상을 크게 손상시켰다. 향후 수년간 미군의 전력투사 능력 저하도 불가피하다."[3] 미국 전략국제문제연구소CSIS의 워게임에 적용된 24개 시나리오 모두에서 중국은 로켓, 드론, 항공기로 선제공격을 감행했고, 그들의 선제공격은 태평양 지역에 배치된 미군 항공모함과 군사기지의 생존을 위협했다.

중국 인민해방군은 그들에게 가장 위협이 되는 표적을 먼저 타격할 것이다. "중국은 전 세계에서 가장 큰 다양한 미사일을 보유하고 있으며 **그 보유량은 계속 증가하고 있다.**"[4] 미국 전략국제문제연구소가 실시한 워게임의 다소 '낙관적인' 예측에도 불구하고, 중국이 행동을 결심하는 순간 미국이 이에 대해 충분히 준비되어 있지 않다면 태평양 지역 미군에 대한 중국 인민해방군의 선제공격은 과거 일본군의 진주만 공격을 어린아이 장난처럼 보이게 만들 정도로 미군에게 엄청난 충격을 안길 것이다.

오늘날의 첨단 센서와 장거리 정밀무기를 고려할 때, 잘 수행된 선제공격은 전술적·작전적·전략적 우위를 확보하고 전쟁을 시작할 수 있는 가장 확실한 방법이다. 미 육군 최신 《야전교범 3-0$^{\text{Field Manual 3-0}}$》(2022년 10월 발간)에는 다음과 같이 명시되어 있다.

"적 화력의 사정권 내에 전진 배치된 육군 부대는 적의 탄도미사일, 항공기, 해군 화력, 사이버 공격 등 다양한 위협으로부터 생존할 수 있도록 방호 능력을 강화해야 한다. 전진 배치된 부대는 다양한 위협을 고려하여 적절히 배치되고 충분히 준비되었을 때에만 주요 합동 기반시설을 방어할 수 있다."[5]

유럽이나 태평양 지역에서 적의 선제공격 가능성을 무시하는 것은 무모하고 위험하며 범죄행위나 다름없다. 미국에 대한 군사행동을 생각하는 국가라면 전쟁 시작 단계에서 거의 항상 선제공격을 수행할 것이 분명하다. 비록 적이 전 세계적 수준에서 미국과 동맹국에 대적할 수 없

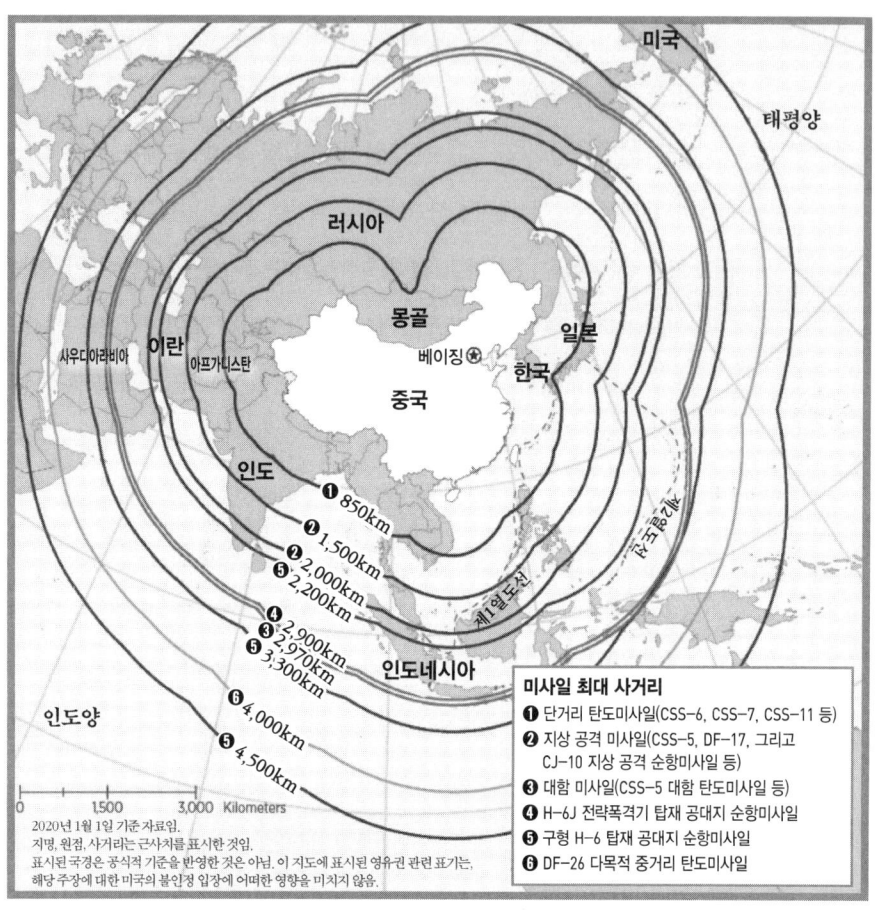

이 그림은 중국발 미사일의 사거리를 보여준다. 태평양 내 미군 기지는 중국의 선제공격 사정권 내에 있다. 중국의 미사일은 일본, 한국, 괌, 필리핀, 하와이에 있는 모든 미군 기지에 도달할 수 있다.
〈출처: WIKIMEDIA COMMONS | United States Department of Defense | Public Domain〉

는 상대라고 하더라도 작전적·전술적 틈새 역량을 개발하여 치명적인 선제공격을 감행하려 할 것이다. 적의 선제공격으로부터 살아남으려면 지금과는 다르게 접근하고 생각해야 한다.

모든 미군 부대는 이러한 가능성에 대비해 훈련을 실시해야 한다. 예를 들어, 미 육군 부대는 여러 전투훈련센터CTC, Combat Training Center를 순환하며 전쟁 대비 훈련을 실시한다. 이러한 순환 훈련에는 일반적으로 각종 기능별 지원부대가 포함된 여단급 부대가 참가하며, 때로는 해당 여단의 상급 부대인 사단의 전술작전본부Division Tactical Operations Center가 함께 참가하기도 한다. 전투훈련센터로 이동하는 방식은 과거 사막의 폭풍 작전Operation Desert Storm과 유사한 모델을 따른다. 부대는 기차를 타고 전투훈련센터로 이동해 하역 및 정비를 거친 다음 전투 준비를 완료한 후 훈련 구역으로 들어가 작전을 수행한다. 이 방법은 전통적이고 합리적이지만 허점도 있다. 미래의 어느 적도 미국이 사막의 방패 작전Operation Desert Shield, 사막의 폭풍 작전, 이라크 자유 작전Operation Iraqi Freedom 때처럼 산더미 같은 엄청난 규모의 장비와 병력을 공격 개시 위치로 이동시키는 것을 허용할 만큼 어리석지는 않을 것이다. 미래 전쟁에 대비하기 위해 미 육군은 기존의 방식을 바꿔 부대가 철도역에 도착하는 즉시 집결지로 전개시키고, 적의 선제공격을 피하기 위해 반드시 마스킹 조치를 취하도록 해야 한다. 분쟁 지역에 도착한 부대는 여유롭게 작전 준비를 위한 '행정적' 기간을 갖는 사치를 누려서는 안 된다. 적이 미국의 전쟁 방식을 통해 무언가를 배웠다는 전제 하에 미래 전쟁에서 미군은 분쟁 지역에 진입하자마자 즉시 마스킹 조치를 시행해야 한다. 전투훈련센터에서 이루어지는 모든 훈련은 기존의 방식이 아니라 새로 바뀐 전쟁 방식에 맞춰 실시되어야 한다.

전쟁 첫날 전투 준비의 중요성은 제2차 나고르노-카라바흐 전쟁(2020년)을 통해 입증되었다. 아제르바이잔군은 새로운 첨단 무인기, 자폭 드론, 그리고 기존 재래식 포와 로켓을 활용하여 전쟁 개시 단 일주일 만에 아르메니아군의 방공 및 지휘통제 네트워크를 파괴했다. 노후한 러시아 시스템으로 구성된 아르메니아군의 방공망은 아제르바이잔군의 무인기와 자폭 드론 공격을 막아내지 못했다. 아르메니아군 방공체계가 제대로 작동하는 상황인데도 불구하고, 아제르바이잔군의 무인기와 자폭 드론과 같은 무인 공중공격 무기aerial top-attack weapon들은 영공을 침투해 아르메니아군의 방어체계를 무력화했다.

아제르바이잔군은 전쟁 기간 다양한 무인기를 사용했다. 가장 효과적이고 악명 높았던 무인기는 터키 방산업체 바이카르Baykar가 제작한 바이락타르 TB2 무인전투기, 이스라엘 항공우주산업IAI, Israel Aerospace Industries(이하 IAI 로 표기)이 제작한 하롭Harop, 이스라엘산 완전자율 무인기 스카이스트라이커Skystriker(엘빗 시스템즈Elbit Systems 제작)였다. 아제르바이잔군의 가장 정교한 무인기와 자폭 드론에 탑재된 전자광학 센서는 최첨단 적외선 및 저조도 고해상도 텔레비전 카메라로, 보안 요구사항을 충족하는 안전한 전술 영상 정찰·감시·표적 데이터를 제공했다. 전쟁 기간 내내 TB2 무인전투기는 아제르바이잔군의 공격 무기인 동시에 다른 무인기와 무인전투기, 자폭 드론, 야전 포병, 로켓, 이스라엘제 스파이크Spike 같은 스마트 대전차유도미사일을 위해 표적을 식별하고 지정하는 '하늘의 눈' 역할을 수행했다. TB2 무인전투기가 지정된 공격 구역에서 아르메니아군의 부대를 식별하면 자폭 드론은 그 일대의 상공을 선회하다가 목표물을 확인한 다음 급강하하여 23kg에 달하는 탄두를 가미카제 공격 식으로 폭발시켰다. 자폭 드론인 하롭은 사전에 지정된 공격 구역으로 자율비행하도록 프로그래밍되어 있다. 하롭 여러 대가 지정된 공격 구역에 도달해 선회하면 인간 조종사가 그중 하나를 표적 탐색 및 공격용으로 선택하고, 나머지는 공격 구역을 계속 선회한다. IAI에 따르면, "인간 조종사는 선택한 자폭 드론을 표적 지역으로 이동시킨 다음 영상 화면을 보고 표적을 선택하고 공격한다. 하롭은 표적을 추적한 뒤 급강하하여 충돌과 동시에 탄두를 폭발시킨다. 인간 조종사는 필요할 경우 공격을 중단시킬 수도 있으며, 동일한 하롭으로 재공격할 수도 있다."[6] 하롭의 핵심 부품은 카메라 시스템으로, 이를 통해 인간 조종사는 실시간으로 전투공간을 관찰하고 세부 표적을 지정하여 공격 명령을 내릴 수 있다.

무인전투기와 자폭 드론

2020년 10월 실시된 단일 공격에서 아제르바이잔군의 TB2 무인전투기는 하롭과 오비터^{Orbiter} 자폭 드론과 함께 작전하면서 사격 진지에 매설된 아르메니아군의 곡사포 8문을 완전히 파괴했다. 아제르바이잔군이 아르메니아군에 대한 결정적 우위를 확보할 수 있었던 것은 무인기[7], 특히 TB2와 같은 무인전투기와 자폭 드론 덕분이었다. 아제르바이잔군은 제2차 나고르노-카라바흐 전쟁 기간 동안 포병, 기갑, 지휘통제시설, 그리고 병력 진지를 대상으로 이러한 공격을 반복했다.

  2022년 3월, 러시아의 122mm D-30 곡사포 8문이 우크라이나 헤르손 지역의 한 마을을 폭격하는 동안, 우크라이나군의 TB2 무인전투기가 포격 사정권 내로 진입했다. 러시아군 곡사포는 개활지에 정렬되어 있었다. 러시아 포병과 방공부대의 눈을 피한 TB2는 레이저로 러시아군의 곡사포 위치를 지정했고, 우크라이나군은 미사일을 발사했다.

수 마일 이상 떨어져 적의 포격으로부터 안전했던 우크라이나군 드론 조종사는 타격 장면을 더 잘 볼 수 있게 TB2를 더 높은 고도로 이동시켰다. TB2의 영상 센서는 미사일의 이동 상황을 담은 영상을 관제사에게 실시간으로 스트리밍해주었다. 몇 초 만에 러시아 곡사포가 화염을 뿜으며 폭발했고, 우크라이나군 드론 조종사는 환호했다. 이후에도 그는 계속 TB2를 조종하여 러시아군의 다른 곡사포를 파괴했다. 미사일을 모두 소진하자, TB2 조종사는 남은 러시아군 화포들을 포격 대상으로 지정해 포격을 요청했고, 이후 러시아군 포병 부대는 무력화되었다.[8]

새로운 타격 수단

무인전투기는 다목적 기체로, 정찰 임무를 수행하고 탑재된 레이더를 이용해 표적을 지정하며, 미사일과 폭탄 발사용 무인 공격 플랫폼 역할을 수행한다. 최신예 무인전투기의 예로는 미군의 프레데터^{Predator} MQ-20(구舊 프레데터 C) 어벤저^{Avenger}가 있다. 제트엔진을 장착한 MQ-20은 세계에서 가장 성능이 뛰어난 무인전투기 중 하나이며, 가장 비싼 기체 중 하나이기도 하다. 대당 가격이 약 7,000만~1억 5,000만 달러(정확한 비용은 비밀)로 추산되는 어벤저는 시속 460마일로 비행하고, 최대 고도는 5만 피트이며, 최대 18시간 체공이 가능하고, 헬파이어 미사일 6발 또는 기타 다른 폭탄을 장착할 수 있다. 어벤저는 적이 설정한 반접근 및 거부지역$^{anti-access\ and\ area\ denial}$을 돌파하고 무력화하는 데 사용되는 대표적인 무기로, 공중우위를 확보하기 위한 필수 수단이다.

이에 비해 터키제 TB2 무인전투기는 정찰과 정밀공격 수행을 위한 비교적 저렴한 선택지다. 프로펠러로 구동되는 TB2의 가격은 300만 ~1,000만 달러 수준으로 어벤저보다 훨씬 싸다. 중고도 장기 체공형 무인전투기인 TB2는 속도가 느리고 스텔스 기능도 없지만 현재 진행 중인 러시아-우크라이나 전쟁에서 큰 성과를 내고 있다. 우크라이나는 러시아가 침공하기 이전에 20~30대의 TB2를 구매해 러시아군을 상대로 성공적으로 운용했다. 우크라이나 육군이 사용하는 최신형 TB2는 직접 가시선 무선 링크를 사용한다. 러시아 육군이 보유한 첨단 전자전 시스템이라면 충분히 이 통신을 방해할 수도 있었고, 러시아 대공포와 방공 로켓 정도면 TB2를 격추할 수 있었는데도 전쟁 발발 후 첫 3개월 동안 러시아의 대드론 체계는 그저 무기력하기만 했다.

이는 전쟁 초 몇 달 동안 러시아의 대드론 방어와 전자전 재밍 체계가 우크라이나군의 위협을 방어하는 데 최적화되지 않았음을 보여준다. 여러 보고서에 따르면, TB2는 항공기, 헬리콥터, 정밀무기, 순항미사일, 무인기를 무력화하기 위해 개발된 러시아 판시르^{Pansir}-S1 방공 시스템을 성공적으로 파괴했다. 판시르-S1 방공 시스템의 위상배열 레이더는 TB2와 같이 느리게 움직이는 물체를 제대로 식별하지 못했다. 또한 여러 독립적인 보고서에 따르면, 최소 한 대 이상의 우크라이나 TB2를 포함한 미사일 및 드론 공격이 러시아 유도미사일 순양함 모스크바^{Moskva} 격침 사건에 관여된 것으로 전해진다. 이로 인해 TB2가 러시아 해군에 대한 방어 임무에도 일정 역할을 했을 가능성이 제기된다.

자폭 드론은 적진 후방 깊숙한 지역을 공격할 수 있는 새로운 수단이다. 자폭 드론은 폭발 탄두와 유도장치가 장착된 '스마트 미사일$^{smart\ missiles}$'로, 특정 지역 상공을 배회하면서 표적을 탐색한 뒤 타격한다. 미국 기업 에어로버론먼트^(AeroVironment)는 자사의 자폭 드론을 '배회 미사일 loitering missile'이라고 부른다. 정밀공격에 적합한 효과적이고 가성비 높은 수단인 자폭 드론은 현대의 다영역 전투공간에서 중요한 핵심 무기체계로 자리 잡고 있다. 모든 군사작전에서는 타이밍이 중요한데, 자폭 드론은 '체공·탐지·타격' 능력을 모두 갖추고 있어 표적을 타격하는 데 걸리는 시간을 몇 분에서 단 몇 초로 단축할 수 있다. 기존 항공기와 달리, 대부분의 자폭 드론은 활주로가 거의 또는 전혀 필요하지 않다. 대부분의 자폭 드론은 레일을 이용해 발사되거나 수직으로 이륙한다. IAI

미 해병대는 더 많은 수직이착륙(VTOL, Vertical Take-Off and Landing) 무인기를 확보하려 하고 있다. 위 사진은 미 해병대 소속 다니엘 그림쇼(Danielle Grimshaw) 하사가 2022년 9월 20일 스웨덴 베르가 해군기지(Berga Naval Base)에서 시행된 아키펠라고 엔데버 22(Archipelago Endeavor 22) 훈련에서 공병 정찰을 지원하기 위해 미국제산 R80D 스카이레이더(Skyraider)를 조종하는 모습이다. 〈출처: WIKIMEDIA COMMONS | U.S. Marine Corps | Public Domain〉

의 하롭과 같은 일부 자폭 드론은 다연장로켓발사기처럼 트럭 장착 발사대에서 발사된다. 하롭은 6시간(지상용) 또는 9시간(해상용) 동안 목표 지역 상공을 배회할 수 있고, 기체에는 나토가 표준적으로 사용하는 155mm 곡사포 포탄과 맞먹는 고폭탄 파편탄을 장착한다. 하롭이 적절한 표적을 식별하지 못하면 후순위 표적을 공격하도록 전환할 수 있고 만약 아무 표적도 찾지 못하면 사전 지정된 착륙 지점으로 복귀시켜 회수한 후 재사용할 수도 있다. 미국제 스위치블레이드Swithchblade와 같은 단거리용 자폭 드론부터 장거리용인 하롭까지 다양한 자폭 드론이 있다. 자폭 드론은 표적의 가격에 비해 비용이 저렴하기 때문에 지속적인 정밀타격을 가능하게 하는 저비용 고효율 수단이라고 할 수 있다.

드론 전쟁이라는 새로운 현실에 적응하기

TB2와 같은 무인전투기는 무적이 아니다. 전쟁이 진행되면서 러시아는 통합 방공 시스템과 전자전 네트워크를 심층적으로 학습하고 적용하여 TB2와 같은 무인전투기는 더욱 치열해진 전투공간에서 작전을 수행하기 어려워지고 있다. 많은 무인기가 러시아 전자전 시스템에 의해 격추되거나 재밍당했다. 이 문제를 해결하기 위해 바이카르는 고가의 무인기인 미국의 프레데터와 유사하게 위성 링크로 제어되는 업데이트된 TB2S 버전을 개발했다. TB2S는 위성 링크 덕분에, 조종사와의 신호를 끊어 무력화하기가 훨씬 더 어려워졌다. TB2S는 가격이 더 비싸지만, 적이 첨단 전자전 및 재밍 시스템을 가동하는 환경에서도 임무 수행이 가능하다. 또한, 바이카르는 TB3 변형 모델도 개발 중이다. 이

무인전투기는 전쟁의 양상을 바꾸고 있다. 위 사진은 2021년 9월 1일 네바다 공군기지에서 이륙하는 미국 MQ-9 리퍼(Reaper)의 모습이다. 리퍼는 원격조종이 가능한 최첨단 무기 플랫폼으로, 즉각적인 대응과 정밀 교전이 가능하다. 리퍼는 2007년에 도입되어 전 세계 다양한 전투에서 실전 테스트를 거쳤다. 현재 미 공군은 더 새로운 체계를 모색 중이다. 노스럽 그러먼(Northrop Gruman)은 MQ-9 리퍼를 대체할 스텔스 자율 드론 개발 계획안을 제안했다. 이 스텔스 자율 드론은 인도-태평양 지역과 같이 고강도 위협 환경에서도 운용할 수 있다. 〈출처: U.S. Air Force〉

차세대 무기체계인 TB3는 함정에 배치할 수 있도록 접이식 날개로 설계되어 짧은 활주로나 항공모함에서도 이착륙이 가능하며, TB2보다 2발 더 많은 총 6발의 미사일을 탑재할 수 있다. TB3는 이전 모델과 마찬가지로 정찰, 감시, 정보수집 및 공격 임무를 수행할 것이다. 바이카르에 따르면, TB3는 미국과 나토의 고가 무인전투기처럼 가시선 및 초가시선$^{\text{beyond-line-of-sight}}$ 통신 기능을 모두 구현할 수 있는 위성제어 시스템을 탑재할 예정이다. 이러한 기능이 실제로 구현된다면 TB3 조종을 위한 통제소는 위성통신이 가능한 지구상 어디에든 배치할 수 있다. 바이카르는 TB3가 빠르면 2023년부터 운용 가능할 것으로 보고했다. 바이카르는 2022년 7월 우크라이나에 드론 공장 건설을 위해 토지를 매입했다.[9] 이 글 작성 시점에 우크라이나군은 TB2S나 TB3를 보유하고 있지 않았지만, 머지않아 이들을 획득할 수 있을 것으로 예상된다.

현재 대부분의 무인전투기와 자폭 드론은 데이터 전송 링크를 활용해 인간 조종사가 제어하지만, 머지않아 자동화 AI 시스템이 인간 조종사를 대체할 것이다. 인간 조종사의 역할은 시스템을 직접 조종하는 것에서 시스템에 명령을 내리는 형태로 변화하고 있다. 시스템에 명령을 내린다는 것은 사전 설정된 표적 우선순위에 따라 지정된 타격 구역 내에서 비행하며 표적을 타격하도록 시스템을 활성화하는 것을 의미한다. 시스템은 사전 입력된 임무를 자동으로 수행하지만, 필요할 경우 인간이 개입하여 공격을 중단하거나 공격 지점을 변경할 수도 있다. 이러한 '제어'에서 '명령'으로의 전환은 드론 제조사가 보다 스마트한 시스템을 개발함에 따라 점차 현실로 바뀌어갈 것이다. 예를 들어, 엘빗 시스템즈의 스카이스트라이커는 완전자율형 자폭 드론으로, 조종사가 지정한 표적을 스스로 탐지·식별·타격할 수 있다. 필요하다면, 지정된 전투공간에서 최소한의 인간 개입으로 작전 수행도 가능하다. 서방 국가들은 인간의 개입을 유지하려고 하지만, 러시아와 중국은 인간의 개입을 배제하는 데 주저하지 않을 수도 있다.

특히, 결정적 전투에서 표적을 지속적이고 광범위하게 정밀타격하여 전투공간을 장악할 수 있는 능력은 승리를 위한 핵심 전술이 될 것이다. 무인 시스템이 더 빠르고, 더 스마트해지고, 더 치명적으로 발전하면서 자폭 드론과 무인전투기는 이러한 목표를 실현할 수 있게 해줄 강력한 수단이 될 것이다. 무인전투기와 자폭 드론은 전쟁 방식을 변화시키고 전투력을 크게 증대시키는 전력승수$^{force\ multiplier}$* 역할을 한다. 가까운 시일 내에 모든 박격포 소대, 정찰 및 기동부대에는 자폭 드론이 배치될 것이고, 포병부대에 자폭 드론 포대와 무인전투기 편대가 편성될 가능성이 크다. 드론이 가지지 못한 공격 능력을 제공한다는 점에서 전차의 시대가 끝나지는 않겠지만, 전차가 생존하면서 계속해서 승리하려면 새로운 전투공간에 대한 적응 능력을 갖춰야 한다. 이를 정확하게 이해하고 준비하는 군대는 엄청난 전술적·전략적 이점을 가지게 될 것이 분명하다.

먼저, 세게 때려라

오늘날 전투공간 어디에나 존재하는 센서는 거의 모든 것을 탐지할 수 있다. 장거리 정밀타격무기와 드론은 이러한 센서의 탐지 능력을 활용하여 고가치 표적을 빠르게 파괴할 수 있다. 선제공격의 이점은 전쟁 개시 후 몇 시간 또는 며칠 만에 적을 무력화할 수 있다는 점에 있다. 압도적인 힘으로 가장 중요한 목표를 파괴하는 기습선제공격은 전쟁의 승패에 결정적인 영향을 미친다. 아제르바이잔은 제2차 나고르노-카라바흐 전쟁 초기 몇 주 동안에 이를 달성했다. 반면에 러시아는 우크라이나 침공 당시 선제공격의 이점을 극대화하지 못했다. 2022년 3월 10일 러

---

* 전력승수: 부대가 가진 전투 잠재력과 효율을 높여, 상대적으로 규모가 큰 적과도 대등하게 교전할 수 있게 만드는 요소를 말한다. 예를 들어, 소규모 포대가 정밀유도무기를 사용하면 적의 주요 목표를 효율적으로 제거할 수 있고, 정찰 드론과 실시간 통신망을 활용하면 기동소대가 보다 신속하고 정확하게 작전을 수행할 수 있어 전력승수가 증가한다. 또한, 유리한 지형을 선점하거나 첨단 감시장비를 도입하는 것 역시 부대 전투력 향상과 전력승수 증대에 기여한다.

오를란-10은 상트페테르부르크(Saint Petersburg) 소재 특수기술센터가 러시아군을 위해 개발한 무인기로, 주로 정보수집, 감시, 정찰, 포병의 탄착점 수정(spotting)을 위해 사용된다. 위 사진은 공중 정찰을 수행하던 오를란-10이 2022년 4월 5일 도네츠크 지역 상공에서 우크라이나 국경수비대에 의해 격추된 모습이다. 로이터 통신에 따르면, 러시아-우크라이나 전쟁 기간 오를란-10은 최대 2만 발에 이르는 포탄의 탄착점 수정을 통해 하루 최대 100명의 병력을 사살했다. 〈출처: WIKIMEDIA COMMONS | State Border Guard Service of Ukraine | CC BY 4.0〉

시아 국방부 대변인 이고르 코나셴코프$^{Igor\ Konashenko}$는 러시아가 우크라이나 군사시설 2,911곳을 공격했다고 밝혔다.[10] 설사 이러한 수치가 선전이 아니라 사실이라고 하더라도 러시아군의 선제공격은 우크라이나군의 방어 능력이나 전투의지를 무력화시키지 못했다. 전쟁 첫 주에 러시아군은 수백 차례의 포격, 미사일 공격, 공습을 감행했음에도 불구하고, 러시아군의 장거리 정밀타격은 전투공간의 규모와 종심에 비하면 불충분했다. 러시아는 우크라이나의 인터넷과 통신시설 등 주요 표적을 공격했지만, 미국의 기업가 일론 머스크$^{Elon\ Musk}$가 제공한 스타링크^{Starlink} 인터넷 서비스 덕분에 우크라이나의 인터넷은 2주 만에 복구되어 정상

바이락타르의 TB2는 제2차 나고르노-카라바흐 전쟁에서 아제르바이잔이 승리하는 데 결정적 역할을 한 무기였다. 오릭스(Oryx) 웹사이트에 공개된 정보에 따르면, 44일간의 전투에 투입된 소수의 아제르바이잔 TB2는 아르메니아군의 허를 찔러 장갑차량 126대(T72 전차 90대 포함), 야포 147문, 다연장로켓발사기 60기, 지대공미사일 22기, 레이더 시스템 6대, 일반 차량 186대를 포함한 총 549개의 지상 표적을 파괴했다. 〈출처: WIKIMEDIA COMMONS | Army.com.ua | CC BY 4.0〉

적으로 작동했다. 러시아군은 젤렌스키 대통령을 체포하거나 사살하지 못했고, 우크라이나 정부의 주요 시설이나 본부 등 고가치 표적도 효과적으로 제거하지 못했다. 러시아군은 적의 지휘부를 제거해 즉시 항복을 받아내려 했지만, 그들의 행동은 오히려 우크라이나 국민의 결의와 저항의지를 더욱 강화시키는 결과만 초래했다. 중국군은 틀림없이 이러한 러시아군의 '선제공격 실패'를 면밀히 연구했을 것이고, 이를 바탕으로 대만 점령을 위한 압도적인 선제공격을 계획할 가능성이 높다.

적의 기습선제공격은 미국과 동맹국에 심각한 위협이 된다. 중국이나 러시아는 기회를 포착해 위기를 조성한 뒤 상대국의 군대가 인접 국가들로 이동하는 것을 관찰하고 그들의 정확한 위치를 파악한 다음 기습선제공격을 감행하려 할 것이다. 2022년 2월 24일 러시아가 감행한 우크라이나에 대한 기습선제공격은 예상보다 강력하지 않았다. 러시아가 회복해서 선제공격을 감행할 두 번째 기회를 얻는다면, 첫 번째 선제공격에서 얻은 교훈대로 결정적 승리를 거두기 위해 '총력을 다해야 할 것이다'. 중국 역시 이 교훈을 배웠다.

전투공간이 투명하다면 어떻게 기습선제공격이 가능할까? 물론 선제공격을 위한 적의 움직임은 분명히 발각될 것이다. 하지만 우리가 과거를 통해 배운 바가 있다면 아무리 좋은 첩보와 감시 시스템도 위기를 적시에 경고하지 못할 수도 있다는 사실을 알아야 한다. 1941년 12월, 우리는 우리가 소화할 수 있는 것보다 훨씬 더 많은 양의 정보를 가지고 있었다. 로버타 월스테터Roberta Wohlstetter는 1962년 그의 저서 『진주만: 징후와 결심Pearl Harbor: Warning and Decision』에서 다음과 같이 썼다. "우리의 정보 시스템과 모든 다른 정보 채널이 일본의 의도와 역량에 대한 정확한 그림을 제공하지 못했다면… 그것은 관련 자료가 부족해서가 아니었다. 우리는 사실 과거 그 어느 때보다도 적에 대해 이처럼 완전한 정보 그림을 가진 적이 없었다."[11]

…목표 추정 목록에 진주만이 포함되어 있지 않았기 때문에 우리는 (명백히 임박한 해상 공격의 목표로 추정되는) 완전한 목표 목록을 갖고 있지 않았다. 정확한 공격 개시일과 시각도 알지 못했다. 일본의 역량이나 매우 높은 위험을 감수할 수 있는 능력에 대해서도 정확하게 알지 못했다. … 만약 우리가 11월 30일이나 12월 7일에 일본이 공격하려고 했던 영국과 네덜란드의 목표를 정확하게 열거할 수 있을 정도의 능력을 가지고 있었다면, 왜 우리에게 닥칠 구체적인 위험은 예상하지 못했던 것일까?[12]

1941년 이후 기술은 엄청나게 발전했지만, 인간의 의사결정 방식은 거의 변하지 않았다. 2001년 9월 11일, 당시 미국은 1941년보다 훨씬 더 뛰어난 정보수집 능력을 갖추고 있었음에도 불구하고, 테러리스트들에게 기습공격을 당했다. 만약 적이 내일 우리를 공격한다면, 우리는 정밀 미사일, 포병, 드론을 이용한 압도적인 선제공격을 받게 될 것이다. 우리는 이에 대응할 만반의 준비가 되어 있는가?

상공에서 목표물을 공격하는 것은 현대전에서 선호되는 교전 방식이다. 위 사진은 노스럽 그러먼 & 쉴드 AI(Northrup Gruman & Shield AI)의 수직이착륙 드론(무인기) V-BAT이 이륙하는 모습이다. V-BAT은 별도의 발사 시스템이 필요하지 않다. 미 육군은 오랜 기간 운용해온 RQ-7B 섀도(Shadow) 드론을 대체하기 위해 V-BAT을 채택했다. 〈출처: WIKIMEDIA COMMONS | Lilykhinz | CC BY-SA 4.0〉

| CHAPTER 4 |

무인 공중공격

경험·훈련·지식이 결여된 단순무지한 용기는 지능적인 정밀무기 앞에서 아무 쓸모가 없다.[1]

— 조지 패튼 장군의 명언(저자가 일부 편집) —

● "적 발견!" 우크라이나군 드론 운용병 킷코^{Kitko}가 외친다.

키이우^{Kyiv}에서 북서쪽 약 96km 떨어진 말린^{Malyn} 근처 이동식 조종실에서 킷코는 바이락타르 TB2 무인전투기를 조종하고 있다. 키이우로 향하는 도로를 따라 러시아군 차량들이 몇 미터 간격으로 정차해 있는데, 이는 흡사 출퇴근 시간 대도시의 교통체증처럼 보일 정도다.

킷코가 미소를 지으며 말한다. "놈들을 찾았습니다!"

2022년 2월 27일, 우크라이나는 국가의 생존을 건 전쟁을 하고 있다. 러시아는 불과 며칠 전 침공을 개시했다. 러시아군의 선제공격은 우크라이나군을 강타했고, 처음에는 우크라이나군이 진격하는 러시아군 행렬을 막을 수 없을 것처럼 보였다. 개전 초 모든 것은 혼란과 무질서 그 자체였다. 겨울 하늘은 잿빛이고 땅은 눈으로 덮여 있어서, 녹색 러시아군 차량들은 TB2에 탑재된 카메라 센서로 쉽게 식별할 수 있었다.

킷코의 터키제 TB2는 MAM-L 미사일 4발을 무장하고 있다. MAM은 터키어 'Mini Akıllı Mühımmat'의 약자로 '초소형 스마트탄$^{smart\ micro\ munition}$(초소형 지능탄)'을 의미한다. MAM-L의 사거리는 15km다. 이 미사일의 강력한 탠덤 탄두$^{tandem\ warhead}$—두꺼운 장갑을 관통하기 위해 표적에 접촉한 후 몇 밀리초 간격으로 연속폭발하는 2개의 탄두(선구탄과 주탄)로 구성된 복합 탄두— 는 전차를 파괴하거나 무력화하기에 충분하다. TB2는 센서로 표적을 탐지하고 탑재된 미사일로 바로 타격할 수 있으므로 킬체인 속도가 매우 빠르다. 탐지 후 타격까지 걸리는 시간은 몇 분이 아니라 몇 초에 불과하다. TB2의 가장 큰 장점은 바로 이러한 탐지-타격 기능이다.

TB2는 7km 떨어진 곳에서 자이로 안정화 적외선 카메라$^{gyro\text{-}stabilized}$

infrared camera를 통해 도로변에 정차 중인 러시아군 부크^{Buk} M2E 방공 시스템(나토는 SA-17 또는 그리즐리^{Grizzly}라고 부름)을 감시하고 있다. 부크는 강력한 방공무기이며 시스템이 제대로 작동하고 승무원이 똑바로 근무 중이라면 TB2를 탐지하고 격추할 수 있다. 부크가 통합 방공 네트워크를 통해 판치르^{Pantsir}² 같은 다른 방공 시스템과 연동되어 있다면, 킷코의 신호를 재밍해 TB2를 무력화할 가능성도 있다.

킷코는 심호흡을 한다. 판치르가 근처에 배치되어 있을 수도 있지만 확실치 않았다. 킷코는 본인이 사냥꾼이라고 생각하지만, 그의 사냥감은 무리 속에 있는 늑대이고 늑대는 위험한 짐승이다. 킷코는 러시아군을 어떻게든 막아야 한다는 것을 알고 있다. 만약 러시아군의 방공 시스템을 파괴할 수 있다면 TB2는 자유롭게 하늘을 누비며 침략자를 섬멸할 수 있을 것이다.

"고가치 표적 발견. 2대, 아니 3대… 확인. 부크는 도로 위에 있습니다." 킷코는 TB2를 숲 너머로 이동하도록 조종한 뒤 정지 중인 러시아군 행렬을 살펴보기 위해 더 높이 상승시킨다. TB2가 보유한 고배율 전자광학 및 적외선 표적 지정 센서는 몇 킬로미터 밖에서도 안정적으로 근접 영상을 제공한다.

흥분으로 분위기가 달아오른다. 다른 우크라이나군 두 명도 이동식 조종실 내부에 있다. 두 번째 드론 운용병인 뎀차크^{Demchak} 병장은 킷코의 오른쪽 콘솔에 앉아 있다. 뎀차크는 두 번째 TB2를 조종 중이다. TB2가 2대밖에 없어서 세 번째 콘솔은 비어 있다. 두 명의 드론 운용병 뒤에 대위 한 명이 서서 아무 말 없이 담배를 피우며 지켜본다.

킷코는 TB2를 신이 우크라이나군에게 준 커다란 선물이라고 생각한다. 러시아군의 선제공격으로 우크라이나군은 많은 포병과 로켓 부대를 잃어서 러시아 침략자를 막아낼 무기가 거의 남지 않았다. 안타깝게도 우크라이나군은 이러한 드론을 몇 대밖에 보유하고 있지 않지만, 수적으로 부족한 문제는 기술과 대담함으로 보완하고 있다. TB2의 잠재력을 극대화하려면 잘 훈련된 드론 운용병이 필요한데, 킷코는 바로 그런 최고 드론 운용병 중 한 명이다.

킷코가 가장 신경 쓰는 것은 자신의 TB2를 잃지 않고 가용한 모든 미사일을 최대한 효과적으로 사용하는 것이다. 우크라이나군이 보유한 TB2는 20대도 안 되며 미사일도 곧 고갈될 것이다. TB2는 미사일 4기를 탑재할 수 있는데, 날개에 부착된 하드포인트[hardpoint]*에는 특수설계된 MAM 미사일만 장착 가능하다. MAM 미사일을 전부 사용하면, TB2는 표적을 사냥하는 무인전투기가 아니라 정찰기 역할만 수행할 수밖에 없다.

킷코는 그의 조종 화면을 살펴보다가 표적 차량 밖에 서서 담배를 피우고 있는 러시아군 병사 두 명을 발견한다. 그는 표적을 좀 더 자세히 들여보다가 부크의 레이더가 움직이지 않는 것을 확인하고 웃는다. "저거 보여?"

"네." 뎀차크가 웃으며 말한다. "그냥 길에서 노닥거리고 있군요. 제가 조종하는 드론은 선배님 드론의 오른쪽 날개 후방 약 2km 남쪽에서 비행 중입니다. 지금이 공격할 때입니다."

---

* 하드포인트(hardpoint): 기체 날개나 동체에 있는 외부 장비(무장·연료탱크·센서 등)를 장착하는 고정 장치다.

"저놈들은 아직 레이더를 배치하지도 않았어." 킷코가 말한다. 그는 가즈GAZ 2330 타이거Tiger로 추정되는 사륜형 장갑차 여러 대와 부크 방공 시스템 3기를 관찰하고 있다. 킷코는 경험상 부크 미사일 포대가 보통 TELAR 차량(운반차량Transporter · 거치대Erector · 발사대Launcher · 레이더Radar 일체형 차량. 각 차량당 미사일 4기 탑재) 2대와 TEL 차량(운반차량Transporter · 거치대Erector · 발사대Launcher 일체형 차량. 각 차량당 미사일 6기 탑재) 1대로 구성되어 총 14기의 미사일이 편성된다는 것을 알고 있다. 아마 지금 눈앞에 있는 것은 전방부대 국지방공 지원을 위해 전진 중인 러시아군 방공포대일 것이다. 킷코는 러시아군이 레이더를 배치하지 않고는 미사일을 발사할 수 없다는 것을 알고 있다.

"발사 준비 완료." 뎀차크가 보고한다.

"오늘 메뉴는 부크다. 놈들이 준비하기 전에 없애버리자." 킷코는 TB2를 상공으로 띄우고 표적에 대한 MAM-L 미사일 발사를 준비하며 대답한다.

"포격도 요청하겠다." 뒤에 서 있는 대위가 말한다. "152mm 곡사포가 사정권 내에 있다."

"제 카메라에 후속 차량이 보입니다." 뎀차크가 보고한다. "러시아 놈들은 아직도 우리가 다가오는 것을 모르는 것 같습니다. 미사일 장전. 발사 준비 완료."

"장전 완료." 킷코가 말한다. "내가 선두를 쏠 테니 너는 후미를 공격해. 나머지는 포병이 처리할 거야."

"알겠습니다. 선배님이 타격하는 영상은 제가 촬영하겠습니다." 뎀차크가 덧붙인다. "오늘 아침에 이 러시아 놈들한테 터키 맥주를 한 잔씩 내려주지요."

"발사! 우크라이나에게 영광을!" 조종 화면 속의 실시간 영상이 표적을 선명하게 보여주자, 킷코는 발사 버튼을 눌렀다. 그와 거의 동시에 뎀차크도 미사일을 발사했다. 미사일들은 정확히 표적을 향해 날아간다. 순식간에 부크 2개가 선명한 빨간색, 주황색, 노란색 불덩어리로 변하더니 폭발한다.[3]

* * *

이 이야기는 허구이지만, 이와 비슷한 일이 실제로 러시아가 우크라이나를 침공하고 나서 며칠 후에 발생했다.[4] 우크라이나군은 TB2가 몇 대밖에 없었지만, 이는 전쟁 초기 몇 달 동안 전쟁 상황에 극적인 영향을 미쳤다. 공중공격 드론의 효력은 2년 전 캅카스 지역에서 아제르바이잔과 아르메니아가 싸웠던 나고르노-카라바흐 전쟁을 통해 이미 입증되었다. 대부분이 산악지역인 캅카스는 방어에 훨씬 유리하지만, 아제르바이잔군은 최첨단 기술과 다영역 기동을 조합하여 신속하고 결정적인 승리를 거두었다. 아제르바이잔은 전쟁이 발발하기 이전에 이미 미화 240억 달러 이상을 투자해 터키와 이스라엘이 제작한 최신 무인기와 자폭 드론을 구입하는 등 군 전력을 업그레이드했다. 아제르바이잔군이 무인 공중공격 무기인 드론을 효과적으로 활용하자, 아르메니아군은 엄청난 피해를 입고 사기가 저하되었다. 물론 단지 이런 무기만으로 아제르바이잔이 전쟁에서 승리한 것은 아니다. 아르메니아군의 방공 시스템에 문제가 많았고, 많은 언론이 무인기[UAV](통칭 드론)의 능력을 과장하여

무인 공중공격 무기인 자폭 드론은 현대전에서 장갑 차량을 공격하는 데 유용하다. 미국 육군 공수부대 소속 제173공수여단 503보병연대 1대대 소속 공수병이 2019년 8월 21일 독일 그라펜베어 훈련장에서 진행된 합동 화력 실사격 훈련 중 재블린(Javelin) 휴대용 대전차미사일을 발사하고 있다. 2022년 러시아-우크라이나 전쟁이 발발했을 때 우크라이나 육군은 재블린과 같은 대전차미사일을 사용해 많은 러시아군 장갑차를 파괴했다. 〈출처: WIKIMEDIA COMMONS | U.S. Army | Public Domain〉

보도한 측면도 있지만, 무인 공중공격 무기인 드론이 실시간으로 제공한 고화질 실시간 영상의 영향으로 이 전쟁은 "군사사에서 중요한 이정표"로 평가되었다.[5]

우크라이나군은 무인항공 시스템Unmanned Aerial System, 위성 영상, 기타 센서로 수집한 정보를 통해 이동 중인 러시아군의 정확한 위치를 파악할 수 있었다. 부대를 효과적으로 마스킹하지 못한 러시아군은 우크라이나군의 빨라진 탐지-타격 킬체인에 극도로 취약해졌다. 만약 우크라이나가 무인전투기와 자폭 드론에 더 많은 자금을 투자할 수 있었다면, 개전 초 러시아 침략자들의 피해는 더 컸을 것이다. 이를 인지한 미국은 2022년 3월 17일 에어로바이런먼트AeroVironment가 제작한 스위치블레이드Switchblade를 우크라이나군에 제공하기로 했다. 스위치블레이드 자폭 드론은 미군 특수부대가 아프가니스탄 전투에서 실제로 사용했던 무기체계다.

현대전에서 무인 공중공격 무기체계는 매우 중요하다. 무인전투기와 자폭 드론은 가격이 비교적 저렴하면서도 킬체인을 가속하는 탐지-타격 능력을 제공한다. 이러한 무인 공중 탐지-타격 시스템은 대응하기도 쉽지 않다. 제2차 나고르노-카라바흐 전쟁에 등장했던 무인전투기는 그 이후 더 스마트하고, 더 정확하고, 더 빠르고, 더 은밀하게 발전해 왔다. 이스라엘-하마스 전쟁(2021년)에서 이스라엘 방위군IDF, Israel Defense Forces은 최첨단 드론을 활용해 하늘을 장악하고 가자 지구 상공에서 지속적으로 정보수집·감시·정찰ISR을 수행했다. 이스라엘 방위군은 실시간 ISR을 통해 적의 위치를 파악하고 적의 움직임을 추적할 수 있었다. 이스라엘 방위군은 투명한 전투공간과 무인 공중공격 정밀무기를 활용하여 하마스를 효과적으로 격퇴했다.

2022년 2월, 저속 비행 드론이 러시아군의 첨단 방공 시스템에 문제를 일으키리라고 예상한 군사 전문가는 거의 없었다. 하지만 우크라이나의 무인전투기는 개전 초 몇 달간 러시아군에게 엄청난 피해를 입혔다. TB2는 러시아의 침공 초기 몇 주 동안 우크라이나 수도 키이우로 향하는 도로에 늘어선 러시아군 차량 행렬을 효과적으로 공격하면서 유명해졌다. TB2는 또한 2022년 4월 14일, 최소 1대의 TB2와 여러 발의 넵튠^{Neptune} 미사일이 투입된 합동 공격에 참여하여 유도 미사일 순양함 모스크바를 격침시키는 데 기여하며 극적인 승리를 거두었다.[6] 모스크바 함이 러시아 발트 함대$^{Russian\ Baltic\ Fleet}$의 기함이었다는 점에서 이 승리는 개전 초 군사적·선전적 측면에서 우크라이나군에게 매우 중요한 승리였다. 고속 비행 항공기와 미사일을 탐지하도록 발전된 첨단 방공 시스템은 느리고 상대적으로 은밀히 움직이는 드론을 식별하여 교전하는 데에 어려움을 겪었던 것으로 보인다.

시간이 흐르면서 러시아군은 상황에 맞게 전술을 바꿔 병력을 동부로 철수시킴과 동시에 방공 시스템을 더욱 조밀하고 통합된 네트워크로 재편해 우크라이나 TB2의 전투수명 주기를 단축시켰다. 여기에 MAM 계열 미사일의 부족 문제까지 겹치면서 전투공간에서 TB2의 역할은 줄었지만, 여전히 우크라이나 전쟁에서 소형 무인항공 시스템과 가미카제라고 불리는 자폭 드론의 사용은 증가하는 추세다. 이러한 드론을 저렴하게 생산할 수 있는 새로운 방법도 증가하고 있다. 러시아는 2022년 여름 이란에서 수백 대의 샤헤드^{Shahed}-136 드론을 구입해 우크라이나 도시들을 폭격했다. 러시아 침공이 시작되고 얼마 지나지 않아 미국은 우크라이나에 최소 700대의 스위치블레이드 자폭 드론을 보냈고,[7] 2023년 3월 호주 회사 SYPAQ는 안드로이드 휴대전화로 조종할 수 있는 소형 골판지 드론을 우크라이나에 제공하기도 했다. 'PPDS$^{Precision\ Payload\ Delivery\ System}$'라는 이름의 이 왁스 코팅 골판지 드론

2023년 3월 호주 회사 SYPAQ가 우크라이나에 제공한 'PPDS(Precision Payload Delivery System)'라는 이름의 왁스 코팅 골판지 소형 드론은 안드로이드 휴대전화로 조종할 수 있으며, 기체 성능에 따라 개당 680~3,400달러 정도밖에 되지 않고, 조종사의 별도 통제 없이 자율비행이 가능하다. 〈출처: SYPAQ〉

은 기체 성능에 따라 개당 680~3,400달러 정도밖에 되지 않고, 조종사의 별도 통제 없이 자율비행이 가능하다. "GPS 유도가 가능한 경우에는 GPS를 사용하되, GPS가 재밍되면 제어 소프트웨어가 속도와 방향 정보를 바탕으로 자신의 위치를 계산할 수 있다. 이는 골판지 드론이 완전한 재밍 상태에서도 임무 수행이 가능하다는 의미다."[8] 최첨단 기술이 넘쳐나는 오늘날 전쟁에서 싸구려 일회용 골판지 드론이 적합할지 의문이 들지 모르지만, 이 드론은 이미 우크라이나 육군의 전투 적합성 테스트를 통과하여 지금 현재 정보수집·감시·정찰ISR 및 보급품 투하 임무를 수행하고 있으며, 적 사격 유도 기만체 및 파괴력을 가진 단방향 폭탄으로 사용되고 있다.

드론 공중공격을 격퇴하는 방법

드론 공중공격을 격퇴하기 위해 일반적으로 사용되는 기술의 범주는 크게 네 가지로 나뉜다. 레이저laser, 마이크로파microwave, 전자 재밍electronic jamming, 물리적 타격kinetic attack이 그것이다. 레이저 무기는 지향성 에너지를 이용해 빔을 집중시켜 날아오는 발사체나 무인기를 가열해 연소시킨다. 고출력 마이크로파 무기는 지향성 마이크로파로 드론의 전자 회로에 과부하를 일으키거나 전자 부품을 태워 드론을 추락시킨다. 전자 재밍은 드론의 제어·유도·표적화 시스템을 교란한다. 물리적 대드론 체계CUAS, Counter Unmanned Aerial System는 드론을 격추하기 위해 다양한 방법을 이용해 드론을 손상시키거나 파괴한다.

레이저

고출력 레이저 무기는 거의 실전 배치가 가능한 단계에 이르렀다. 한 예로 록히드 마틴Lockheed Martin의 아테나ATHENA, Advanced Test High Energy Asset를 들 수 있다. 고출력 레이저 무기인 아테나ATHENA는 10kW급 섬유 레이저 3개를 결합해 30kW 출력의 단일 레이저 빔을 사용한다. 아테나는 2019

년 오클라호마주 포트실Fort Sill에서 열린 시연에서 여러 대의 소형 회전익 무인기를 성공적으로 격추했다. 아테나는 이동이 가능하지만 아직 완벽한 이동식 체계라고 말하기는 어렵다. 2022년 이스라엘은 기존 아이언돔Iron Dome을 보완하여 로켓, 박격포, 무인기를 모두 요격할 수 있는 '고출력 고체 레이저 시스템high-power solid-state laser system 아이언 빔Iron Beam'을 생산할 것이라고 발표했다. 레이저는 안정적이고 강력한 에너지원이 필요하므로 대부분의 레이저 무기체계는 고정된 지역 또는 시설에 대한 방어에만 적합하다. 지상군 기동부대가 요구하는 전술적 성능과 현실의 격차를 줄이기 위해 미 육군은 기갑형 이동식 레이저 대드론 체계C-UAS, Counter-Unmanned Aircraft System를 원했다. 미 육군은 8륜형 스트라이커Stryker 장갑전투차량에 탑재하는 전투용 50kW급 고출력 레이저 무기체계 3대를 전력화하기 위해 텍사스주 맥킨리McKinney에 소재한 레이시온 인텔리전스 앤드 스페이스Raytheon Intelligence & Space와 계약했다. 2022년 전투실험에서 이 시스템은 여러 발의 박격포탄을 요격하는 데 성공했다. 개발에만 미화 약 1억 2,300만 달러의 비용이 투입된 레이시온의 고출력 레이저 무기체계 3대는 아직 초기 개발 단계 수준으로 군의 전술적 요구사항을 완전히 충족하기에는 부족하다. 레이저 무기에 필요한 에너지를 공급할 수 있는 원천 기술이 발전함에 따라 강력한 이동식 레이저를 사용하여 무인기와 광속으로 날아오는 발사체를 무력화하는 것이 현실이 되겠지만, 중요한 것은 3년이나 10년 후가 아니라 지금 당장 실전배치 가능한 대드론 체계를 확보하는 것이다.[9]

마이크로파

마이크로파 기술의 발전은 효과적인 대드론 체계용 무기에 대한 또 다른 대안을 제시한다. 그 한 예로 고출력 마이크로파 기반의 지향성 에너지 무기인 토르THOR, Tactical High Power Operational Responder를 들 수 있다. 미 공군연구소US Air Force Research Laboratory가 개발한 토르는 집중된 에너지 빔을 사용해 군집 드론에 대응한다. 토르도 이동은 가능하지만 완전한 이동식 시스템이라고 볼 수는 없다. 레이저와 마찬가지로 안정적인 고에너지원을 필요로 하므로 대부분의 마이크로파 또는 전자빔 무기체계는 기지 또는 고정 지점 방어용으로 적합하다.

전자전 재밍

전자적 수단으로 무인기 운용을 방해하는 방법으로는 무선주파수RF 신호를 전송하여 무인기의 제어 신호를 방해·간섭하거나 탈취하는 방법이 있다. 아이다호에 본사를 둔 대드론 체계 제작회사인 블랙 세이지Black Sage는 맹금류의 이름을 딴 고스호크Goshawk(참매) 장거리 재머를 개발했다. 고스호크는 35km 이상의 범위에서 글로벌 항법 위성 시스템GNSS, Global-Navigation Satelite System 신호를 교란할 수 있는 비물리적 지향성 이펙터non-kinetic directional effector*다. 운반이 가능하지만, 전진하는 전술부대를 보조할 수 있을 정도로 장갑화·기동화된 형태로는 아직 배치되지 않았다. 전자전 능력을 활용한 대드론 체계는 전망이 아주 밝아, 다층 방공망의

---

* 비물리적 지향성 이펙터(non-kinetic directional effector): 운동에너지(충돌, 폭발 등)를 이용한 물리적 파괴 없이 특정 방향으로 에너지를 집중 방출해 표적의 전자장비나 시스템을 교란하거나 과부하시키는 무기체계다.

일부로 반드시 통합되어야 한다. 하지만 현재 개발 중에 있는 최신예 무인기는 글로벌 항법 위성 시스템 없이도 비행할 수 있게 설계되고 있고, 재밍 방지 안테나까지 장착하여 기존 방식만으로는 교란하기가 더욱 어려울 것이다.

물리적 파괴 수단

물리적 대드론 체계(kinetic CUAS) 기술은 드론과의 근접전에 즉시 사용할 수 있고, 안정적이고, 비용 대비 효율이 높은 수단을 제공한다. 캐나다 기업 에어리얼엑스(ArialX)가 개발한 드론뷸렛(DroneBullet) 같은 물리적 대드론 체계는 드론을 이용해 적 드론을 추적하여 파괴한다. 드론뷸렛은 가시거리 밖에서 운용이 가능한 가미카제식(자폭형) 대드론 솔루션으로, 적 드론에 충돌하여 적 드론을 파괴한다. 드론뷸렛은 휴대가 가능하고, 발사 후 별도의 유도 조치가 필요 없는 파이어 앤 포겟(fire-and-forget) 방식으로 완전자율적으로 작동한다. 기체 탑재형 인공지능(on-board artificial intelligence)과 고급 머신 비전 처리 기능(advanced machine-vision processing)을 활용하여 표적을 파괴한다. 또 다른 유망한 물리적 대드론 체계인 레이시온(Raytheon)의 코요테 블록 2 플러스(Coyote Block 2+)는 관(튜브) 발사식이며, 무게는 5.9kg이고, 적 드론 파괴를 위한 근접탄두를 비롯해 다양한 교체 가능 탑재장비(페이로드payload)를 장착할 수 있다. 최고 비행속도는 시속 130km이고, 순항속도는 시속 100km이며, 3만 피트 고도에서 최대 1시간 동안 비행할 수 있다. 미 육군은 단기 대드론 체계 해법으로 비물리적 이펙터(마이크로파 재머 사용)를 탑재한 코요테 블록(Coyote Block 3) 자폭 드론을 채택했다. 레이시온은 2021년 보도자료에서 코요테 블록 3가 '비물리적 이펙터'를 사용해 "크기, 구조, 기동성, 항속거리가 서로 다른 10대의 군집 드론과 교전하여 이들을 성공적으로 격파했다"고 발표한 바 있다.[10]

2022년 1월, 미국 합동 대무인항공기체계 사무국US Joint Counter-Unmanned Aircraft System Office 국장은 미 육군이 증가하는 드론 위협에 대응하기 위해 비물리적 대드론 체계 기술 개발을 우선시할 것이라고 발표했다. 미 육군은 2022년 4월에 드론에 대응하기 위한 고출력 마이크로파 기술과 지향성 에너지 기술, 그리고 전자전에 중점을 둔 시험을 실시했다. 또한 미 육군은 물리적 대드론 무기에 대한 시험도 실시하고 있다. 재밍, 마이크로파, 레이저와 같은 대드론 수단은 최근 몇 년간 빠르게 발전했으며, 완전히 통합된 대드론 체계에서 중요한 부분을 차지하지만, 드론을 직접 파괴하는 물리적 타격 수단도 필요하다. 각 수단을 적절히 조합하는 것만큼이나 중요한 것은 드론과 같은 무인 공중공격 무기를 신속히 탐지·파괴할 수 있는 능력을 확보하는 것이다. 이를 위해 대드론 체계에서 반드시 구현해야 할 다음 단계는 완전자율 운용이 가능한 대드론 체계의 도입이다.

무인 공중공격은 결정적 교전 방식이다

무인전투기와 자폭 드론은 기존의 항공전력을 대체할 수 있는 저비용 수단이다. 전 세계 무기 시장에서 무인 공중공격 체계를 구입할 수 있는 자원을 가진 국가(또는 비국가 행위자)는 드론으로 공중우세를 확보할 수 있는 잠재력을 가졌다고 볼 수 있다. 드론에 대응해 우위를 확보하려면

흔히 드론이라고 불리는 무인기는 오늘날 전투공간에서 심각한 위협으로 대두되고 있다. 2021년 4월 19일부터 5월 7일까지 실시된 소형 무인기 대응 훈련에 참가한 미 제4보병사단 소속 장병들은 M-LIDS(Mobile-Low, Slow, Small Unmanned Aerial Vehicle Integrated Defeat System: 이동형 저고도·저속·소형 무인기 통합 요격체계)를 사용했다. 〈출처: U.S. Army〉

아군 전력을 마스킹하고 효과적인 새로운 대드론 무기 네트워크를 실전에 배치해야 한다. 제2차 나고르노-카라바흐 전쟁과 러시아-우크라이나 전쟁과 같은 최근 전쟁들에서 우리가 얻은 교훈은 명확하다. 지상군을 보호할 수 있는 효과적인 대드론 능력이 부족하면 수많은 사상자가 발생하고 지상 기동도 큰 차질을 빚을 수밖에 없다는 것이다.

2022년 3월 16일, 제임스타운 재단Jamestown Foundation은 우크라이나의 TB2 무인전투기가 러시아군을 상대로 거둔 성과를 분석하여 다음과 같이 보고했다.

"물리적 대드론 체계로 격추된 러시아 대공미사일 15기 중 9기는 바이락타르 TB2에 의해 제거되었다. 제거된 전체 러시아 대공미사일 중 약 30%, 그리고 물리적 대드론 체계로 격추된 러시아 대공미사일 중 60%가 터키제 드론에 의해 제거된 셈이다."[11]

대드론 체계를 배치하고 아군 전력을 마스킹하는 조치는 적의 무인 공중공격 무기체계로부터 아군을 보호하는 필수적 수단이다. 그러나 실제로 효과적인 대드론 체계를 배치한 군대는 거의 없으며, 배치된 수 또한 충분한 방어를 제공할 만큼 많지 않다. 2021년 《밀리터리 리뷰Military Review》에 실린 기고문은 미 육군의 이러한 문제점을 날카롭게 지적하고 있다.

"현행 미 육군의 능력과 교리, 특히 육군 기술서 3-01.81ATP, Army Techniques Publication 3-01.81 '대드론 체계 기술'에 제시된 내용만으로는 현대전과 미래전의 요구를 충족시키기에 충분하지 않다."[12]

현재 많은 대드론 체계가 시험 중이고 배치 계획이 잡힌 것도 많지만, 실제로 배치된 것은 거의 없다. 미 육군은 이러한 문제점을 인식하고 이를 해결하기 위해 노력하고 있지만, 고도화되는 드론 위협을 효과적으로 격퇴하기 위해서는 단기간 내에 더 많은 대드론 체계를 신속하게 배치해야 한다.

| CHAPTER 5 |

AI와 가속화되는 전쟁의 템포

전략은 공간과 시간을 활용하는 과학이다.
나는 공간보다 시간에 더 집착하는 편인데,
잃어버린 땅은 언제든 다시 찾을 수 있지만 잃어버린 시간은 그걸로 끝이기 때문이다.[1]

— 아우구스트 그라프 폰 그나이제나우(August Graf Von Gneisenau) —

● '주키Jukie'는 책상에 앉아 컴퓨터 화면을 바라보고 있다. 주키는 본명이 아니라 군대에서 그가 사용하는 가명假名이며, 그는 이 이름에 남다른 자부심을 느끼고 있다. 이 이름은 1956년과 1967년 전쟁에 이스라엘 방위군IDF 공수부대원으로 참전했던 그의 할아버지의 가명이었다. 이러한 자부심은 그의 가족 모두에게 깊이 자리 잡고 있다. 주키의 삼촌은 1973년 욤 키푸르 전쟁Yom Kippur War에서 전차부대 장교로 참전했고, 이제는 네 명의 자녀 중 막내인 주키가 군 복무를 하고 있다. 그는 기대에 부응하고 자신의 유산을 되새기기 위해, 이스라엘 방위군에서 가장 비밀스러운 부대에 입대할 때 할아버지의 가명을 자신의 가명으로 사용했다.

주키는 이제 막 22살이 되었지만, 팀에서는 가장 나이가 많다. 그는 이스라엘 최정예 부대에서 근무하는 것을 매우 큰 영광이라고 생각한다. 주키는 컴퓨터 코딩과 해킹에 뛰어난 16~18세 학생들을 위한 3년 과정의 방과 후 프로그램 마그시밈Magsimim을 졸업하자마자 17세의 나이에 이스라엘 방위군에 입대했다. 그는 마그시밈 프로젝트 과정에서 다른 사람의 도움 없이 혼자서 스마트폰을 만들기도 했다. 매우 똑똑하고, 특히 컴퓨터 알고리즘 분야에서 동급생 중 최고 수준이었던 주키는 어린 나이에 대학에 입학하여 모든 컴퓨터 프로그래밍 과정을 완벽하게 이수했다. 탁월한 재능 덕분에 그는 이스라엘 방위군 모병관들의 눈에 띄게 되었는데, 이 모병관들은 일반적인 모병관들이 아니었다. 이들은 특별한 재능을 가진 인재를 찾고 있는 특수전투부대의 모병관들이었다. 이들은 주키에게 선발된 팀에 입대할 기회를 제안했다. 주키는 이를 흔쾌히 수락했고, 비밀리에 치러진 입대 시험에서 최고 점수로 합격하여 이스라엘 방위군 최정예부대인 8200부대의 일원이 되었다.

8200부대는 독특한 기술·정보 조직으로, 전 세계에서 이와 유사한 조직을 가진 나라는 극소수에 불과하다. 8200부대는 변화하는 상황에 대한 학습 능력과 적응력을 갖춘 젊은 남녀를 선발한다. 이스라엘군은 뛰어난 컴퓨터 코딩과 해킹 기술을 가진 인재를 선호한다. 신병 대부분은 독학으로 능력을 획득한 인재들이다. 최고의 인재를 걸러내는 선발 과정과 뛰어난 젊은 인재들을 육성하고 이끌어가는 리더십 덕분에 8200부대는 세계 최고 수준의 기술·정보 조직 중 하나로 성장했다. 20대 중반의 나이로 8200부대에서 전역한 인재들은 수십억 달러 규모의 글로벌 첨단기술 기업들을 일구기도 했는데, 그들이 성장시킨 기업의 목록에는 사이버 보안, 사이버 인텔리전스, 웹마이닝$^{web-mining}$[*], 소프트웨어 서비스, 생명공학, AI 분야의 기업들이 포함된다. 8200부대의 요원들은 지적이고 분석적이며 창의력이 풍부하고 동기 부여가 잘 되어 있다.

주키의 워크스테이션^{workstation}[**]은 비슷한 컴퓨터를 앞에 두고 근무하고 있는 10여 명의 요원들로 둘러싸여 있다. 그의 사무실은 텔아비브$^{Tel\ Aviv}$ 근처의 방호시설을 갖춘 안전가옥이다. 벙커 내부는 활기차다. 모두가 바로 움직일 준비가 되어 있고, 중요한 시기에 중요한 부대에서 일하고 있다는 것에 대한 특별한 자부심을 느끼고 있다. 주키 주변의 젊은 남녀 요원들은 모두 자신의 컴퓨터 화면에 집중하고 있다. 주키는 잠시

---

[*] 웹마이닝(web-mining): 인터넷상의 웹 데이터를 수집하여 데이터 마이닝(data mining) 기법으로 분석하고, 의미 있는 정보를 추출하는 기술이다.

[**] 워크스테이션(workstation): 엔지니어링, 과학 연구, 3차원(3D) 모델링, 동영상 편집 등 고성능 컴퓨팅이 필요한 전문 작업을 위해 설계된 고성능 컴퓨터다.

눈을 감고 다음 단계를 머릿속으로 그려본다. 앞으로 펼쳐질 사건들에 대한 불안감은 없다. 불안이라는 감정은 8200부대에 근무하는 동안 거의 느껴본 적이 없다. 기대감이라면 모를까.

그의 부서는 지난 한 해 수많은 모의전투 훈련을 거쳤고 실제 사이버 작전에도 10여 차례 참여했지만, 이번에는 진짜 전쟁이다. 적의 활동에 대한 수천 개의 정보를 결합하는 AI 프로그램을 감독하는 것은 각 모니터 운영자의 책임이다. 주키는 과거에 그의 교관이 해주었던 말을 기억하고 있다. 1년 전 주키는 '크라브 마가Krav Maga'라는 맨손 격투 훈련에 자원하여 참가한 적이 있다. 주키는 신체적으로 강하지는 않지만, 무술 훈련을 통해 자신감을 배양할 수 있어 매력을 느꼈다. 그때 교관은 "목을 조르면 아무도 버틸 수 없어. 누구라도 순식간에 졸도해버리지"라고 말했다. 주키는 적의 목을 조르는 것이 8200부대가 해야 할 일이라고 생각한다.

그는 잠시 고개를 들어서 벽면에 설치된 여러 개의 대형 화면 중 하나를 보고 전개 중인 전투 상황을 즉시 파악한다. 한 대형 화면에는 무인기 12대 중 한 대가 촬영한 실시간 영상이 전투공간의 상황을 생생하게 보여주고 있다. 다른 화면에는 하마스Hamas가 쏜 미사일 여러 발이 하늘로 날아가는 장면을 보여주고 있는데, 흰 연기는 치명적 무기인 로켓의 궤적을 보여준다. 탄도 궤도의 정점에 도달한 미사일들은 이스라엘 영토 내 표적을 향해 급강하한다. 주키는 이스라엘의 아이언 돔이 하마스의 로켓을 요격하기 위해 발사되는 장면을 흥미진진하게 지켜본다. 놀랍게도 아이언 돔은 하마스의 모든 발사체를 명중시킨다. 공중에서 적의 로켓이 폭발하면서 연기와 불꽃이 피어오르는 광경은 경이롭다. 다음에 발사되는 하마스의 미사일 중 일부는 아이언 돔의 요격을 피해 이스라엘의 주택, 상점, 회사에 떨어질 수도 있다. 아이언 돔이 적의 미사일을 명중시키지 못할 때마다 이스라엘인은 목숨을 잃게 될 것이다. 하마스의 미사일 중 아이언 돔을 통과한 미사일이 거의 없다는 점은 이스라엘 방공체계의 우수성을 보여주는 증거이지만 어떤 방어 수단도 완벽할 수는 없다.

주키보다 몇 살 많은 팀장은 화면을 바라보다가 지시한다.

"메시지를 전송해!"

주키는 고개를 끄덕인 후 적의 네트워크에 아랍어 문자 메시지를 전송하라는 암호를 입력한다. 1분이 지나자 화면 속 여러 아이콘이 반짝이며 그의 눈길을 사로잡는다. 위협 지표가 움직이기 시작한다. 여러 차례의 시뮬레이션을 통해 이스라엘 공격에 대한 하마스의 반응 패턴을 파악할 수 있었다. 이스라엘 방위군은 방대하고 다양한 출처의 정보 데이터베이스를 활용하여 하마스 주요 지도자를 고가치 표적HVT, High-Value Target 또는 고수익 표적HPT, High-Pay-Off Target 으로 분류했다.² AI는 이전 시뮬레이션을 통해 학습된 패턴을 활용해 고가치 표적의 통신 신호를 자동으로 찾아내고, 표적의 움직임을 예측한 후, 다영역 센서와의 통신을 통해 실시간으로 표적을 파악하고 추적한다. 고가치 표적을 모니터링하는 동안 AI는 인간 정보HUMINT, 신호 정보SIGINT, 지리 정보, 위성 정보, 실시간 영상 정보 등 여러 정보 데이터 포인트를 연결한다. 가자 지구 상공을 비행하는 드론과 공중 센서들이 획득한 데이터를 네트워크로 전달하면, AI는 이것들을 자동으로 분류하고 분석한다.

팀장이 주키의 어깨에 손을 얹고 말한다. "분석 결과는?"

"예상대로 움직이고 있습니다." 주키가 대답한다. "지난번 모의 전투 때와 비슷합니다."

"좋아." 팀장이 주키를 칭찬하고는 다른 요원에게로 가서 또 다른 전투 상황을 확인하고 격려한다.

적의 휴대전화 통신량이 증가한다. 단 몇 분밖에 지나지 않았지만, 주키에게는 마치 몇 시간이 지난 것처럼 느껴진다. 화면 속 아이콘들이 가자 지구 지하에 설치된 터널을 통과해 이동하는 데에는 시간이 걸린다. 하마스가 구축한 지하터널망은 상당히 정교하다. 하마스는 이 지하터널망을 구축하기 위해 2007년부터 약 12억 5,000만 달러를 쏟아부었다. 이중 막대한 금액을 부패한 관리들이 착복했음에도 불구하고, 하마스는 세계에서 가장 광범위하고 정교한 터널망 중 하나를 건설할 충분한 자금을 마련할 수 있었다. 그들은 이 터널을 '메트로Metro'라고 불렀다.

2016년 이스라엘은 가자 지구와의 경계를 구분하기 위해 거대한 장벽 건설에 착수했다. 65km 길이의 이 장벽은 높이가 6m이고 지하로는 2m까지 매설되었으며, 센서와 최신 감시 시스템으로 보강되었다. 이러한 '스마트 장벽smart fence'[3]은 하마스의 침투를 차단하여 많은 이스라엘인의 생명을 살렸다. 장벽을 뚫을 수도, 허물 수도, 넘어갈 수도 없었던 하마스가 이스라엘을 공격할 수 있는 유일한 방법은 장벽 밑으로 파고 들어가는 것뿐이었다. 메트로는 이스라엘 장벽을 극복하기 위한 하마스 노력의 산물이자 놀라운 공학적 업적이었다. 96km가 넘는 거미줄처럼 뻗어 있는 지하 통로인 메트로는 이스라엘 내부로까지 이어진다. 만약 하마스의 부대가 공격을 개시하면 하마스의 병력이 메트로를 통해 이스라엘 방어선 후방으로 침투할 것이다.

이스라엘 방위군 센서가 더 많은 고가치 표적을 탐지함에 따라 메트로 지도를 보여주는 주키의 컴퓨터 화면에는 새로운 세부 정보가 표시된다. AI는 축적된 데이터를 활용하여 각 지하터널의 길이와 깊이를 예측하고 90% 수준 정확도로 이를 표시한다. 시간이 지날수록 추가 데이터가 분석되면서 확인율은 증가한다. 주키는 고가치 표적들이 메트로 내부로 모여드는 것을 관찰한다. 가짜 휴대전화 메시지가 효과를 발휘한 것이다.

동시에 민간인 사상자를 줄이려는 광범위한 노력이 진행 중이다. 가자 지구는 인구밀도가 높은 도시이기 때문에 이스라엘 방위군은 민간인 피해를 최소화하기 위해 민간인을 대상으로 전화, 문자 메시지, 소형 비폭발성 발사체를 이용한 '지붕 노크roof knocking'* 등의 방법을 동원해 사전에 대피하도록 경고한다. 영상 감시용 고고도 무인기 헤르메스는 Hermes 비전투원을 추적하고, 실시간 영상 이미지를 이스라엘 방위군 지휘소로 전송한다.

주키는 화면 속의 적색 아이콘이 지하 벙커로 모여드는 패턴을 지켜본다. 적의 고가치 표적들이 메트로의 '안전장소'로 집합하자, 8200부대는 이를 분석해 적의 은신처 위치를 찾아낸다. 화면의 표시등이 깜박이며 다음 행동을 알려준다. 주키는 고가치 표적들이 더 많이 모여드는 메트로 내부 특정 구역에 집중한다. 상황을 인지한 주키는 오른쪽으로 고개를 돌려 보고한다. "AI가 메시지를 전송 중입니다."

---

* 지붕 노크(Roof knocking): 민간인 피해를 최소화하기 위해 폭격 약 10~15분 전에 목표 지점에 비폭발성 발사체를 투하하여 현장에 있는 민간인에게 대피할 것을 경고하는 작전을 의미한다.

"네가 예상한 것보다 몇 분이나 빠른데?" 팀장이 빈정대듯 말한다.

주키는 고개를 끄덕이고 전자 센서를 통해 들어오는 실시간 영상 보고를 확인한다.

"항공기 상태는?" 팀장이 묻는다.

"타격 사정권 내에서 출격 명령 대기 중입니다." 주키가 속한 팀의 동료인 다른 요원이 대답한다.

"이제 우리가 상상했던 게 실제로 통하는지 지켜보는 일만 남았군." 팀장이 말한다.

주키가 화면을 살피는 동안 몇 초가 흘렀다. 그때, 그가 기다리던 표시 아이콘이 모니터에 깜빡였지만, 지금부터 주키가 할 일은 없다. 다영역 타격체계에 대한 발사 명령은 자동으로 하달된다. 다영역 타격, 재밍, 사이버 공격은 거의 동시에 한꺼번에 이루어진다. 주키의 유일한 임무는 자동 공격을 취소하는 것뿐이다. AI가 모든 것을 지휘하고 있으며, 주키가 개입할 수 있는 건 AI의 행동에 문제가 있다고 판단될 때 그 임무를 취소하는 것뿐이다. 그렇지 않을 경우, 그의 임무는 AI가 전투를 지휘하도록 감시하는 것이다.

"AI가 항공기에 명령을 하달했습니다." 주키가 말한다.

주키는 이스라엘군 다영역공통작전상황도를 전시하고 있는 대형 화면을 바라본다. 이 대형 화면에는 이스라엘 방위군 병력과 그들의 작전, 확인된 적 표적들이 표시되어 있다. 가자 지구의 한 구역으로 장면이 바뀌었다. 화면에는 가자 지구를 고고도 비행 중인 헤르메스 무인기의 고화질 열영상 카메라에서 전송된 실시간 영상과 사진이 나타난다. 가시선 밖의 먼 곳에서 이스라엘 공군 폭격기가 특수 설계된 JDAM(합동정

이스라엘 항공우주산업(IAI)의 하롭(Harop)과 같은 무인 공중공격 무기체계는 제2차 나고르노-카라바흐 전쟁에서 아제르바이잔이 승리하는 데 중요한 역할을 했을 뿐만 아니라 이스라엘-하마스 전쟁(2021년)에서도 큰 활약을 했다. 하롭은 사거리 1,000km에 중량 23kg 탄두를 장착하고 대부분 작전 단계에서 자율적으로 움직이는 자폭 드론이다. 지정된 지역을 6시간 동안 체공할 수 있고, 목표물을 자율적으로 식별·분류·추적한 뒤 타격한다. 인간 운용자는 필요한 경우에만 개입하여 공격을 중단할 수 있다. 하롭은 적의 방공체계 제압에 특화된 효과적 무기체계다. 〈출처: Israeli Aerospace Industries〉

밀직격탄)Joint Direct Attack Munitions 키트 장착 벙커버스터bunker-busting bombs(벙커관통탄)과 285파운드 GBU-39 소구경 폭탄을 12곳의 지정 표적에 투하한다. 주키는 가자 지구 지표면에 일렬로 포탄이 떨어지면서 폭발하는 것을 지켜본다. 이 공습은 민간인에 대한 공격을 피하도록 계획되었다. 몇 초 후 지하 깊은 곳에서부터 거대한 폭발이 일어나고 메트로 통

로에는 짙은 검은 구름이 피어오른다.[4]

 8200부대 대원들은 환호성을 지르고 기뻐하지만, 그 환호는 몇 초뿐이었다. 당면한 임무에 집중한 요원들은 다시 컴퓨터 화면을 보며 표시된 지표를 확인하고, 각각의 표적에 대한 타격 피해 평가를 실시한다. 더 많은 항공기가 타격 사정권 내로 진입하여 폭탄을 투하한다. 적을 표시하는 아이콘 대부분이 적색으로 바뀌면서 깜빡이다가 이내 회색으로 변한다. 이스라엘 방위군은 지금 막 최초의 'AI 전쟁'을 치른 것이다.[5]

 '성벽의 수호자Guardians of the Walls' 작전 당시 8200부대의 대화 내용은 기록되어 있지 않지만, 작전의 결과는 앞에 제시된 가상의 이야기와 거의 같았다. 2021년 5월, 이스라엘-하마스 전쟁 당시, 이스라엘과 하마스 모두는 새로운 전술과 혁신적인 기술을 사용했다. 양측이 실시한 작전 대부분이 비밀에 부쳐져 있기 때문에, 이 전쟁에 대한 완전한 군사적 분석은 아직 이루어지지 않았다. 하지만 공개된 정보를 학습하는 것만으로도 이 짧은 전쟁과 전투에 대한 흥미로운 통찰을 얻을 수 있다. 이스라엘 영토에 매일 400여 발의 로켓이 쏟아지는 가운데, 이스라엘 방위군은 2021년 5월 14일 하마스 지도자들을 속여 지하터널로 집결하게 유도한 후 정밀 벙커버스터로 지하터널망을 폭격했다. 이스라엘 방위군은 센서와 정밀타격체계, 그리고 AI를 활용해 적의 위치를 파악·추적·타격했다. 하마스 전사들은 가짜 메시지에 속아 이스라엘 방위군의 AI가 예상한 대로 움직였다. 그들은 지하터널이 안전하다 믿고 메트로 깊숙한 곳으로 집결했다. 이스라엘 방위군은 다영역 센서와 표적 데이터를 몇 분도 아닌 단 몇 초 만에 처리해 하마스 요원의 위치를 파악하고 실시간으로 추적했다.[6] 하마스 요원들이 모이자, 이스라엘 방위군은 치명적인 공격을 개시했다. "이스라엘 지상군과 공군은 11일간의 전쟁 기간 동안 총 1,500여 회의 공격을 수행했고, 그 결과 1,900여 명의 팔레스타인인이 부상을 입고, 최소 254명이 사망했다. … 이스라엘 방위군은 최소 225명의 하마스 및 팔레스타인 이슬람 지하드 전투원과 25명의 군사지도자를 사살했다고 발표했다."[7] '성벽의 수호자' 작전은 센서, 슈터, AI를 통합 활용한 이스라엘 방위군이 밀집된 도시 공간에 숨어들어 비정규전을 수행하는 하마스를 물리친 성공적인 비대칭 전투 사례였다. 이스라엘 방위군의 빠른 공격 속도에 대응하지 못한 하마스는 5월 21일 휴전을 요청할 수밖에 없었다.

이스라엘이 '성벽의 수호자' 작전을 성공적으로 수행할 수 있었던 가장 중요한 요인은 '원활한 기술 연동, 포괄적 데이터 관리, 광범위한 국방 디지털화, 정보의 서비스화 등 새로운 작전 개념을 구축해낼 수 있었던 이스라엘 방위군의 혁신 능력'이었다.[8] AI 기반 애플리케이션은 다양한 출처에서 들어오는 방대한 분량의 데이터를 능동적으로 분류·분석했다. 이스라엘 방위군은 이러한 데이터 교환exchange of data*을 통해 적의 로켓 공장, 지휘시설, 주요 지하터널망, 무기 및 탄약고를 파괴할 수 있었다. 이 전쟁에서 얻은 중요한 교훈은 디지털 기반 정보력이 전투를 성공적으로 이끄는 데 중요한 역할을 한다는 것이다.

이러한 역량을 개발하기 위해 2020년 2월 13일 이스라엘 국방군 총참모장 아비브 코차비Aviv Kochavi 중장은 트누파Tnufa(추진력Momentum)이라는

---

* 데이터 교환(exchange of data): 서로 다른 시스템, 조직, 또는 주체 간에 정보를 주고받는 행위를 의미한다. 이 과정은 표준화된 형식이나 프로토콜을 통해 이루어지며, 데이터의 정확성과 호환성을 보장하는 것이 핵심이다.

뜻)라는 5개년 계획을 발표했다. 트누파의 목표는 이스라엘 방위군을 더 작고 더 스마트한 다차원 군대로 재편하고 AI를 군사작전의 핵심 요소로 활용하는 것이었다. 이러한 개편은 교전 시간을 단축하고, 킬체인을 가속하고, 빅데이터 분석의 활용을 확대하고, 양측의 민간인 사상자를 줄이면서, 신속하게 승리하는 데 초점이 맞추어져 있다. 특히, 빅데이터 분석은 이스라엘의 정보작전에서 핵심적인 역할을 했으며, 대량으로 빠르게 나타났다가 사라지는 데이터의 폭풍 속에서 필요한 정보를 수집·처리·도출하기 위해서 이스라엘 방위군은 다양한 방법, 도구, 애플리케이션을 활용했다. 한마디로, 빅데이터 분석은 정형 및 비정형의 정보를 검토하여 통찰을 도출하고, 숨겨진 패턴을 발견하며, 작전을 최적화하고, 의사결정자가 미래 결과를 예측할 수 있도록 돕는다. 이처럼 빠른 템포로 전쟁을 수행하면, 적은 마치 링 위에 가만히 서 있는 권투선수처럼 보인다. 그 틈을 노려 AI로 무장한 상대는 적의 중요 부위를 수차례 연속으로 가격한다. 이러한 측면에서 AI는 기존 전쟁 수행 방식을 근본적으로 뒤흔드는 결정적 변혁 요인이다.

* * *

기술의 발전으로 인해 전쟁의 템포는 매우 빨라지고 있다. 템포란 "적에 대한 상대적 관점에서 일정 기간 동안 수행되는 군사작전의 속도와 리듬"을 말한다.[9] 템포는 "이해하고, 결정하고, 행동하고, 평가하고, 적응하는 능력을 포함한다. … 빠른 템포는 아군의 군사작전에 대응하는 적군의 능력을 아군이 압도할 수 있게 해주며, 짧게 주어지는 기회를 활용할 수 있게 해준다."[10] 고대에는 전쟁의 템포가 인간과 동물의 근력 속도에 맞춰져 있었으나, 기술의 발전으로 인해 수세기에 걸쳐 전쟁의 템포는 빨라졌다. 제2차 세계대전 기간에는 내연기관과 무전기의 속도가 전쟁의 템포를 결정했다. 지휘관이 직접 또는 전령이나 전신 및 무전기를 통해 명령을 내릴 수 있게 되면서 의사결정 속도 또한 전쟁의 템포에 영향을 미쳤다. 오늘날 전쟁의 템포는 지휘관이 디지털 시스템을 통해 명령을 내리고, 이스라엘 방위군이 AI의 지원을 받아 실시간으로 결정하고 행동했던 '성벽의 수호자 작전'에서 입증되었듯이 전자적 속도로 이루어지고 있다. 빨라지는 전쟁의 템포를 따라가기 위해 지휘관은 작전을 계획·준비·실행하고, 성공 조건을 설정하며, 상황 변화가 발생할 경우 신속하게 대응할 수 있는 사고의 유연성을 갖춰야 한다. 전쟁이 점점 복잡해짐에 따라 지휘관은 전투공간을 이해하고 실시간으로 결정을 내리기 위해 AI의 도움이 필요하다.

AI는 인간이 기계를 프로그래밍하여 과제를 완수하도록 지원하는 수단이다. 브리태니커 백과사전$^{Encyclopedia\ Britannica}$은 AI를 다음과 같이 정의한다. "인간의 지능과 판단이 필요하기 때문에 일반적으로 인간이 수행하는 과제를 컴퓨터 또는 컴퓨터가 제어하는 로봇이 수행할 수 있는 능력. 비록 일반 인간이 수행할 수 있는 다양한 과제를 모두 수행할 수 있는 AI는 없지만, 일부 AI는 특정 과제에서 인간과 대등한 능력을 발휘할 수 있다."[11] 일반적으로 AI에는 세 가지 범주가 있다. 약한 AI$^{weak\ AI}$인 협

---

* 협소인공지능(ANI): 특정 과제에만 특화된 AI로, 인간이 수행하는 다양한 과제를 모두 수행할 수 있는 범용 AI와 구별된다.

소인공지능$^{\text{ANI, Artificial Narrow Intelligence}}$*(이하 ANI로 표기)은 오늘날 우리가 스마트 시스템 및 지능형 시스템에서 사용하는 AI다. ANI는 단순히 컴퓨터 코드를 활용해 정보를 분류하고, 우선순위를 지정하며, 각각의 정보에 라벨을 붙이는 작업을 수행한다. 수많은 최신 군사 시스템은 ANI를 활용하여 정보, 감시정찰, 표적, 조기경보, 군수, 지휘통제, 로봇 시스템 운영 등 많은 작업을 수행하고 있다. ANI는 전쟁과 관련된 지루하고 위험한 업무를 수행함으로써 단순 데이터를 유용한 전쟁 정보로 전환하고, 인간을 위험한 임무에서 벗어나게 할 수 있다. 이 책의 나머지 부분에서는 ANI를 줄여서 그냥 AI라고 부를 것이다.

강력한 AI$^{\text{strong AI}}$인 범용인공지능$^{\text{AGI, Artificial General Intelligence}}$*(이하 AGI로 표기) 또는 강력한 AI는 전혀 다른 차원의 주제다. 현재 AGI는 완성되지 않았지만, 점차 완성 단계에 가까워지고 있다. AGI는 인간의 인지능력과 유사한 수준에서 작동하는 가상의 컴퓨터 능력을 말한다. 컴퓨터 과학 분야에서는 AGI의 가능성과 타당성에 대한 많은 논쟁이 이어지고 있다. AGI를 생각하면, 1984년에 개봉된 고전 영화 〈터미네이터^{Terminator}〉에 나오는 AI 로봇 터미네이터의 능력을 떠올리게 된다. 아직 어떤 국가도 AGI의 개발에는 성공하지 못했지만, 많은 국가가 개발에 힘쓰고 있다. 또 다른 강력한 AI의 형태인 초인공지능$^{\text{ASI, Artificial Super Intelligence}}$**(이하 ASI로 표기)은 AGI를 넘는 수준의 초월적 능력을 가진 AI

---

* 범용인공지능(AGI): 인간과 유사한 수준의 범용 지능을 가진 AI, 특정 과제에 국한되지 않고 인간이 수행할 수 있는 다양한 과제와 문제 해결이 가능하다.

** 초인공지능(ASI): 인간의 지능을 훨씬 능가하는 AI로, AGI처럼 다양한 과제를 수행할 수 있을 뿐만 아니라, 창의적 사고, 문제 해결, 전략적 판단 등 모든 지능적 능력에서 인간을 초월한다.

다. 다행히도 2023년 지금 이 글을 쓰는 시점에 AGI와 ASI는 모두 공상과학 소설 속에서만 존재한다. 하지만 두려운 사실은 공상과학 소설 속 인간의 상상이 현실이 될 수도 있다는 점이다. 1965년 방영되었던 TV 시리즈 〈스타트렉Star Trek〉에 등장했던 통신 수단과 오늘날 스마트폰을 비교해보면 쉽게 이해할 수 있다.

AI는 세 가지 하위 범주, 즉 머신러닝Machine Learning, 신경망Neural Networks, 딥러닝Deep Learning으로 나뉜다. 머신러닝은 기계에 데이터를 제공한 뒤 기계가 스스로 학습하게 하는 AI 응용 과학이다. 신경망은 머신러닝의 하위 영역으로 "인간의 뇌가 작동하는 방식을 모방하는 과정을 통해 데이터 집합 간의 상호관계를 인식하려는 일련의 알고리즘"으로 정의된다.[12] 딥러닝을 생성하려면 신경망이 필요하다. 마이크로소프트Microsoft는 딥러닝을 다음과 같이 정의한다.

> …딥러닝은 디지털 시스템이 인공 신경망을 통해 분류되지 않은 비정형 데이터를 기반으로 학습하고 의사결정을 내릴 수 있도록 하는 머신러닝의 한 유형이다. 일반적으로 머신러닝은 AI 시스템이 데이터를 통해 습득한 경험을 활용하여 학습하고, 패턴을 인식하고, 권장사항을 제시하고, 적응하도록 훈련시킨다. 딥러닝의 특징은 디지털 시스템이 단지 일련의 규칙에 반응하는 수준을 넘어 사례를 활용해 지식을 축적하고, 그 축적된 지식을 활용해 인간처럼 반응하고, 행동하며, 작업을 수행한다는 점이다.

누구나 알고 있듯이, AI는 우리의 삶과 일, 그리고 전쟁 수행 방식까

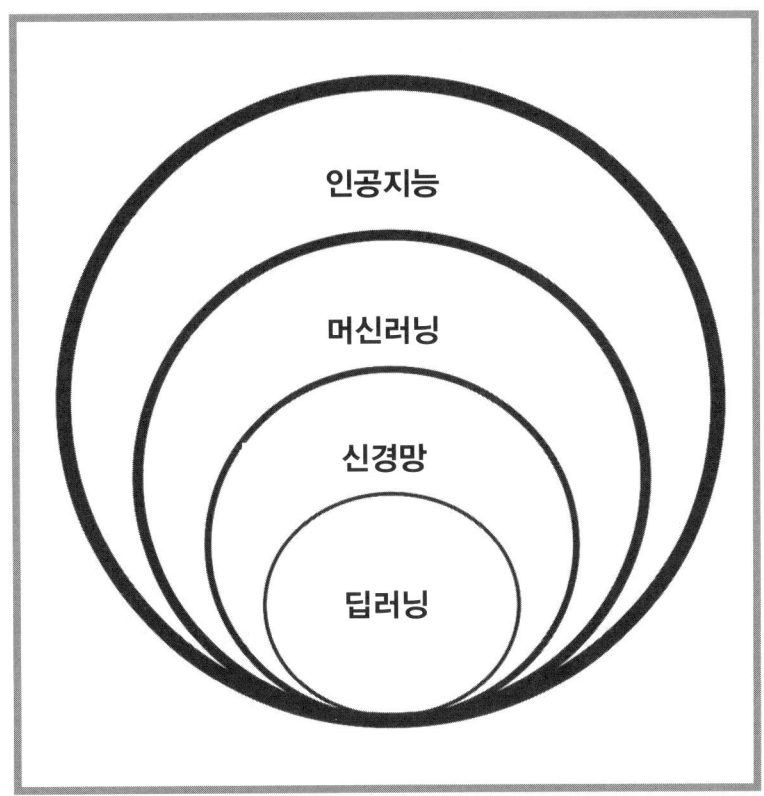

머신러닝(Machine Learning), 신경망(Neural Networks), 딥러닝(Deep Learning)은 AI(Artificial Intelligence)의 주요한 세 가지 하위 범주다. 〈출처: WIKIMEDIA COMMONS | CC BY 4.0〉

지 변화시키고 있다. AI는 방대한 양의 데이터를 지능적으로 분석하고 적을 표적화하는 데 필요한 매개변수를 인간보다 훨씬 빠르게 찾아낸다. 그 결과, AI, 머신러닝, 신경망, 딥러닝 기술은 기존의 전쟁 수행 방식을 근본적으로 뒤흔드는 새로운 군사 능력으로 발전하고 있다.

AI의 일상적인 예로는 생성형 인공지능앱 챗지피티ChatGPT, Chat Generative Pre-trained Transformer를 들 수 있다. 인터넷에서 무료로 사용할 수 있는

ChatGPT는 일론 머스크가 공동 설립한 연구회사 오픈AI^{OpenAI}가 개발한 복잡한 머신러닝 모델이다. 생성형 AI는 "새로운 텍스트, 이미지, 비디오, 오디오, 코드 또는 합성 데이터를 생성하는 모든 유형의 AI를 포괄하는 광범위한 용어다."[13] 저자는 ChatGPT에게 "중국은 AI를 군사적으로 어떻게 활용하고 있는가?"라는 질문을 던진 적이 있다. 다음은 ChatGPT가 생성해낸 구체적인 답변이다.

> 중국은 다른 주요 강대국과 경쟁할 수 있는 세계 최고 수준의 군대를 건설한다는 목표로 최근 몇 년 동안 군용 AI 기술에 막대한 투자를 해왔습니다. 중국이 군사 분야에서 AI를 활용하고 있는 사항은 다음과 같습니다.
> 1. 자율무기: 중국은 인간의 개입 없이 작동하는 무인기, 지상기반 로봇 등 자율무기 개발에 투자하고 있습니다. 이러한 무기에는 AI 알고리즘이 탑재되어 있어 데이터를 분석하고 실시간으로 의사결정을 내릴 수 있습니다.
> 2. 지휘통제: 중국은 지휘관들이 전투공간에서 더 나은 결정을 내릴 수 있도록 지휘통제 시스템 개선에 AI를 활용하고 있습니다. 이러한 시스템은 AI 알고리즘을 통해 대량의 데이터를 분석하고 지휘관에게 실시간 권장사항을 제공합니다.
> 3. 사이버 보안: 중국은 AI를 활용하여 사이버 보안 역량을 강화하고 있습니다. AI 알고리즘은 네트워크 트래픽 모니터링에 활용되고 있습니다.[14]

약한 AI 언어 프로그램이 만든 답변이라는 점을 고려한다면 꽤 인상적인 답변이다. ChatGPT가 이와 같은 답변을 생성하는 데에는 채 1분도 걸리지 않았다. 앞으로 지금의 ChatGPT보다 개선된 버전의 앱이 등장하면 군의 의사결정권자에게 어떤 도움을 줄 것인지를 상상하는 것은 그리 어렵지 않다.

가장 빠른 자가 이긴다

전쟁에서 시간은 중요하다. 빠른 자가 전투에서 이긴다. 너무 늦게 관찰하고 행동하는 것은 패배로 가는 지름길이다. 1805년 10월 21일, 대서사적인 트라팔가르^{Trafalgar} 해전에서 승리하여 100년 넘게 영국 해군의 패권을 확립한 넬슨$^{Horatio\ Nelson}$ 제독은 이렇게 말했다. "시간이 전부다. 단 5분이 승패를 가른다."[15] 오늘날의 우리는 5분이 아니라 1초 또는 1마이크로초까지 계산해야 한다. 2021년 '성벽의 수호자 작전'에서 달성했던 성과가 그 좋은 예다. 축적된 정보를 분류하고, 우선순위를 지정하며, 패턴을 인식하고, 이를 바탕으로 몇 시간이 아닌 몇 초 만에 행동하는 능력을 가속화하는 AI는 현대전의 필수 도구가 되었다. 무기체계들이 정보를 주고받는 AI 기반 네트워크에 더 많은 군사 시스템을 연결하면, AI는 수천 개의 데이터 포인트를 분류하고, 그 상관성을 분석하여 패턴을 인식한 후 전투 지휘관에게 실행 가능한 작전 방안을 제공할 것이다. AI를 활용하여 다영역에서의 물리적 효과$^{Kinetic\ effect}$* 와 비물리적 효과$^{Non\text{-}kinetic\ effect}$** 를 컴퓨터 연산속도로 동기화^{同期化}할 수 있는 군대는 그렇지 않은 군대에 비해 엄청난 우위를 확보하게 될 것이다. 이것이 바로 21세기 전쟁의 핵심이다.

데이터는 이제 무기다. 데이터를 정보로 전환하고 거의 실시간으로 대규모 정보를 활용하려면 강력한 AI가 필요하다. AI와 네트워크 무기체계가 연결되면 관찰observe, 방향설정orient, 결정decide, 행동act의 주기인 우다 루프OODA Loop가 가속화되고 의사결정 및 실행의 속도가 빨라질 것이다. 목표는 AI를 활용하여 어떤 적보다 빠르게 생각하고 행동하는 것이다. 베스트셀러『킬체인: 첨단전쟁 시대의 미국 방어 전략Kill Chain: Defending America in the Future of High-Tech Warfare』의 저자 크리스찬 브로스Christian Brose는 2023년 2월 9일 미국 하원 군사위원회 청문회에 나와 AI의 중요성을 다음과 같이 강조했다.

> **최근 벌어진 나고르노-카라바흐 전쟁, 중동의 끝나지 않는 분쟁, 현재 진행 중인 러시아-우크라이나 전쟁에서 우리는 저비용 로봇차량, AI 탑재 자폭 드론, 디지털 표적화 시스템, 사이버 무기, 지속적 통신 및 감시 위성 등 첨단 전력과 대량의 전통적인 무기가 결합할 때 현대 전장이 어떻게 변모하고 있는지를 확인할 수 있다.[16]**

AI는 자폭 드론, 장거리 정밀타격무기, 센서, 그리고 다양한 로봇차량

---

* 물리적 효과(Kinetic effect): 폭격, 포격, 미사일 공격처럼 운동에너지를 이용해 목표물을 물리적으로 파괴하여 전투력을 감소시키는 효과를 말한다.
** 비물리적 효과(Non-kinetic effect): 사이버 공격, 전자전, 심리전, 정보전 등과 같이 물리적 파괴 없이 적을 교란하여 무력화하는 효과를 말한다.

반자율	인간 감독	완전자율
인간 직접 개입형 (Human in the loop)	인간 감독형 (Human on the loop)	인간 비개입형 (Human out of the loop)
작동이 시작되면, 인간 운용자가 선택한 표적이나 표적군에 대해서만 교전할 수 있게 설정된 무기체계 '발사 후 자동 유도(파이어 앤 포겟)' 무기 포함	무기 효과 발휘에 실패하는 등 수용할 수 없는 고장이 일어났을 때 인간 운용자가 개입 또는 교전을 중단시킬 수 있도록 설계된 자율무기체계	작동이 시작되면, 인간의 추가적인 개입 없이 기계가 표적을 선택하여 교전하는 완전자율무기체계

『DoDD 3000.09 자율무기체계에 관한 미 국방부 지시』상 정의

미국 국방성 지침 3000.09에 따르면, 완전자율무기체계는 "일단 활성화되면 인간 운용자의 추가 개입 없이 표적을 선택하고 교전할 수 있는 무기체계"라고 정의된다. 이러한 자율성 개념은 '인간 비개입형(Human out of the loop) 또는 '완전자율(Full Autonomy)'이라고도 불린다. 〈출처: 미국 국방성〉

의 효과를 동기화할 수 있다. AI는 우리 시대의 가장 중요한 변혁 요인이며 전쟁 수행에도 극적인 영향을 미칠 것이다.

 54년간의 냉전 기간 동안 소련이라는 전략적 경쟁국과 경쟁했지만, 미국은 궁극적인 시험대에 오르지는 않았다. 제2차 세계대전 당시 가장 중요했던 첨단기술 경쟁은 원자폭탄의 개발이었다. 오늘날 우리가 직면한 AI 분야에서의 도전은 이와 비슷하다. 1942년 미국은 암호명 '맨해튼 프로젝트Manhattan Project'라는 원자폭탄 개발에 착수했는데, 당시에는 이 프로젝트가 불가능하다는 회의론자가 많았다. 독일도 비슷한 프로젝트를 진행했지만, 원자폭탄 개발의 성공을 위해 필요한 집중력, 인재,

AI의 발전은 미래 전투공간에서 사격과 기동작전 모두를 변화시킬 것이다. 위 사진은 2022년 9월 22일 폴란드 드라프스코 포모르스키에(Drawsko Pomorskie) 훈련장의 미엘노 전차사격장(Mielno Tank Range)에서 미국 제1기병사단 3기갑여단 전투팀 소속 M1A2 SEPV3 에이브럼스(Abrams) 전차가 포술훈련 중 실사격을 실시하는 모습이다. 〈출처: WIKIMEDIA COMMONS | U.S. Army | Public Domain〉

에너지, 자본을 충분히 투입하지 않았다. 하지만 미국은 약 200억 달러(1996년 달러 기준)를 투자해 이 경쟁에서 승리했다.[17] 이 결정은 미국을 초강대국으로 만들었으며, 이후 80년간 미국이 어떤 전략적 목표를 설정하고 나아갈 것인지에 영향을 미쳤다. 오늘날 미국이 가진 세계적 위상은 위험을 감수하고 대가를 치르더라도 필요한 일을 하려는 제2차 세계대전 세대의 노력에서 비롯되었다.

오늘날 중국은 기술 초강대국이 되기 위한 결의를 굳건히 하고 있으며, AI가 미래를 선도하는 전략적 기술이라는 점을 확신하고 있다. 중국이 추진 중인 노력의 중심에는 '차세대 AI 개발 계획Next Generation Artificial Intelligence Development Plan'이 있다.[18] 28페이지 분량의 이 문서는 맨해튼 프로젝트와 유사한 규모의 계획으로, 중국 과학기술부가 주도하고 있다. 이 계획의 목표는 2030년 이전에 중국을 AI 강국으로 변모시키는 것인데, 미국과 서방국가의 모든 지도자는 이러한 중국의 야망을 주의 깊게 보아야 한다.

중국은 세계 1위의 군사력과 세계 2위의 경제력을 보유하고 있으며, 기술 산업도 빠르게 발전하고 있다. 이러한 노력의 중심에는 AI 개발이 자리하고 있다. 중국은 AI 특허와 논문, AI 기반 음성 및 이미지 인식, 5G, 드론 제조 분야에서 세계를 선도하고 있다. 2023년 기준 중국 인구의 인터넷 사용률은 60% 수준으로, 미국의 89%에는 미치지 못하지만 "실제 사용자 수는 미국보다 3배 이상 많은 8억 명에 달한다. 또한, 거의 모든 중국의 인터넷 사용자는 중국 최대 스마트폰 회사인 화웨이Huawei, 오포Oppo, 비보Vivo의 모바일 기기를 통해 웹에 접속한다."[19] 기술 분야 싱크탱크인 호주전략정책연구소Australian Strategic Policy Institute에 따르면, 가장 중요한 것은 중국이 핵심 기술 44개 분야 중 37개 분야에서 세계를 선도하고 있다는 것이다. 미국은 백신, 반도체, 고성능 컴퓨팅, 첨단 집적회로 설계, 자연어 처리, 양자 컴퓨팅, 우주 발사 시스템 등 7개 분야에서만 선두를 차지하고 있으며, 나머지 대부분의 핵심 기술 개발 분야에서는 2위에 머물러 있다. "중국이 강점을 보이는 분야는 국방 및 우주 관련 기술이다. 2021년 8월 핵탄두 탑재가 가능한 극초음속 미사일 기술 분야에서 중국이 보여준 발전은 미국의 정보기관을 놀라게 했다. … 이러한 연구 결과는 전략적 핵심 기술의 발전을 신속하게 추진해야 하는 민주주의 국가들에게 경종을 울려야 한다."[20] 중국은 매우 짧은 기간 안에 AI를 이해했고 이를 빠르게 발전시켰다. 미군은 AI가 미래 전쟁의 핵심이라는 점을 인식하고 있지만, 러시아군과 중국군도 마찬가지다. 그들은 곧 우리를 시험에 들게 할지도 모른다. 분명한 점은 AI 경쟁은 급속도로 진행되고 있고, 미국과 서방은 이 게임에서 뒤처지고 있다는 사실이다.

시에라 네바다 사(Sierra Nevada Corporation)의 볼리-T(Voly-T)는 발사 플랫폼에 구애받지 않는 무인 정찰·감시·표적획득 무기체계다. AI 탑재 드론인 볼리-T는 인간의 직접적인 제어 없이 스스로 팀을 조직·편성해 상호협력하고, 환경을 인식하며, 위협을 식별하고, 표적을 탐지·타격할 수 있다. 〈출처: Sierra Nevada Corporation〉

| CHAPTER 6 |

완전자율무기로의 전환

미래의 전장에서는 인간이 직접 싸우는 일은 없을 것이다. …
기계화된 장비가 인간의 손을 대신하고,
미래의 지능형 전쟁에서 AI 시스템이 인간의 두뇌를 대신할 것이다. …
정보 우위는 미래 전쟁의 핵심이 될 것이며,
AI는 인간이 통제하는 현재의 지휘체계를 AI 클러스터가 지배하는 구조로 완전히 바꿀 것이다.[1]
― 쩡이(曾毅), 세계 아홉 번째 규모 방위산업체 중국 노린코(NORINCO, China North Industries Corporation)의 고위 임원 ―

● 2030년의 전쟁을 상상해보자. 전쟁은 매우 빠르게 진행될 것이고, 다양한 센서가 전투공간을 뒤덮을 것이다. 적에게 노출되거나, 단지 전자 신호를 발산해도 적은 우리를 식별하여 공격할 것이다. 네트워크로 연결된 스마트 무기는 점점 더 지능화되고 있다. 스마트 무기는 사이버전이나 전자전 같은 비물리적 효과와 다영역 센서 네트워크로 연결되고, AI와 이를 구성하는 머신러닝, 딥러닝을 통해 활성화될 때 전투공간의 새로운 지배자로 등장할 것이다. 머신러닝은 축적된 학습을 통해 AI가 자율로 프로그램을 개선하게 하고, 딥러닝은 인간의 뇌가 데이터를 처리하고 패턴을 생성하여 의사결정을 내리는 방식을 모방한다. AI 및 AI 관련 기술은 인간의 '신경망'과 비슷한 방식으로 작동하며 원거리 표적을 실시간으로 정확히 찾아내 타격하는 치명적이고 '지능적인' 화력체계를 가능하게 한다.

 기술은 많은 시스템이 인간의 인지 능력으로 통제하기 어려운 수준까지 발전하고 있다. 이러한 추세에 발맞춰 군은 사전에 프로그래밍된 의사결정 기능을 갖춘 무기와 완전자율무기체계로의 전환을 추진하고 있다. AI와 장거리 정밀타격무기의 결합은 무기체계의 혁신을 가져올 것이다. 다양한 유형의 투발 수단(포병, 드론, 풍선, 그리고 함정 및 항공기에서 발사되는 미사일)이 다영역 센서 네트워크와 연결되고 AI 신경망에 의해 동기화 및 최적화되는 장거리 정밀타격무기는 최적화된 초고속 킬웹을 생성해 전쟁의 치명성을 가속화할 것이다. 이러한 신경 네트워크는 '전투공간 사물인터넷'의 역할을 하는 '킬웹'을 가능하게 할 것이다. 이와 같은 지능적인 화력체계가 구축된다면, 육상, 해상, 공중, 우주 등 물리적 영역에서 피해 없이 기동하는 것은 거의 불가능해질 것이다. 전쟁에 참여한 아군과 적군이 모두 이러한 능력을 갖춘다면 결국 먼저 타격하는 쪽이 상대의 화력체계를 먼저 제거할 수 있다는 점에서 매우 유리할 것이다.

이처럼 치명적인 전투공간에서 기동성을 확보하지 못하면 전쟁은 결국 한쪽이 화력을 전부 소진할 때까지 미사일을 주고받는 교착상태가 이어질 것이다. 러시아-우크라이나 전쟁에서 보듯이, 결국 누가 얼마나 많은 탄약을 보유하였는지가 중요해지는 것이다. 화력이 약한 쪽에게 남은 선택지는 우월한 정밀화력체계를 가진 상대에게 완벽하게 패배하거나, 아니면 핵무기로 반격하는 것뿐이다. 이 모든 것은 분쟁 초기 몇 시간 안에 매우 빠르게 일어날 수 있다.

인지 기술의 힘은 AI의 발전에 의해 더욱 강력해지고 있다. 앞서 언급했듯이 ChatGPT는 2022년 12월 지능적이며 인간과 유사한 상세한 답변으로 전 세계를 깜짝 놀라게 했다. 오픈AI가 개발한 Dall-E는 문자나 음성 정보를 활용하여 사실적인 디지털 이미지를 생성하는 AI 프로그램이다.[2] 군은 전쟁에서 항상 혁신적인 변화를 요구받아왔지만, 현재의 민간 AI 기술 발전 속도는 지금까지 경험하지 못한 속도로 가속화되고 있다. 무어의 법칙Moore's Law은 컴퓨터 연산속도가 18개월에서 2년마다 약 2배씩 빨라진다고 예측한다. 하지만 최근 스탠퍼드 대학의 연구 결과에 따르면, AI의 연산능력이 무어의 법칙보다 더 빠르게 가속화되고 있다.[3] 이러한 추세가 이어진다면 AI는 2030년까지 놀라운 일을 해낼 수 있을 것이다.

향후 몇 년간의 기술 발전을 가시화하는 방법 중 하나로 신기술과 새롭게 떠오르는 신흥 기술의 성숙도와 활용도를 나타내는 그래픽 모델인 가트너-하이프 사이클Gartner Hype Cycle(이하 하이프 사이클로 표기)이 있다. 하이프 사이클은 핵심 기술이 도입되어 성숙 단계에 이르는 과정을 지속적으로 추적하는 기술 동향 전망 도구다. 해당 기술이 문제 해결에 얼마나 유용한지를 가시화하는 것이 목표인 하이프 사이클은 리더들이 기술 도입과 관련된 결정을 내리는 데 도움을 줄 수 있다. 예를 들면, 2022년 AI에 대한 하이프 사이클은 의사결정 지능decision intelligence(의사결정 모델과 프로세스를 설계·모델링·조정·실행·모니터링·최적화하는 기술)이 2~5년, 스마트 로보틱스smart robotics는 5~10년, 자율주행차는 10년이 더 지나야 실용화 단계에 이를 것으로 예측했다. 물론, 하이프 사이클의 예상에는 오차가 있겠지만, AI 기술이 급성장하고 있다는 사실 자체는 확실하다. 2012년부터 구글의 엔지니어링 디렉터로 재직 중인 미래학자 레이 커즈와일Ray Kurzweil은 "인간은 세상의 변화를 선형적으로 받아들이도록 뇌가 설계되어 있다. 하지만 정보기술은 기하급수적으로 변화하고 있어 인간이 이를 이해하는 데에는 본질적인 어려움을 겪을 수밖에 없다"[4]라고 설명한다. 하이프 사이클은 리더들이 이러한 기하급수적인 변화를 파악하는 데 도움이 되는 도구 중 하나다.

하이프 사이클에 따르면, 향후 10년 동안 군사 기술의 가장 큰 변화는 데이터 융합, 가시화, 그리고 로봇 공학과 관련될 것으로 예상된다. 미 육군은 합동전영역지휘통제체계JADC2, Joint All-Domain Command and Control와 전술첩보표적접근노드TITAN, Tactical Intelligence Targeting Access Node를 사용해 데이터 융합 및 가시화 체계를 개발하고 있다. 또한, 걷고, 구르고, 비행할 수 있는 자율기동 로봇 연구에도 속도를 내고 있다. 2019년 미 육군 과학위원회US Army Science Board가 작성한 다영역작전연구보고서도 미 육군이

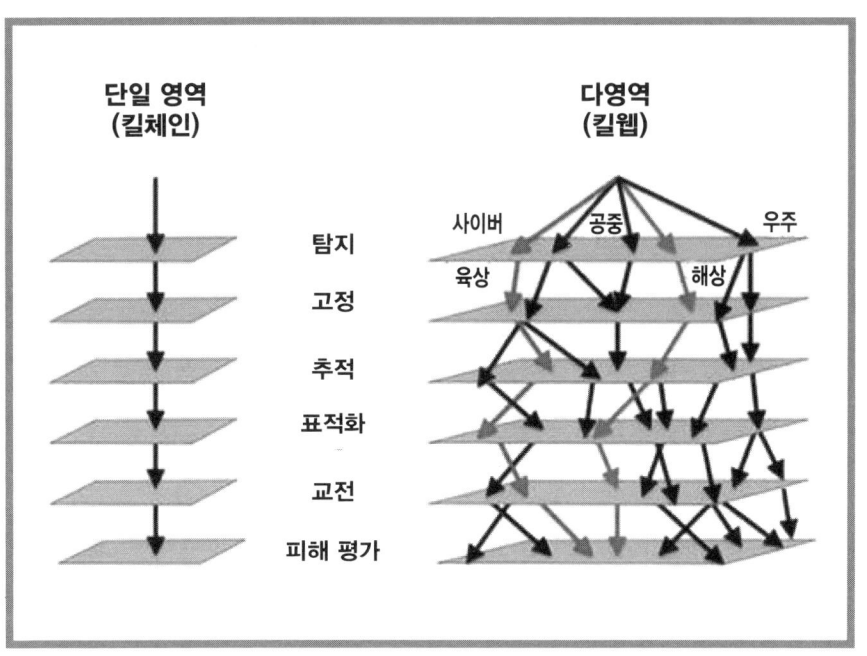

위 그림은 킬체인과 다영역 킬매트릭스를 비교한 것이다. 킬매트릭스 개념은 AI 기반 킬웹의 출발점이다. 킬웹은 AI를 사용하여 기계의 연산속도로 탐지-타격 절차를 수행할 수 있다. 〈출처: 미 육군 과학위원회〉

"최적화된 인간-기계 하이브리드 시스템을 전력화하고, 차세대 능력 개발을 장려해야 할 것"이라고 권고했다.[5] 2030년 이후 AI, 장거리 정밀타격무기, 다영역 센서를 묶는 시스템 간 네트워크 융합이 고도화되면, 기동 시스템의 생존성을 높이고 결정적 시점에 더욱 치명적으로 만들어야 한다는 필요성이 새로운 역량에 대한 절실한 수요를 창출할 것이다. 이러한 역량에는 이 화려한 화력 복합체계의 부상에 대응할 수 있는 기술이 포함될 것이다. 이러한 새로운 위협에 대응하기 위해 필요한 두 가지 최우선 핵심 요소는 '마스킹'과 '다영역 융합multidomain convergence' 능력이다. '마스킹'은 지상시스템의 표적화를 어렵게 하여 생존을 보장하는 것이고, '다영역 융합'은 아군의 무기체계를 가장 치명적인 수준으로 발휘하게 하는 능력이다.

완전자율무기에 대한 마스킹

마스킹은 미래의 완전자율무기체계를 물리치는 데 필수적이다. 마스킹은 위장이나 스텔스보다 훨씬 넓은 개념으로, 차세대 능동 및 수동 수단을 활용해 전자기 스펙트럼 신호를 감소시켜 적의 위치 추적과 표적 획득을 방해하는 활동이다. 마스킹에는 스펙트럼 관리 및 전자기·음향·지진·열 스펙트럼에서 탐지될 확률을 낮추는 기술, 지능형 다중 스펙트럼 위장 시스템, 디코이decoy와 스푸핑spoofing, 머신러닝을 적용한 적 레이더 대응 인지 전자전, 그리고 재밍, 전자전대응장비ECM, 디지털 무선주파수 메모리를 이용해 적 또는 아군의 재밍 하에서도 은밀히 숨어 작전하는 기술이 포함된다. 그러나 마스킹은 이 기술들에만 국한되지 않는다.

마스킹의 목적은 완전자율무기체계의 눈에서 보이지 않게 하는 것이 아니라(물론 그것이 이상적이겠지만), 탐지 확률을 낮추고, 적의 표적화 시스템을 잘못된 판독으로 혼란에 빠뜨리고, 적이 정확한 위치를 파악할 수 없어 '유령'을 향해 사격하게 만드는 것이다. 고대 병법가 손자孫子도 마스킹의 중요성을 이미 이해하고 있었다. 그는 『손자병법孫子兵法』〈군형편孫子兵法〉에서 가장 정교한 용병술은 군대를 "그림자처럼 알아보기 어렵게 만드는 것"이라고 말했다. 그리고 군대가 "움직일 때는 우레와 같아야 한다"[6]라고 했다. 이것은 손자가 마스킹의 개념을 정확하게 이해하고 있었다는 것을 보여준다. 지상 기동부대를 마스킹하여 그림자처럼 알아보기 어렵게 만드는 능력은 오늘날 치명적인 전투공간에서 혁명적인 변화를 가져올 것이다.

다영역 융합은 전영역작전으로 발전할 것이다

장거리 정밀타격무기와 전 영역 센서 네트워크가 지배하는 전투공간에서 생존하는 데 있어 마스킹은 필수적이지만, 방어 수단일 뿐이다. 지능형 화력체계가 지배하는 전투공간에서 기동력을 회복하려면 공격력을 투사할 수 있는 능력이 필요하다. 기동을 통해 공격적으로 전투력을 투사하지 못한다면 결정적 승리는 멀어지고 전선은 교착상태에 빠질 수밖에 없다.

이러한 미래 전투공간에서 결정적 기동을 수행하려면 향후 발전할 기술적·인지적 진보를 전제로 한 새로운 역량을 갖춘 이동식 타격체계를 구상해야 한다. 기하급수적인 기술 발전으로 가속화되는 이러한 진화적 압력은 군 지도자들이 합동작전을 수행하는 새롭고 더 나은 방법을 구상하도록 만들 것이다.[7] 미 육군은 이를 '다영역작전 융합MDO, Multidomain Operations Convergence'이라고 부른다. '융합'은 다영역작전의 세 가지 원칙 중 하나로, 가까운 미래에 제병협동작전의 새로운 교리가 될 혁신적인 전쟁 수행 방식의 변화를 주도하고 있다.

미군은 융합을 "모든 영역에서 역량을 신속하고 지속적으로 통합하는 것"으로 정의한다. 융합은 빠르게 진화하여, 교차 영역 간 시너지와 다양한 형태의 공격을 실시간으로 동기화하고 최적화하기 위해 현재 우리가 이해하고 있는 융합 개념과 AI의 결합을 요구하게 될 것이다. 이를 실시간으로 수행하는 것은 인간의 능력을 넘어서기 때문에 AI가 해답을 제공할 것이다. 2030년대에 이르면 융합은 다영역작전을 넘어 '전영역작전ADO, All Domain Operations'으로 발전할 것이다. 전영역작전은 AI 신경망을 통해 모든 다영역 역량을 신속하고 지속적으로 통합하고 동기화하는 것으로 정의될 것이다. 이 AI 신경망은 인지 강화 시스템을 통해 전투원(인간이 시스템을 감독하고 필요시에만 개입human on the loop)에게 제공되며, 전투원은 분산 임무형 지휘Distributed Mission Command와 훈련된 주도권을 활용해 군사작전을 수행할 수 있다.[8] 분산 임무형 지휘는 지휘소 인력이 한 곳에 모이지 않고도 보다 작은 분산된 지휘소 노드들을 통해 임무형 지휘를 수행하는 것으로, 투명하고 치명적인 오늘날 전투공간에서 지휘의 연속성과 생존력을 높이는 데 그 목적이 있다.(저자 정의)

사람들이 종이 지도 대신에 스마트폰으로 길을 찾듯이 AI와 인지 강화 시스템의 도움을 받는다면, 하급 제대의 전투원도 제병협동작전을 보다 신속하게 수행할 수는 능력을 가질 수 있다. 다영역작전을 수행함에 있어 AI의 중요성은 미 해군 협회가 발행하는 월간지 《프로시딩스Proceedings》의 2019년 5월 10일자 기사 "다영역작전에서의 AI 활용: 첫 번째 분석Operationalizing Artificial Intelligence for Multidomain Operations:a First Look"에서도 강조되었다.

"AI와 머신러닝은 다영역작전을 수행하기 위한 기본조건이다. … 미래의 군은 인간의 인지 능력을 넘어서는 속도와 규모로 다영역의 역량을 융합할 수 있는 능력을 필요로 한다."[9]

따라서 AI는 전영역작전을 수행하는 데 근본적으로 필수적이다. 인간은 AI 인터페이스가 제공하는 인지 강화 없이는 수많은 다양한 역량을 관리할 수 없기 때문이다. AI와 센서 네트워크의 융합은 군대의 변화를 촉진하고, 다영역 전쟁의 위협에 대응하는 효과적인 방책을 제공할 것이다. 지휘관은 의사결정 시점에 융합을 제공하는 인지 강화 시스템의 지원을 받아 그 어느 때보다 인간 전투 역량을 활용하여 이전과는 다른 방식으로 임무 명령을 수행할 수 있게 될 것이다.

적이 설정한 반접근/지역거부A2/AD, Anti-Access/Area-Denial* 구역을 자유롭게 침투하여 다영역 킬웹을 수행할 수 있는 능력을 갖췄다고 상상해보자. 전진하는 지상군은 철저히 마스킹되어 식별·표적화가 어렵다. 따라서 적은 자신의 지능형 화력체계를 계획대로 적용할 수 없다. 마스킹된 지상군은 적 지역으로 전진하면서 정면과 측면에 식별된 표적을 파괴하기 위한 타격 구역을 형성한다. 이 타격 구역은 지상군이 전진함에 따라 전방으로 점점 확장되는데, 센서 네트워크와 킬웹을 연결하는 인지 강화 인터페이스의 성능에 따라 타격 범위는 최대 50km 이상까지 확장된다. 센서 네트워크가 중단되거나 장애가 발생할 경우, 전진하는 지상군 부대가 센서 네트워크를 복원하는 노드로 기능하여 주변의 다른 지능형 시스템들이 해당 부대와 연계될 수 있게 된다. 해당 타격 구역 내에서 식별된 적 표적은 사정권 내에 있는 스마트 지능형 다영역 무기체계들이 공중, 해상, 지상, 사이버, 우주 기반 플랫폼의 역량을 결합하여 타격해 제거한다. 의사결정 시점에 킬웹을 효과적으로 활용하고, 전

---

* 반접근/지역거부(A2/AD, Anti-Access/Area-Denial): 특정 지역에서 적의 접근과 작전을 방해하거나 거부하기 위해 사용되는 군사 전략 및 기술이다. 전투공간에서 적의 활동을 제한하거나 중요한 지역에 대한 통제권을 강화하려는 목적으로 사용된다.

오늘날 미군의 킬체인은 작동하는 데 몇 분의 시간이 필요하다. 킬웹은 AI 기반 프로세스를 활용하여 네트워크로 연결된 여러 무기체계의 효과를 시간, 공간, 그리고 목적 측면에서 빠르게 동기화함으로써 센서 투 슈터 시간(sensor-to-shooter timing : 탐지부터 표적 타격까지 걸리는 시간)을 기하급수적으로 단축한다. 사진은 미 육군 제321포병연대가 2022년 9월 27일 스웨덴에서 '노르딕 스트라이크 22' 훈련의 일환으로 고기동 포병 로켓 시스템(HIMARS, High-Mobility Artillery Rocket System)을 발사하는 모습이다. 〈출처: WIKIMEDIA COMMONS | Dean Johnson | Public Domain〉

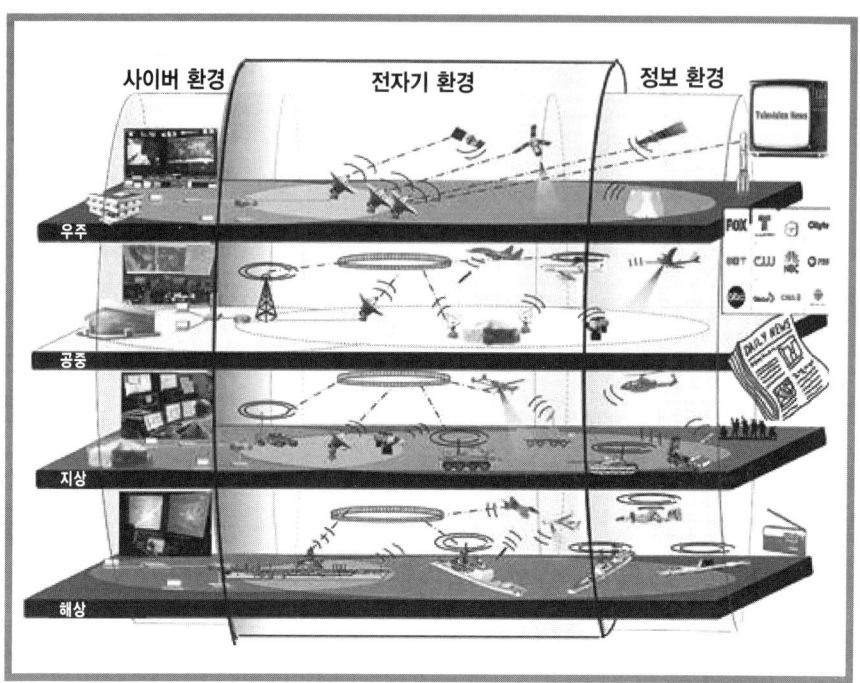

위 그림은 전쟁의 다섯 가지 영역(지상, 해상, 공중, 우주, 사이버), 전자기 스펙트럼, 그리고 정보 환경 간의 관계를 보여준다. 한 영역에서 다른 영역으로 효과를 확산시키는 것을 교차 영역 기동(cross-domain maneuver)이라고 하는데, 다영역 효과를 통해 하나의 영역에서 적을 압도하면 전투충격을 만들어낼 수 있다. 최신 무기의 인지 자율 능력은 더 많은 센서와 발사체를 연결하여 전쟁의 템포, 정밀도, 치사율을 높인다. 인간의 의사결정 속도로는 이토록 방대한 시한성 다영역 표적 데이터를 수집·분석·정리·공유·동기화할 수 없다. AI 킬웹은 이러한 문제에 대한 하나의 해답을 제공한다. 〈출처: 미국 국방성〉

영역작전과 마스킹을 활용해 기동력을 발휘한다면, 적이 핵무기 사용을 결심하기 이전에 분쟁을 끝내고 적이 막대한 비용을 투입해 구축한 장거리 정밀타격무기도 무력화할 수 있을 것이다.

미 육군 참모총장을 지낸 에릭 신세키 Eric Shinseki 장군은 다음과 같은 유명한 말을 남겼다. "변화를 꺼린다면, 결국 도태될 것이다."[10] 10년 후, 세계는 삶의 거의 모든 측면에 영향을 미칠 기하급수적인 기술 변화를 경험하게 될 것이다. 기술 스펙트럼 전반에 걸쳐 서로 다른 요소들이 결합하여 군사 시스템 개발의 신속한 변화를 주도하고 있다. 이 과정에서 변화를 주도하는 핵심은 바로 AI다. 2030년대까지 AI는 최첨단 무기체계를 포함한 모든 것에 탑재될 것이다. AI가 전쟁의 핵심으로 등장하여 전투의 속도를 급격하게 변화시킨다면 전쟁의 수행 방식도 극적으로 변화할 것이다. AI와 다영역 센서 네트워크가 미래 전쟁에 미치게 될 주요 영향은 단순히 '터미네이터' 같은 로봇을 만드는 것이 아니라, AI 신경망 범위 내에 있는 모든 스마트하고 지능적인 무기체계와 센서를 연결해 지휘하여 강력한 킬웹을 구축하는 것이다. 현재 개발 추세대로라면 장거리 정밀타격무기, 광역 메시 센서 네트워크$^{\text{mesh sensor network}}$*, AI는 미래의 전투공간을 지배할 것이고, 많은 비용이 들게 함으로써 기동을 어렵게 만들거나 심지어 불가능하게 만들 수도 있다.

  이러한 변화를 정확하게 이해하고 대비하기 위해서는 전쟁의 본질과 기술의 변화를 깊이 연구하여 통찰력을 얻어야 한다. 우리에게 필요한 것은 손자의 철학과 가트너 하이프 사이클의 융합이다. 오늘날 군사기술은 기하급수적인 변화를 겪고 있다. 군사 전문가와 의사결정권자들은 이러한 트렌드와 다가오는 가능성에 집중하여 도태되지 않도록 해야 한다. 마스킹이 방패라면, 전영역작전은 칼이다. 기동 없이 화력만으로 승리할 수 없고, 화력이 뒷받침하지 않는 기동은 치명적이다. AI 기술은 화력과 기동의 발전을 함께 촉진할 것이다. 전영역작전을 수행하기 위

---

* 메시 센서 네트워크(mesh sensor network): 기존의 중앙 집중식 네트워크와는 달리 여러 센서가 서로 그물망처럼 직접 연결되어 있는 분산형 네트워트 구조로, 메시 센서 네트워크에서는 각 센서가 데이터를 송수신하고 전달하는 역할을 수행해 네트워크의 안정성과 유연성이 크게 향상된다.

해 AI 시스템을 탑재하고 마스킹 기능을 갖춘 혁신적 전투차량을 개발하고 이것을 전영역 킬웹 체계에 통합하는 작업은 생존과 전투, 승리를 위한 혁신적 수단을 제공할 것이다. 이에 대해서는 다음 장에서 자세하게 이야기하겠다.

텍스트론 시스템즈(Textron Systems)-에어로손드(Aerosonde) HQ 4.8은 수직이착륙 기능을 갖춘 무인기로, 현재 미 육군이 전력화를 검토 중인 기종이다. 이러한 종류의 무기체계는 미 육군의 킬체인과 새로 등장한 킬웹을 지원하는 정보수집·감시·정찰(ISR), 전자전(EW) 및 기타 핵심 임무를 수행할 것이다. 〈출처: Textron Systems〉

| CHAPTER 7 |

킬웹

킬웹 개념에서 흥미로운 부분은 아군이 표적을 찾아 움직일 필요가 없다는 것이다.
거미가 거미줄을 치고 먹이를 기다리듯이
전투공간에 킬웹을 설치하고 적이 나타나기만을 기다리면 된다.
적이 킬웹 안으로 들어오는 순간 그들은 절대 다시 빠져나갈 수 없다.[1]

— 레이 앨더만(Ray Alderman)

● 우크라이나의 40세 육군 중령이 숲속 오솔길을 걷고 있다. 무장한 병사 2명이 앞장서서 길을 안내한다.

우크라이나군은 무자비한 사냥에 나섰고, 그들의 사냥감은 바로 러시아군의 지휘소다. 우크라이나군 베테랑 지휘관 초르노바이우카Chornobaivka는 자신의 이름이 저주받아 마땅한 침략자들의 심장과 영혼에 깊이 새겨지기를 바란다. 그는 러시아인들이 초르노바이우카라는 이름을 기억하기를 원한다.

안내병들은 전나무 숲속 은폐된 벙커로 그를 안내한다. 그는 안내병들과 함께 축구장 3개 길이만큼 걸어 마침내 지휘소 입구에 도착한다. 지휘소까지 걸어가는 것은 표준 절차다. 러시아군의 탐지 센서로부터 지휘소를 숨겨야 하기 때문이다. 이 근처에는 차량 통행이 절대 허용되지 않는다. 러시아군 무인기는 독수리가 먹이를 찾듯이 차량을 추적하여 주차 위치를 확인한 다음 우크라이나군의 지휘소를 공격한다는 건 이미 오래전부터 알려진 사실이다. 지휘소는 이 전쟁에서 고가치 표적이니 부주의하면 죽게 될 것이다.

중령이 멈춰 서자, 함께 걸어가는 병사들이 위장된 입구를 열고 무거운 금속 덮개를 지휘관이 들어갈 수 있을 만큼 들어 올린다. 지상에서 보면 지휘소 입구는 여느 땅과 다름이 없다. 그는 나무 계단을 따라 내려가 희미한 불빛이 비치는 통로 모퉁이에서 방향을 틀어 벙커의 내부로 들어간다. 지하 내부의 넓은 방에는 발전기, 조명, 지도, 컴퓨터, 스타링크 수신기, 그리고 우크라이나 군인들 6명이 모여 있다.

"부대장님, 딱 맞게 오셨군요. 조금 전 아군 드론이 표적을 찾았습니다." 중령이 들어오자 아에로로즈비드카Aerorozvidka* 부대 소속의 젊은 병사가 보고한다. "오늘 오크들Orcs**이 조심성이 없는 것 같습니다. 바이락타르 무인기가 그들을 찾았습니다."

부대장은 화면을 보고 만족스러워하면서 고개를 끄덕인다. 그는 러시아군 지휘소를 감시 중인 바이락타르 TB2 무인전투기가 실시간으로 전송하고 있는 영상을 확인한다. 모니터에는 러시아군 장교 2명이 장갑차에서 내려 콘크리트 벽으로 둘러싸인 공장 건물로 이동하는 모습이 보인다. 우크라이나군 중령은 입구에 있는 경계병 2명이 그들에게 경례하는 모습을 보고는 이들이 러시아군 장교라고 확신한다. 러시아군 장교 2명은 경계병의 경례를 받는 건물로 들어간다. 이들은 자신들이 감시당하고 있고, 곧 있으면 우크라이나군의 사냥감이 될 것이라는 사실을 전혀 모르고 있는 게 확실하다. 중령은 몇 분이 지나면 러시아놈들이 짧지만 되돌릴 수 없는 교훈을 배우게 될 거라고 생각하고는 미소를 짓는다.

"대어가 떴습니다." 아에로즈비드카 부대 소속 병사가 미소를 지으며 말한다. 병사는 M142 고속기동포병로켓시스템HIMARS, High Mobility Artillery Rocket System 사격지휘 장교와 로켓 발사를 조율하기 위해 본인의 노트북에 사격 제원을 입력한다. "사격 준비 완료됐습니다."

"사격 결과 확인을 위해 바이락타르가 주변을 비행하고 있습니다." 드론 운용병이 보고한다.

---

* 아에로즈비드카(Aerorozvidka): 러시아어로 '공중 수색·정찰'이라는 뜻을 갖고 있는 우크라이나 항공 첩보부대다. 드론과 소형 항공기를 활용하여 적군의 위치와 이동, 전술 정보를 수집하는 임무를 수행한다.

** 오크(Orc): 우크라이나인들이 러시아 군인들 조롱하며 부르는 표현으로, 판타지 문학 속 난폭하고 야만적인 종족인 오크에 비유한 것이다.

"지금이야. 준비되면 사격해." 부대장이 말한다.

약 1분이 지났다. 부대장은 드론 운용병 뒤에서 조용히 서서 보고 있다. "로켓 발사 5초 전!" 벙커 속의 병사가 보고한다.

모니터 속의 러시아군 지휘소가 고화질로 표시되고 시간이 흐른다. 모두가 숨죽여 지켜보는 가운데 미사일이 건물의 상부를 때린다. 그 순간, 러시아군 지휘소가 화염과 함께 폭발하면서 파편이 사방으로 날아간다.

벙커 안의 모두가 환호한다. 이 정도의 폭발과 화염 속에서 살아남을 수 있는 사람은 거의 없다. 10초 후 고속기동포병로켓시스템의 두 번째 로켓이 확인 차원에서 같은 표적을 다시 타격한다.

"축하한다!" 부대장이 외친다. "우리는 지금 막 러시아군 제49제병협동군 지휘본부를 박살냈다. 전부 지옥에서 썩어 없어지기를. 우크라이나에 영광을!"

***

적의 지휘통제체계를 끝까지 찾아내어 파괴하는 것은 현대전의 본질이다. 앞서 언급했듯이, 현대전은 팔을 겨냥한 총알이 아니라 머리를 겨냥한 치명적 타격에 의해 결정된다. 2022년 4월 22일, 헤르손^{Kherson} 인근에서 사정권 내에 배치된 우크라이나군 센서들이 러시아군 제49합동군 전방지휘소를 탐지하고, 로켓의 집중 포격으로 파괴했다. 이 이야기는 실제 있었던 우크라이나군의 작전을 극적으로 재구성한 것으로, 이 공격을 통해 우크라이나군은 러시아군 제49합동군 사령관을 포함해 2

명의 러시아 장군을 사살했다. 《AP통신Associated Press》은 이 사건을 다음과 같이 보도했다. "블라디미르 젤렌스키Volodymyr Zelensky 우크라이나 대통령의 고문인 올렉시 아레스토비치Oleksiy Arestovch는 온라인 인터뷰를 통해 우크라이나군이 공격했을 당시 러시아군 고위 장교 50여 명이 지휘소에 있었다고 말했다." 아레스토비치는 "러시아군 장교들이 죽었는지 살았는지는 확인되지 않았다"라고 말했다.[2] 4월 30일, 우크라이나군은 이지움Izyum에 있던 또 다른 러시아군 지휘소를 타격했다. 우크라이나 소식통은 이 공격으로 러시아군 차량 30대가 파괴되었고, 러시아군 총참모장 발레리 게라시모프Valery Gerasimov 장군은 파편상을 입고 긴급 후송되었다고 발표했다. 또한, 5월 18일에는 우크라이나군 포병이 러시아군 흑해함대 지휘소를 타격해, 러시아군 장교 3명이 사망하고 14명이 중상을 입었다고 보도했다. 우크라이나군은 전쟁 초기부터 정밀유도무기를 사용해 러시아군 지휘소와 지도부를 타격했다. 이러한 공습으로 러시아군은 120개가 넘는 지휘소를 잃었다. 이처럼 많은 핵심 참모장교와 지휘통제용 특수 차량을 잃는 것은 어느 군대에나 치명적일 수 있지만, 엄격한 중앙집권적 지휘통제 개념을 가진 러시아군에게 이러한 손실은 큰 재앙이 아닐 수 없다. 우크라이나군의 킬체인은 매우 효과적인 것으로 입증되었다. 2022년 5월 미 해병대 전투발전사령부United States Marine Corps Combat Development Center 사령관인 카스텐 헥클Karsten Heckl 중장은 "저와 여러 군 지휘관들과의 대화를 통해 분명히 느낀 점은 센서의 보편화와 확산, 그리고 어떤 표적에 대해서든 킬체인을 정확하고 정밀하게 완성할 수 있는 능력이 필요하다는 것이 이 전쟁의 중요한 교훈이라는 것입니다"[3]라고 말했다. 탐지부터 타격까지 스스로 수행할 수 있는 무인자율무기체계의 등장은 제병협동전투의 양상을 새롭게 변화시키고 전쟁의 템포와 정확도를 높이며, 킬체인을 가속화하고 있다.

킬체인

전쟁을 성공적으로 수행하기 위해서는 속도가 필수적이다. 적보다 빠르게 작전을 수행하면 승리에 가까워진다. 오늘날 세계의 모든 군대는 인간 중심의 킬체인을 운용하고 있다. 킬체인은 인간의 속도로 작동하는 순차적인 과정으로, 적 표적을 감지하고 타격하는 데 필요한 일련의 절차를 의미한다. 전통적 방식의 킬체인은 인간 직접 개입human in the loop 또는 인간 감독human on the loop 하에 운용되며, 여기에는 표적 식별, 교전을 위한 무기체계 지정, 탄약 발사, 표적 파괴, 타격 후 전투피해 확인이 포함된다. 즉 탐지find, 결정fix, 타격fire, 종료finish, 피드백feedback 순서로 진행된다. 크리스천 브로스Christian Brose는 그의 저서 『더 킬체인The Kill Chain』[4]에서 킬체인의 3단계를 다음과 같이 정의했다. 첫째 무슨 일이 일어나고 있는지 상황을 파악하고, 둘째 이에 대한 조치를 결정하고, 셋째 결정된 사항을 행동으로 옮기는 것(물리적·비물리적 조치)이다. 전통적 방식의 킬체인은 표적화부터 실제 타격까지 여러 명의 작전요원을 거쳐야 하므로 느릴 수밖에 없는 구조다. 아무리 빨라도 최소 분 단위의 시간이 소요된다. 미 육군은 2020년 9월에 애리조나주 유마 전투실험장Yuma Proving Grounds에서 새로운 기술과 절차를 시연하면서 킬체인 소요 시간을 20초까지 단축할 수 있었다.[5]

제2차 나고르노-카라바흐 전쟁에서 아제르바이잔군은 터키산 TB2

위 사진처럼 천막으로 만들어진 대규모 지휘소는 적에게 매우 매력적인 표적이다. 만약 자폭 드론이 지휘소를 타격한다면 기갑사단 전체를 지휘하는 두뇌 역할을 하는 지휘 참모 기능은 한순간에 사라질 것이다. 지휘소를 마스킹하고 분산 임무형 지휘를 적용하는 것이 중요한 것은 바로 이러한 이유 때문이다. 〈출처: U.S. Army〉

와 같은 탐지-타격 무인전투기, 이스라엘제 하롭이나 오비터 같은 자폭 드론을 활용하여 킬체인을 가속화했다. 아제르바이잔군은 종종 표적 식별에서 전투피해 확인까지의 킬체인 소요 시간을 초 단위까지 단축하기도 했다. 아제르바이잔군은 단축된 킬체인을 구현하기 위해 전투공간 내부에 '3차원 타격 구역', 즉 사실상 '자유 사격 구역'을 설정하여 지정된 표적 우선순위에 따라 모든 표적을 찾아 타격함으로써 이를 달성했다. 아제르바이잔군의 타격 우선순위는 방공망, 전자전, 지휘통제체계, 포병, 전차·장갑차, 일반차량, 그리고 병력 순이었다. 2020년 10월 중순까지 아제르바이잔군은 무인전투기와 자폭 드론을 활용하여 큰 성공을 거두었다. 특히 인상적이었던 것은 이스라엘제 고성능 자폭 드론이 자율적으로 상호 통신하면서 표적에 대한 중복 타격 문제를 해결했다는 점이다. 이처럼 효율적으로 작동했던 킬체인 체계는 아르메니아군에 대한 아제르바이잔군의 결정적 승리를 가능하게 했던 주요 요인 중 하나였다.

모든 킬체인은 앞서 설명한 순차적인 과정을 포함하며, 각 단계는 서로 다른 속도로 작동한다. 통합 킬체인을 실행하는 데 걸리는 시간은 각 단계에서 걸리는 시간을 합한 것이다. 전쟁에서는 특히 빠른 속도가 매우 중요하다. 만약 이러한 과정 전반에 인간이 개입해야만 한다면 킬체인의 속도는 느려질 수밖에 없고, 이는 전쟁 수행에 부정적 영향을 미친다. 이스라엘제 자폭 드론이 실시간 스트리밍 영상을 공유하듯이, 공격 도중 더 많은 무기체계가 데이터를 서로 공유할 수 있다면 전투공간 사물인터넷IOBT, Internet of Battlespace Things은 비약적으로 발전할 것이다. 이처럼 빠르게 작동하는 시스템들을 연결하고 공격을 동기화하는 능력은 인간 중심의 킬체인으로는 불가능하다. 또한, 지상·해상·공중·우주·사이버 등 모든 영역의 역량을 킬체인의 일부로 동원할 수 있다면 이 과정은 더욱 가속화될 것이다. 작전의 속도를 높이기 위해 AI를 탑재하는 다영역 통합체계가 바로 새롭게 부상하고 있는 킬웹이다.

킬웹

킬웹은 센서와 타격체계를 연결해 기계의 연산속도로 표적을 자동 타격할 수 있게 설계된 AI 기반 킬체인이다. AI는 시간, 공간, 목적에 따라 여러 네트워크로 연결된 무기의 효과를 동기화하고 탐지에서 타격까지의 시간을 기하급수적으로 단축시킬 수 있다. 2019년 미국 미사일방어청Missile Defense Agency 청장 존 힐John Hill 미 해군 중장은 AI 기반 킬웹의 필요성을 다음과 같이 설명했다. "오늘날 우리가 해결해야 할 속도 문제와 요구되는 반응 시간을 고려하면, AI를 활용하는 것 외에는 답이 없습니다."[6] 중국의 군사전문가들은 2025년까지 치명적 능력을 가진 '지능화된' 무기가 보편화될 것으로 예측한다. 중국이 구상하는 지능화 전쟁intelligentized warfare의 개념은 AI를 활용한 군사적 역량 강화를 골자로 한다.

AI 기반의 킬웹은 전쟁 양상을 완전하게 바꿀 것이다. 이러한 추세에 뒤처지지 않기 위해 미국, 중국, 러시아, 터키, 이스라엘 등은 다양한 센서와 타격체계를 통합하고 동기화하는 AI 기반 다영역 킬웹을 개발하는 데 몰두하고 있다. 실시간으로 중요 데이터를 공유할 수 있는 네트워크화된 센서와 무기체계를 갖추고, AI를 통해 이를 제어하는 것은 매우 어려운 과제다. 미국은 러시아와 중국의 국방 예산을 합친 것보다도 더 많은 국방비를 투자하면서 지난 수십 년 동안 킬체인의 선두주자로 군림해왔다. 하지만 개별 군(육군, 해군, 공군, 해병대, 우주군)이 중심이 되는 미군의 고립적인 시스템은 통합적인 킬웹의 구현을 어렵게 하고 있다. 비타 테크놀로지스Vita Technologies의 레이 올더먼Ray Alderman은 2018년 5월 30일 논고에서 이러한 딜레마에 대해 다음과 같이 말했다.

육군 미래사령부 AI통합센터 소속 에릭 테이텀(Eric Tatum) 육군 대위가 2022년 10월 27일 캘리포니아주 포트 어윈(Fort Irwin)에서 개최된 프로젝트 컨버전스(Project Convergence) 2022에서 인스파이어드 플라이트 3(Inspired Flight 3) 드론에 대한 현장 시험을 실시하고 있다. 이 프로젝트는 미 육·해·공군 및 해병대와 우방국 군대가 추진하고 있는 자율성, 증강현실, 전술통신, 첨단 제조, 무인기, 장거리 정밀타격무기와 같은 다양한 기술과 개념을 통합하여 현장 시험을 실시하고 있다. 〈출처: U.S. Army〉

육군은 지상에서 일어나는 문제를 해결하기 위한 무기체계와 우다 루프$^{OODA\ loop}$(관찰, 방향설정, 결정, 행동) 킬체인을 갖추고 있다. 해군은 해상에서 일어나는 문제를 해결하기 위한 무기체계, 우다 루프, 킬체인을, 공군은 공중에서 일어나는 문제를 해결하기 위한 무기체계, 우다 루프, 킬체인을 갖추고 있다. 우주, 사이버, 전자전(전자기 스펙트럼) 영역도 각각 고유한 무기체계와 우다 루프, 킬체인을 보유하고 있다. … 각 군이 보유한 플랫폼을 하나로 연결하는 것이 난제라면, 동맹국의 플랫폼까지 우리 네트워크에 어떻게 연결할 수 있겠는가? 우리는 이러한 2차원 킬체인(각 단계가 정적이고 선형적으로 이루어짐)을 6차원 킬웹(전투공간의 6가지 영역 모두를 동적 네트워크로 연결)으로 대체해야 한다. 어떻게 하면 이것이 가능할까? 하나의 영역에서 수집된 표적 데이터를 다른 모든 영역에 즉시 전송해 '상황 인식을 공유'해야 한다.[8]

합동전영역지휘통제체계^{JADC2}는 다양한 형태로 존재하는 킬체인을 하나로 통합하는 것을 목표로 한다. 합동전영역지휘통제체계(이하 JADC2로 표기)와 전술첩보표적접근노드^{TITAN}(이하 TITAN로 표기)가 추구하는 거시적인 목표는 센서와 지능화 데이터를 활용하여 모든 센서와 타격체계를 전투공간 사물인터넷$^{IOBT,\ Intelligence\ Targeting\ Access\ Node}$으로 연결하고 동기화하여, 기계의 연산속도 수준으로 데이터 처리를 자동화함으로써 전투원을 위한 거의 실시간 전투공간 가시화를 구현하는 것이다. TITAN은 JADC2와 협력하여 다영역 센서와 타격체계에 접근하고, AI를 활용하여 우선순위를 지정해 표적화 속도를 높이는 프로그램이다.

TITAN은 다영역 센서가 수집한 정보를 종합하고 이를 장거리 정밀타격을 위한 표적 정보로 전환한다. JADC2와 TITAN이 얼마나 빨리, 그리고 언제 그것을 실현할지는 아직 알 수 없다. 확실한 것은 AI 기반 다영역 킬웹을 구축하는 것은 매우 어렵다는 것이다. 이를 위해서는 결단력 있는 리더십과 강한 집중력, 국방부와 산업계의 긴밀한 협력이 필수적이다.

킬웹이 실제로 적용된 사례로는 2021년 5월 이스라엘이 하마스를 대상으로 시행했던 '성벽의 수호자 작전'을 들 수 있다. 이스라엘 방위군은 이를 최초의 'AI 전쟁'이라고 선언했다. 이스라엘은 물리적으로 양보할 땅이 없기 때문에 시간을 벌기 위해 영토를 내어주는 전략을 취할 수 없는 군사적 상황에 처해 있다. 따라서 모든 분쟁에서 신속하게 행동해야 한다. 과거 전쟁의 교훈을 활용하고 적에 대한 시간적 우위를 확보하기 위해 이스라엘은 표적 타격 군사작전용 AI와 머신러닝 개발을 우선시해왔다. 이스라엘의 AI 기반 킬웹은 여러 종류의 정보 및 감시체계가 획득한 방대한 양의 데이터를 서로 연결하는 데 성공했다. 2021년 5월 10일, 하마스가 이스라엘에 대한 무차별 로켓 포격을 가하면서 전쟁을 시작했을 때, 이스라엘은 19만 발에 달하는 하마스의 로켓 공격으로부터 이스라엘을 보호하기 위해 아이언 돔 미사일을 작동시켰고, 1,500개의 하마스 표적을 동시에 빠르고 정확하게 타격하며 반격했다.

빅데이터 분석에 필요한 대규모 AI 시스템은 원시 데이터$^{\text{raw data}}$* 수집 및 적의 수집 활동 차단, 데이터 연구·분석, 전략기획 수립

---

* 원시 데이터(raw data): 가공·처리되지 않은 원본 데이터를 말한다.

에 이르기까지 모든 단계에서 지원을 제공해 예상되는 표적에 대한 의사결정부터 F-35 조종사의 실제 타격 임무에 이르기까지 프로세스 전반을 개선하고 가속화했다. 이러한 표적에는 하마스의 로켓 발사장, 지휘통제센터, 무기저장고, 지하터널 시스템 등 다양했다.[9]

제11기갑기병연대와 육군 위협체계관리국(Army Threat System Management Office)은 2019년 5월 8일 캘리포니아주 포트 어윈 국가훈련센터에서 드론 40대로 투입해 군집 드론 훈련을 실시했다. 이 훈련은 국가훈련센터에서 실시된 첫 번째 군집 드론 훈련이었다. 〈출처: U.S. Army〉

5월 12일, 이스라엘 방위군의 공습으로 하마스 핵심 지도자 16명이 사망했다. 5월 27일, 이스라엘 방위군 정보사령부 소속 장교는 다음과 같이 말했다. "AI가 적과 싸우는 데 핵심 요소이자 전력 증강 요소로 활용된 것은 이번이 처음이다. 이번 작전은 이스라엘 방위군 역사상 전례 없는 작전으로, 우리는 새로운 작전 방식을 도입하고 이스라엘 방위군 전체의 전투력을 증강시키는 기술을 활용했다."¹⁰ 이스라엘이 개발한 킬웹은 연금술사Alchemist, 복음Gospel, 지혜의 깊이Depth of Wisdom 등의 코드명을 가진 AI 프로그램들의 결합체다.¹¹ 이 덕분에 이스라엘 방위군 사상자는 획기적으로 줄었고, 궁지에 몰린 하마스가 어쩔 수 없이 휴전을 요청하면서 분쟁은 단 11일 만에 종료되었다. 전쟁이 끝난 후 이스라엘 방위군이 발간한 사후검토 보고서에 따르면, 총참모장 아비브 코하비Aviv Kohavi 중장은 이스라엘 방위군이 탐지·정보·타격체계 간 새로운 수준의 연결을 이루어냈다고 말했다. "3일간의 성벽의 수호자 작전 기간 동안 남부사령부와 가자 지구 사단은 적 다연장 발사대 70대를 파괴했다. 매시간 적 다연장 발사대 1대씩을 파괴한 셈이다."

데이터는 다음 전쟁의 탄약이다. 다영역 센서는 산더미처럼 많은 데이터를 모을 수 있지만, 문제는 인간의 인지 능력이 이토록 많은 양의 데이터를 제시간에 처리할 수 없다는 데 있다. AI의 장점인 빠른 데이터 처리 능력을 활용할 수 있다면 센서가 획득한 정보가 실제 타격체계까지 도달하는 시간을 획기적으로 단축할 수 있다. 킬웹의 목표는 AI를 통해 타격 범위 내에 존재하는 활용 가능 모든 무기를 동기화하여, 적합하고 효과적인 무기체계로 최우선 순위 표적을 공격하고, 복잡한 무기 배분 관련 의사결정을 인간의 사고 속도가 아닌 기계의 연산 속도로 신속하게 실행하는 데 있다.

킬체인이 화력 운용에 필요한 자산을 선형으로 연결하는 개념이라면, 킬웹은 분산된 작전, 군사 패키지 또는 모듈화된 부대의 능력을 통합해 특정 관심 영역에서 군사력 우위를 확보하는 개념이

다. 이는 처음부터 통합을 구축해 군의 다양한 능력이 네트워크를 통해 효과적으로 협력하면서 특정 관심 지점에서 원활한 작전을 수행할 수 있게 해준다.[12]

목표는 아군의 결심 우위 아래 가장 빠른 속도로 가장 넓은 지역에 대한 작전이 가능하도록 모든 지능형 무기와 다영역 효과를 통합하는 AI 기반 킬웹을 구축하는 것이다. 이것이 가능해진다면 전쟁은 결코 예전과 같지 않을 것이다.

최신 무기의 인지 능력과 자율성 수준은 향후 수년 내에 더욱 향상될 것이다. AI 기반 킬웹은 더 많은 센서와 타격체계를 연결하여 전쟁의 속도, 정확성, 치사율을 높일 것이다. 인간의 의사결정 속도로는 빠른 속도로 산더미처럼 쌓여버리는 시한성 다영역 표적 데이터를 수집·분석·정리·공유·동기화할 수 없다. 하지만 효과적인 킬웹은 군집 자폭 드론과 무인전투기 등의 공격을 조율해 전투공간 내 특정 지역에 대해 지속적으로 정밀타격을 가하는 '킬박스kill box'를 형성할 수 있는 잠재력을 가지고 있다. 자폭 드론과 무인전투기를 한꺼번에 사용하여 제병협동부대를 집중 지원한다면, 개별 전력의 전술적 승리를 작전적 수준의 성공으로 전환할 수 있다.

전쟁은 미래에도 여전히 인간과 인간의 싸움으로 남을 것이지만, AI는 모든 영역에서 전쟁 수행 방식을 바꿀 것이다. AI는 탁월한 속도, 통합성, 동시성을 구현하고 다영역에서 전쟁의 템포를 가속화할 수 있는 능력을 약속한다. 그 결과는 압도적일 것이다. 이것이 바로 킬웹이다. AI를 활용한 킬웹을 단기간이라도 가장 먼저 운용하는 군대는 전투공간 전체에 걸쳐 화력 우위를 확보하고 전쟁에서 승리할 수 있는 이점을 얻을 수 있다. 강력한 힘을 가진 킬 웹은 격렬하고 동기화된 공격으로 적을 압도할 것이며, 그 속도가 엄청나게 빨라서 마치 적이 정지해 있는 것처럼 보일 것이다. 따라서 킬웹을 이해하는 것은 미래 전쟁을 이해하는 데 필수적이다.

군집 드론은 수십 년 동안 논의된 개념이지만, 아직 실제로 전투에 등장하지는 않았다. 위 그림은 미 해군이 제시한 군집 드론의 운용 개념도로, 대형 수송기에서 다수의 드론을 발진시켜 전투공간을 포화시키는 운용 방식을 보여준다. 〈출처: U.S. Navy〉

CHAPTER 8

슈퍼 군집

작은 쿼드로터 드론 수십 대가 정보를 수집하기 위해 복잡한 도시를 윙윙거리며 날아다닌다고 상상해보자. 사방에서 한꺼번에 덤벼오는 소형 공격 드론 때문에 전차대대는 완벽히 압도될 것이다. 바다에서는 수천 대의 소형 드론이 군함을 공격하려 몰려들고, 그중 다수는 격추되겠지만 일부는 레이더망을 파괴하고 군함을 무방비 상태로 만들 수도 있을 것이다.[1]

— 데이비드 햄블링(David Hambling) 『군집 드론 부대, 소형 드론은 어떻게 세계를 정복하는가(Swarm Troopers, How Small Drones Will Conquer the World)』의 저자 —

● 크림 반도 끝자락에 위치한 러시아 함대의 모항인 세바스토폴Sevastopol 해군기지의 잿빛 하늘 아래, 마카로프Admiral Makarov 호위함의 함장은 함정의 좌현에 서서 담배를 피우고 있다. 가랑비가 내리는 선선한 날씨다. 차가운 돌풍이 배를 향해 불어오자, 그는 한기를 느끼고 옷깃을 여민다.

그는 담배를 피우며 지난 몇 달간의 전쟁에 대해 생각한다. 2022년 2월 24일 러시아가 우크라이나를 침공한 후 그가 지휘하는 함정은 전투에 투입되어 우크라이나 영토에 있는 표적을 향해 수십 발의 미사일을 발사했다. 우크라이나군 넵튠Neptune 미사일 공격을 피하기 위해 그의 함정은 해안으로부터 일정한 거리를 유지해왔다. 다른 러시아 함정들은 그리 운이 좋지 않았다. 흑해함대Black Sea Fleet의 기함이었던 순양함 모스크바는 우크라이나군의 미사일과 TB2 드론의 기습으로 침몰했다. 지난 4월 순양함 모스크바가 침몰한 이후, 그의 함선은 기함으로 활약하는 영광을 누렸다.

"큰 영광에는 책임도 따르지." 그는 혼잣말로 중얼거린다. 그는 우크라이나군이 대외에 대대적으로 선전할 수 있는 승리를 위해 마카로프 호위함을 공격할까 봐 걱정한다.

하지만 한편으로는 괜한 우려일 수도 있다고 생각한다. 세바스토폴 해군기지는 강력한 러시아 방공 시스템의 보호를 받고 있으며, 우크라이나군의 무기체계 사정권 밖에 있는 안전한 항구다. 우크라이나군에게는 해군이 없다. 공격할 수 있는 수단은 미사일과 드론뿐이다. 그렇다고 우크라이나군을 과소평가해서는 안 된다. 모스크바 순양함 침몰 사건이 그것을 증명하는 사례다.

그 순간 갑자기 해안 여러 곳에서 공습 사이렌이 울린다. 세바스토폴 상공에서 폭발음이 들리면서 지대공미사일이 화염 속에서 폭발했다.

순간, 그는 공포에 휩싸인 채 몇 초 동안 폭발 장면을 바라보다가 이내 눈을 떼고 주변을 살핀다. 방공 미사일이 지금 무엇을 향해 발사되고 있는 건지는 잘 모르겠지만, 아마도 그것은 러시아군이 가장 두려워하는 우크라이나군의 무인전투기 바이락타르 TB2일 것이다. 하지만 확인할 방법이 없다. 마음이 다급해진 함장은 담배를 버리고 함교를 향해 달려간다.

함교로 향하는 해치를 열자 선원들이 놀란 채 각자의 위치에 서 있다. 모두가 차려자세를 취하는 가운데 일행 중 젊은 소위가 공포에 질린 표정으로 함장에게 경례한다.

"상황 보고해!" 함장이 소리친다.

"함장님… 사실 뭐가 뭔지 잘 모르겠습니다." 소위가 말을 더듬는다.

"이 멍청아, 무전기 들어서 세바스토폴 기지 본부에 연락해!" 함장이 화를 내며 소리친다. "상황 파악하고, 전 승무원 전투배치를 명령해!"

MI-8 힙^{Hip} 헬기 한 대가 바람을 가르며 배 위를 낮게 날아간다. 함장은 세바스토폴만 항구 동쪽을 향해 빠르게 날아가는 헬기의 꼬리 로터를 쳐다본다.

소위가 비상경보를 발령하고 모든 승무원에게 전투배치를 명령한다. 함선에는 요란한 경적이 울려 퍼진다. 소위가 허둥대면서 헤매자, 참지 못한 함장이 직접 무전기를 잡는다.

"세바스토폴 기지, 여기는 마카로프 함이다!" 함장이 송신기에 대고 외친다. "무슨 일인가?"

"적 드론의 공격을 받고 있다." 무전기 반대편에서 대답이 돌아온다. "즉각 함정 보호 조치를 시행하라."

셔츠 단추를 푼 중령이 무장한 수병 2명과 함께 함교 해치로 들어온다. 중령이 함장에게 경례한다.

"중령, 당장 키를 잡고 항구를 빠져나가." 선장이 명령한다.

세바스토폴 상공에 두 번째 폭발음이 들려오고 도시 여기저기에서 여러 차례 큰 불빛이 번쩍인다. 기지 곳곳에서 연기가 하늘로 치솟는다.

중령은 함장에게 경례하고 서둘러 배를 움직이려 한다. "함정 대공방어체계를 가동해!" 함장이 명령한다. "저주받을 우크라이나 드론이 우리 배를 공격하게 두지 않겠다!"

경적소리가 크게 울리자, 함장은 창밖을 내다본다. 헬기가 그의 시선을 사로잡는다. 그는 힙 헬기가 갑자기 그들로부터 약 600m 떨어진 물속으로 기관총을 쏘기 시작하는 모습을 흥미롭게 지켜본다.

"저 멍청이가 도대체 뭘 쏘는 거지?" 함장이 묻는다.

함교에 있는 누구도 함장의 물음에 감히 대답하지 못한다. 모두 그저 힙 헬기가 바다로 발사하는 예광탄을 지켜보고만 있을 뿐이다.

"중령, 레이더에 잡히는 거 있어?" 함장이 묻는다. "없습니다. 아군 헬기와 함정밖에는 안 보입니다."

"소위, 망원경 이리 내." 함장이 으르렁거리며 오늘 일진이 별로 좋지 않은 소위에게 소리친다. "헬기에 무전으로 연락해서 도대체 뭘 쏘고 있는 건지 알아내."

소위는 자신의 목에 걸려 있던 망원경을 함장에게 건네준다.

헬기가 만의 한 구간 상공을 맴도는 동안 망원경을 움켜쥔 함장은 주변을 살핀다. 표적은 보이지 않고 헬기 기관총 탄환이 물에 부딪쳐 작은 간헐천처럼 튀어 오르는 모습만 보인다. 그때 그는 물 위에 일렁이는 잔물결을 발견한다.

"이게 뭐야? 어뢰야?" 함장이 놀라서 소리친다.

힙 헬기가 기관총을 발사하면서 마카로프 함 근처로 다가온다.

망원경을 눈에 바짝 대고 있던 함장은 마침내 다가오는 것이 보였다. 거의 식별이 안 될 정도로 작은 크기의, 반쯤 물에 잠긴 수상선이다. 함장은 아마 무인수상정USV, Unmanned Surface Vessel일 거라고 추측한다. 그것은 아주 가까이에서 빠르게 접근해오고 있다.

"우현 전타!" 함장이 외친다.

"우현 전타!" 조타실에 있는 중령이 복명하며 소리친다.

배의 엔진 출력을 최대로 올리지만 이미 늦었다. 우크라이나 무인수상정은 마카로프 함의 우현을 들이받고 폭발한다. 함장은 숨을 멈춘다.

연기와 화염밖에 아무것도 보이지 않는다. 무인수상정이 충돌했지만 마카로프 함은 다행히도 여전히 움직이고 있다. 함장은 숨을 내쉰다.

"키를 풀어. 피해 현황을 보고하라!"

* * *

2022년 10월 29일, 우크라이나군이 세바스토폴을 공격했을 당시 함교에서 구체적으로 무슨 일이 벌어졌고 어떤 대화가 오고 갔는지는 마카로프 함에 타고 있던 함장과 승무원들만이 알고 있을 것이다. 우크라이나군은 다영역 무인 시스템을 활용하여 러시아 흑해함대를 공격했고,

무인 해상 드론은 이 놀라운 과정을 실시간 동영상으로 촬영해, 몇 시간 후 소셜미디어에 업로드했다. 우크라이나군은 이 작전에 무인항공기와 무인수상정을 투입했다. 러시아군의 주의를 다른 곳으로 돌리기 위해 무인기와 자폭 드론으로 기지 내 기반시설을 공격하는 한편, 여러 대의 무인수상정을 세바스토폴 항구로 비밀리에 침투시켜 호위함 등 여러 척의 러시아 함정을 공격했다. 마카로프 함도 무인수상정의 공격을 받았지만, 레이더 일부가 무력화되는 가벼운 손실만 입어 계속 항해할 수 있었다. 무인수상정은 러시아 해군의 다른 함정 2척도 공격했다. 러시아군 지휘부는 방어를 자신하던 해군기지가 공격당하자 큰 충격을 받았고, 이로 인해 많은 함정을 흑해보다 더 안전하다고 여겨지는 동쪽 아조프해$^{Sea\ of\ Azov}$로 철수시켰다.[2]

놀라울 정도로 잘 조율된 작전을 통해 우크라이나는 러시아-우크라이나 전쟁에서 최초로 공중-해상 무인 합동작전을 선보였다. 이제 무인 무기체계가 점점 더 소형화되고, 쉽게 구할 수 있으며, 성능이 향상되고, 네트워크화됨에 따라 이와 유사한 작전에 더 광범위하게 사용될 것이라는 점은 누구나 쉽게 예상할 수 있다.

군집 공격 전술

군집 공격^{Swarming}은 "모든 방향에서 동시에 화력 또는 무력을 동원해 적을 공격하는 것"을 의미한다.[3] 군집 공격은 새로운 개념은 아니며 오랫동안 전쟁에서 활용되어온 전술 중 하나다. 숀 에드워즈$^{Sean\ J.\ Edwards}$는 군집 공격 전술에 대한 그의 권위 있는 연구보고서에서 "군집 공격 전술과 대형, 펄싱^{pulsing}*의 중요성, 기존 군집 공격의 일반적 특징 등을 이해하기 위해 기원전 4세기 스키타이 마상 궁수부터 2003년 바그다드의 이라크 및 시리아 민병대까지를 조사해", 군집 공격과 관련된 23개의 전술 사례를 정리했다.[4]

에드워즈의 연구에 포함되지 않은 군집 공격 관련 중요 사례 중 하나로 1876년 조지 암스트롱 커스터$^{George\ Armstrong\ Custer}$ 중령이 지휘한 제7기병연대 일부가 리틀 빅혼$^{Little\ Big\ Horn}$ 전투에서 라코타 수$^{Lakota\ Sioux}$, 북부 샤이엔$^{Northern\ Cheyenne}$, 아라파호^{Arapaho} 부족의 공격을 받은 것을 들 수 있다. 커스터는 북미 최대 규모의 인디언 캠프 중 한 곳에 실수로 진입했다가 탈출을 시도했지만, 인디언 부족들에게 둘러싸이고 말았다. 전투 전체의 서사는 이보다 훨씬 더 복잡하지만, 전술로서의 군집 공격에 대한 논의를 위해 보면, 커스터의 최후의 저항은 군집 공격이 어떻게 승리할 수 있는지를 생생하게 보여준다. 결국 커스터 중령은 제7기병연대 장병 268명과 함께 전사했다. 총 병력이 2,500명에 달했을 것으로 추정되는 인디언도 300여 명의 병력을 잃었지만, 미군을 상대로 가장 큰 승리를 거두었다. 에드워즈는 군집 공격을 다음과 같이 설명한다. "군집 공격은 여러 부대가 여러 방향에서 하나의 목표를 향해 집중공격할 때 발생한다. 공격은 장거리 정밀타격, 근거리 사격, 치고 빠지기$^{hit-and-run}$가 될 수 있다. 군집 공격은 사전에 계획된 공격이거나 우발적인 공격일 수

---

* 펄싱(pulsing): 전력을 지속적으로 투입하지 않고, 일정한 간격으로 짧고 강한 '맥박(pulse)' 형태로 집중 투입하여 적의 대응 주기를 교란하고 작전의 유연성과 지속성을 확보하는 기법을 말한다. 펄싱은 자원의 피로도와 노출 위험을 줄이면서도 목표에 대해 반복적·집중적인 압박을 가할 수 있어, 군집 드론 공격, 전자전(EW), 정찰·타격 임무 등에 활용된다.

무인기, 지상로봇 등 무인로봇 체계는 새로운 전쟁무기다. 위 이미지는 미국 육군 전투능력개발사령부(U.S. Army Combat Capabilities Development Command)가 미래 전쟁을 가시화한 것으로, 한 명의 전투원이 여러 대의 드론과 로봇 장갑차를 동시에 지휘하는 모습을 담고 있다.
〈출처: U.S. Army Combat Capabilities Development Command C5ISR Center〉

있다. 군집 공격은 일반적으로 각 부대가 목표를 향해 빠르게 모여 공격한 뒤 다시 흩어지는 펄싱 과정을 포함한다."⁵ 에드워즈가 말한 군집 공격 전술은 인디언들이 커스터와 그의 제7기병연대에 적용했던 바로 그 전술이다. 여기에서 얻어야 할 중요한 교훈은 절대로 적이 전투력을 집중할 기회를 주어서는 안 되고, 커스터 중령처럼 행동해서도 안 된다는 것이다.

2019년 9월 14일 새벽 4시가 되기 직전, 보름달이 밝게 빛나는 맑은

2020년 8월 10일, 워싱턴주 루이스-맥코드 합동기지(Joint Base Lewis-McChord)에서 시행된 공격형 군집 전술(OFFSET, OFFensive Swarm-Enabled Tactics) 훈련에서 소형 무인기가 호버링하고 있다. 미 해군은 공격형 군집 전술의 적용을 위해 방위고등연구계획국(DARPA, Defense Advanced Research Project Agency)과 협력하여 자율 군집 전술에 필요한 소프트웨어 개발, 물리적 자율 시스템 통합, 시험·평가 지원 등을 수행하고 있다. 〈출처: U.S. Navy〉

밤에 이란제 델타윙delta-wing 무인기 20대가 넓게 대형을 펼치며 텅 빈 사막 위를 빠르게 날아갔다. 이 무인기들은 사우디군의 레이더 탐지를 피하기 위해 낮게 비행하다가 목적지 근처에 다다르자 고도를 높였다. 공격 목표인 아람코 아브카이크Aramco Abqaiq 정유시설에 가까이 다가가자 가미카제처럼 급강하하여 표적을 정밀타격했다. 거의 같은 시각 남서쪽으로 212km 떨어진 쿠라이스Khurais 지역 외딴 정유산업단지에도 순항미사일 4발이 떨어졌다. 땅이 흔들릴 정도의 폭발음과 함께 아브카이크와 쿠라이스 하늘은 불길에 휩싸였다. 맹렬한 화재로 리야드Riyadh의 석유생산량은 일시적으로 절반까지 줄었고 유가는 20% 치솟았다. 이란은 이번 공습에 사용된 무기가 이란의 대리세력인 예멘의 후티Houthi 반군의 소유라는 가짜 뉴스를 퍼뜨리는 등 정보작전도 함께 펼쳤지만, 화재가 모두 진압된 이후 인양된 자폭 드론의 잔해는 사우디 국방성 관계자에 의해 '이란제 델타윙 무인기'로 확인되었다. 사우디는 저고도 자폭 드론과 순항미사일을 이용한 군집 공격을 경험했다. 이스라엘의 방공 및 미사일 방어 전문가 우지 루빈Uzi Rubin은 이 군집 공격을 "일종의 진주만 공격"이라고 평가했다.

사우디 정유산업단지에 대한 이란의 공격은 드론이 높은 수준의 장거리 정밀타격 무기체계로 자리 잡았다는 사실을 보여주었다. 제2차 나고르노-카라바흐 전쟁에서 아제르바이잔군도 자폭 드론과 바이락타르 무인전투기 4~12대를 조합한 전술을 사용했다. 아제르바이잔군은 전쟁 초기부터 무인전투기와 이스라엘제 자폭 드론을 활용하여 아르메니아군의 방공·전자전·지휘통제 시스템을 제거해 공중우세를 달성했다. 2022년 2월 24일, 러시아가 우크라이나를 침공한 후 양측은 모든 유형의 드론의 가치를 깨달았다. 오늘날에는 저렴하고 경제적인 무인기 기술의 확산으로 세계의 거의 모든 군대가 언제나 쓸 수 있는 공군력과 장거리 정밀타격 능력을 훨씬 쉽게 획득할 수 있다.

중국 인민해방군과 러시아군도 군집 드론 전술을 시험하고 있지만,

아직 수백 대의 무인기를 군집으로 실제 전투에 투입한 사례는 없다. 2018년 중국 전자기술그룹China Electronics Technology Group Corporation과 칭화대학교는 네트워크에서 즉흥적으로 생성된 패턴을 따라 비행하는 군집 드론 영상을 공개했다. 2019년 10월, 중국 인민해방군은 국경일 퍼레이드에서 최신예 첨단 무인기를 공개했고, 대규모 무인기 군집 비행 훈련도 실시하고 있다. 무인기의 항속거리가 계속해서 늘어나고 AI 기반의 자율성을 확보함에 따라 독립적으로 사고하는 수백 대의 군집 드론이 작전을 수행할 수 있는 능력은 심각한 위협이 될 것이다.

공상과학소설의 이야기처럼 들릴지 모르나, 지상군이나 주둔 중인 부대에 대한 집중적인 군집 공격에 대응할 수 있는 유일한 방법은 공격받는 부대가 자체적으로 적의 군집에 대응할 수 있는 군집counter-swarm swarms을 즉시 투입할 수 있도록 준비해두는 것뿐일 것이다. 이렇게 되면 하늘에서는 수십, 수백 대의 드론이 소규모 가미카제식 공중전, 즉 작은 비행 로봇 집단 간에 생사를 건 자폭 전투가 벌어지게 될 것이다.[6]

20세기에는 성공적인 연합작전을 위해 방공작전이 중요했던 것처럼 오늘날 전투공간에서 생존하고 승리하기 위해서는 대드론 작전과 군집 드론 격퇴 능력을 확보하는 것이 필수다.

세바스토폴에 대한 무인 무기체계 공격 당시, 우크라이나군은 러시아의 방어선을 돌파하여 목표를 달성할 수 있을 만큼의 공중 및 해상 무인 무기체계를 사용했으며, 무인 무기체계를 사용함으로써 우크라이나

군인들의 위험을 줄였다. 탄두가 러시아군 호위함을 침몰시킬 정도로 크지 않았기 때문에, 우크라이나군의 공격 목표는 러시아 해군에 가능한 한 큰 손실을 입혀서 선전 효과를 거두는 동시에 러시아군에게 더는 세바스토폴이 안전하지 않다는 것을 깨닫게 만드는 것이었다. 우크라이나군은 이러한 목표를 달성했지만, 이는 군집 공격이 아니라 각각의 로봇 시스템 팀을 별도로 운용한 사례였다.

2020년대 초 제2차 나고르노-카라바흐 전쟁, 이스라엘-하마스 전쟁, 러시아-우크라이나 전쟁 등에서 나타난 무인 무기체계의 운용 방법은 개별 또는 소규모로 이루어졌을 뿐 군집 단위 운용은 아니었다. 세바스토폴 공격에서 각 시스템은 마치 개별 무기처럼 인간의 통제 하에 작동했다. 이들 전쟁에서 얻은 교훈들을 종합해볼 때, 우리는 군사력 편성시 하이-로우 믹스$^{Hi-Low\ Mix}$를 고려해야 한다.

> **그러한 군대는 소량의 크고 정교하며 값비싼 장비로 구성되는 것이 아니라, 대량의 작고 저렴하며 자율적이고 소모적인 장비, 그리고 가장 중요한 이들을 통합하는 디지털 수단으로 구성될 것이다. 이러한 종류의 대체 장비들은 이미 존재하거나, 최단 기간 내 빠르게 개발하여 대량으로 배치할 수 있다.**[7]

아울러, 일반 군집 전술과 AI 탑재 군집 전술의 개념을 구분하는 것도 중요하다.

슈퍼 군집의 정의

고전 서부 영화 〈와일드 번치Wild Bunch〉는 아이들이 개미떼와 전갈의 싸움을 지켜보는 장면으로 시작한다. 전갈은 개미떼 한가운데서 개미떼를 물리치기 위해 온 힘을 다하고 있다. 개미들이 끈질기게 공격하는 동안 전갈은 생존을 위한 싸움에서 지고 있다. 개미는 사방에서 전갈을 공격한다. 개미들은 '똑똑하고' 개별적인 지능을 가지고 있으며, 같은 목적 아래 서로 소통하고 희생하면서 무리와 함께 움직이고, 전갈이 쓰러져 움직이지 않을 때까지 계속 공격한다.

더 최근 작품인 2019년도 영화 〈에인절 해즈 펄른Angel Has Fallen〉은 AI를 탑재한 드론 군단의 위력과 잔혹함을 극적으로 보여준다. 영화에는 수백 대의 작고 빠른 자폭 드론이 미국 대통령 경호실의 요원을 공격하는 장면이 나온다. 이들은 마치 경주용 드론처럼 빠르게 움직인다. 처음에는 나무 위로 낮게 날고 있는 것처럼 보였기 때문에 대통령의 경호원들은 새떼일지도 모른다고 생각하며 드론의 정체를 파악하지 못했다. 드론들이 점점 가까워지자 정밀하게 공격하며 요원들에게 돌진한다. 대학살은 정확하게 이루어진다. 드론들은 접촉과 동시에 폭발하기 때문에 물속으로 뛰어들어 목숨을 건진 주인공과 대통령을 제외하고는 모두가 죽는다. 이 장면이 보여주는 잔인함과 공격 속도는 놀랍다. 주인공 마이크 배닝Mike Banning(제러드 버틀러Gerard Butler가 연기)은 군집 드론의 표적이었던 트럼불Trumbull 대통령(모건 프리먼Morgan Freeman이 연기)을 간신히 구해낸다. 드론 앞에서 무기력한 모습을 보면서 만약 실제로 비슷한 상황이 발생한다면 비밀경호팀 요원들이 겪게 될 절망감이 어떨지 쉽게 상상할 수 있다. 수년간의 훈련, 능숙한 소화기 사용 능력을 갖춘 최정예 요원이라 해도 군집 드론의 압도적 능력 앞에서는 무용지물이다.

우리는 〈와일드 번치〉의 개미떼와 〈에인절 해즈 펄른〉의 드론 무리는 AI를 탑재한 군집 드론을 나타낸다. 무리 속 모든 개미들은 서로 소통하고 자율적으로 공격을 수행하는 센서와 공격 능력을 갖춘 지능형 에이전트로 여왕 개미를 보호한다는 하나의 목적을 가지고 명령을 받고 행동한다. 〈에인절 해즈 펄른〉에 등장하는 드론은 엄청난 파괴력으로 요원들을 압도한다. 각각의 드론은 개별 센서와 타격력을 갖춘 지능형 요원이고 군집 속 다른 드론과 통신하면서 자율적으로 공격하며 대통령 경호원을 살해한다는 하나의 목적 아래 명령을 수행한다. 참고로 드론 공격을 지휘하는 악당은 마이크 배닝과 대통령을 살려두고 바로 군집 드론을 다음 공격지점으로 이동시킨다(스포일러 주의).

물론 할리우드 영화가 현실이 아니지만, 두 영화 속 장면은 AI의 기능을 갖춘 군집 드론이 어떤 역할을 할 수 있는지를 보여준다. 논의의 편의를 위해 사람이 직접 조종하며 군집 전술을 사용하는 군집 드론과 구분하기 위해 AI를 탑재한 군집을 앞으로는 '슈퍼 군집$^{\text{Super Swarm}}$'이라고 부를 것이다. 슈퍼 군집은 AI 기반 일회용 자율로봇 시스템 군집으로, 한 명의 조종수의 지휘를 받아 여러 방향에서 다수의 표적을 동시에 공격한다. 군집 속의 개별 로봇은 각각 '지능형 에이전트' 역할을 하며 AI가 설정한 목표를 달성하기 위한 행동을 수행한다. 즉, 슈퍼 군집은 군집 전술(여러 방향에서 동시에 가하는 집중 공격)과 지능형 에이전트 네트워크를 결합한 것이다. 이를 실현하기 위해 AI는 슈퍼 군집을 조직하고, 탐색하고, 동기화하고, 지휘한다. 한 명의 인간 조종사 또는 AI가 슈퍼 군집을 조종하고 군집 자체의 활성화와 비활성화를 관리한다. 슈퍼 군집이 어떻게 작동하는지 설명하기 위해 이 정의를 분해해 간단한 단어로 된 등식을 만들어보면 다음과 같다.

> **슈퍼 군집 단어 방정식**
>
> 슈퍼 군집 = AI 지원+ 다수의 일회용 자율 로봇 시스템 + 군집 전술

첫째, AI는 군집 드론이 하나의 집단처럼 일사불란하게 작동하고 인간 조종사가 설정한 방향이나 사전 프로그램된 지시에 따라 자율적으로 움직일 수 있도록 지원해야 한다. 미 해군은 이미 2017년 '저비용 무인기 군집 기술LOCUST, Low-Cost UAV Swarming Technology'(이하 LOCUST로 표기) 실험을 통해 이 기술의 가능성을 증명했다.[8] LOCUST 프로그램에 등장했던 레이시온의 코요테Coyote 자폭 드론[9] 등 AI 탑재 무인기는 네트워크를 통해 상호 협업, 정보 공유, 탐지, 타격, 평가 기능을 수행했다. 또한, 슈퍼 군집은 중국이 대만을 침공하는 가상 전쟁 시나리오에서도 중국군 격퇴에 활용되었다.

미 공군은 자체 또는 독립 기관과 함께 수행했던 워게임에서 높은 수준의 자율성을 갖춘 가성비 높은 네트워크 군집 드론이 전투에서 엄청난 효용성을 가졌다는 것을 증명했다. 특히, 시뮬레이션 결과, 중국의 침략에 대한 대만 방어 시나리오에서 군집 드론은 결정적인 역할을 한다는 것이 입증되었다.[10]

2021년 3월 16일, 미 국방부는 자율 군집/공격형 자폭 드론 개발 프로그램에 레이시온의 코요테 블록 3 드론을 함정에서 발사할 것이라는 보고서를 발표하기도 했다.[11]

둘째, 군집 속 모든 드론은 군집 내의 다른 시스템과 통신할 수 있을 정도로 지능적이어야 하며, 표적을 무력화하는 과정에서 파괴되어도 좋을 만큼 가격도 저렴해야 한다. 예를 들어, 10여 개의 적 중요 방공체계를 파괴하는 임무를 받은 50여 대의 코요테 군집 자폭 드론이 있다고 가정해보자. 군집을 구성하는 개별 자폭 드론은 주변 환경을 파악하고, 위치·방향·타이밍PNT, Positioning, Navigation, and Timing을 이해하여 정확하고 정밀하게 위치를 파악하며, 군집 속 다른 구성원과 소통하고, 군집 단위로 표적을 향해 비행한다. 표적을 식별하는 즉시 AI는 군집 속 어떤 개체가 공격에 가장 적합한지를 결정한다. "무장한 군집 드론은 하늘을 나는 지뢰밭과 같다. 개별 개체로는 별로 위협적이지 않지만, 그 수가 너무 많아 격퇴할 수 없다. … 지상의 지뢰밭은 피할 수 있지만, 하늘을 나는 지뢰밭은 어디로든 갈 수 있다."[12] 수많은 무기가 여러 방향에서 동시에 공격하여 적을 압도한다. 하나의 개체가 임무를 완수하지 못한 채 파괴되면 다른 개체가 즉시 이를 대체하여 공격한다. 표적이 무력화되면 군집은 이어서 공격할 대상을 찾아 바로 이동한다.

마지막으로 하나의 목표 아래 움직이는 군집은 군집 전술을 수행해야 하는데, 이때 개별 '지능형 에이전트'는 여러 방향에서 동시에 몰려 들어 집중공격을 수행해야 한다.

네트워크로 연결되어 움직이는 군집은 현재 개발 중인 최고 성능

12월 10일 바쿠에서 열린 승전 퍼레이드를 위해 아제르바이잔 무기고로 향하는 바이락타르 TB2 드론. 제2차 나고르노-카라바흐 전쟁 간 아제르바이잔군은 44일이라는 짧은 기간 동안 자폭 드론, 무인전투기, 장거리 정밀타격무기로 아르메니아군의 핵심 전력을 찾아내고, 교란하고, 파괴하여, 패배시켰다. 이 전쟁은 로봇 시스템이 군사적 승리에 결정적 역할을 수행한 역사상 최초의 전쟁이다. 〈출처: WIKIMEDIA COMMONS | CC BY-SA 4.0〉

의 단거리 방공 시스템SHORAD, short-range air defense으로도 방어하기 어렵다. 군집은 공격의 포화 상태와 규모, 조직적인 움직임, 자살공격 수행에 특화된 개체의 생존 보장 전술을 역동적으로 활용하기 때문에 치명적이다. … 이런 형태의 공격이 가능하다는 사실만으로도 지상군은 심리적인 스트레스를 받고 사기가 저하될 것이다.[13]

수백 대의 드론으로 구성되고 장거리 정밀타격을 위한 센서 네트워크로 연결된 슈퍼 군집은 결정적인 결과를 도출하고 전투충격을 유발할 수 있는 힘을 가지고 있다. 이것이 현실이 된다면 미래의 전투는 지금까지와는 전혀 다른 모습이 될 것이 분명하다.

| CHAPTER 9 |

전투공간의 가시화

클라우제비츠는 쿠되유(coup d'oeil: 전장에서 기회와 위험을 직관적으로 파악하는
위대한 지휘관의 능력)라는 용어를 사용했다.
학습 능력을 보유한 기계는 점점 더 많은 지휘관에게 쿠되유를 부여할 것이다.[1]

— 로버트 워크(Robert Work), 전 미 국방성 차관보 —

● 날씨가 춥다. 이제 BMNT^{Before Morning Nautical Twilight}*이고, 하늘은 점점 회색빛으로 변하고 있다. 곧 해가 뜰 것이다. 전투가 임박했으나, 전투에 대한 전망은 새벽 하늘처럼 회색빛이다.

"앞일을 내다보는 건 어려워. … 특히, 적이 더 유리한 상황이라면 더욱 그렇지." 부대 지휘관 대니얼^{Daniel}은 전투가 벌어질 것으로 예상되는 지형을 보면서 말한다.

"네?" 대니얼 옆에 있던 젊은 중위가 묻는다.

"아무것도 아니야." 다니엘이 답한다. "전 병력을 전투 위치로 이동시켜. 전투가 곧 벌어질 거야." "바로 시행하겠습니다." 중위는 대답하고는 명령을 하달하기 위해 서둘러 움직인다. 대니얼은 곧 자신의 부하들이 불리한 전투 상황에서 목숨을 걸고 싸우게 되리라는 것을 알고 있다. 그는 머릿속으로 모든 상황을 그려본다. 잘 자란 소나무와 활엽수로 가득 찬 숲이 넓게 펼쳐진 목초지와 명확한 경계선을 만들고 있다. 목초지 중앙에는 언덕이 있고 그 뒤 북동쪽으로는 넓은 강까지 완만한 능선이 이어진다. 이 능선은 대니얼의 부대에 방어적인 이점을 제공한다. 능선 덕분에 적의 시야로부터 부대를 숨길 수 있지만, 이러한 이점은 적이 고지에 도달하기 전까지만 활용 가능하다. 능선 뒤편으로는 강이 있는데, 물이 깊고 유속이 빨라 부대가 무기와 장비를 가지고 건너가기 어렵다. 수적으로 열세이고 강으로 고립된 상황에서 대니얼의 부대가 가진 선택

＊ BMNT(Before Morning Nautical Twilight): 일출 전 항해박명 시작 시각을 말한다. 항해박명이란 일출 전 태양이 지평선(수평선)에서 6~12도 아래에 위치해, 조명 없이도 사물의 윤곽을 구분할 수는 있지만 일상적인 야외 활동은 어려운 상태를 의미한다. BMNT는 군사·항해 분야에서 중요한 기준으로 사용된다.

지는 현재의 자리에서 승리하거나, 아니면 죽는 것뿐이다.

대니얼은 적의 잠재적 움직임과 아군의 대응책을 고민한다. 그는 이동과 반격으로 여러 가지 방책을 머릿속에 그려본다. 어떻게 하면 눈앞의 지형을 아군에게 유리하게 활용할 수 있을까? 어떻게 승리를 달성할 것인가?

그는 최근에 입수한 정보 평가 내용을 떠올린다. 적은 불과 몇 킬로미터 밖에 있다. 정보수집·감시·정찰^{SR}에 따르면, 적은 공격 태세를 갖추고 빠르게 전진하고 있다. 그는 대규모 적이 한 시간 안에 아군 지역에 도착하리라는 것을 알고 있다. 이제 그에게 남은 것은 단 한 번의 절박한 기회뿐이다.

오전 6시 45분, 해가 떠오르자 대니얼은 남동쪽 숲속에서 적의 선두 분견대를 발견한다. 전투가 곧 시작될 것이다. 적 지휘관이 무슨 생각을 하고 있을지 상상해본다. 아마 상대는 맹수가 먹이를 낚아채듯 쉽게 승리할 것이라는 생각에 흥분해 있을 것이다. 적 지휘관은 대니얼의 부대가 고지 전방 경사면에 진지를 구축하고 뒤로는 강을 등지고 있어서 도주 가능성이 거의 없다는 것을 알고 있을 것이다.

대니얼은 부하들이 적을 관찰하며 보내온 추가 보고를 받는다. 적 병력은 아직 아군 사정권 밖에 있다. 어제 대니얼은 교전 구역을 설정하고, 명령을 하달하고 예행연습도 했다. 그는 방어선 2개를 구축했다. 첫 번째 방어선은 전사면前斜面*에, 두 번째 방어선은 후사면反斜面**에 구축했다.

---

* 전사면: 적 방향으로 기울어진 경사면.

** 후사면: 적으로부터 보이지 않는 후면의 경사면. 반사면이라고도 한다.

전사면에 배치된 부대의 임무는 적을 지연시키는 것이고, 후사면에 배치된 부대가 주력부대다. 그는 또한 기동부대를 예비대로 지정하여 제2방어선 좌측에 배치했다. 방어선에 배치된 부대의 지휘관들은 대니얼의 교전 신호를 기다려야 한다는 것을 알고 있다. 타이밍이 중요하다.

몇 초가 지났다. 대니얼은 적이 더 많은 부대를 교전 구역으로 이동시킬 때까지 기다린다. 잠시 후 대니얼이 명령한다. "사격 개시!"

전사면에 배치된 부대가 적과 교전을 시작한다. 적이 제1방어선을 향해 돌진하는 동안 아군 포병은 전진하는 적을 향해 포격을 쏟아붓는다. 소총병도 전투에 가담하자, 적이 총에 맞아 쓰러진다. 연기로 아군의 진지가 가려져 있음에도 불구하고 적은 여전히 전진하고 있다. 승리를 확신하고 있기라도 한 듯이.

이제는 적 포병까지 가세해 전사면에 있는 대니얼의 방어부대를 포격한다. 적 포병은 전방 방어부대에 집중한다. 포격이 거세지자, 대니얼은 전방 배치부대가 흔들리는 것을 보고 걱정한다. 일부 부대는 능선 뒤편의 제2방어선으로 후퇴하기 시작한다. 연기가 전투공간을 뒤덮는다.

대니얼은 적이 아군의 전방 진지만 볼 수 있다는 것을 알고 있다. 그는 전투가 결정적 시점에 이르렀다고 생각한다. 대니얼은 적이 아군 좌측을 공격하기 위해 기동부대를 움직이는 것을 보고, 적 지휘관이 승리를 확신하고 있다고 짐작한다. 대니얼은 적군이 아군의 좌측으로 접근하는 것을 참을성 있게 지켜보며 기다린다. 언덕 뒤에 숨겨둔 소규모 기동예비대는 대니얼이 가지고 있는 비장의 카드이며, 그는 이것으로 충분하기를 기대한다. 적이 측면 공격 범위 안으로 들어오자, 대니얼은 아군의 기동예비대에 적 기동부대를 향해 반격하라고 명령한다. 대니얼의 기동예비대는 방심하고 있던 적을 기습한다. 적은 숨을 곳 없는 개방된 공간에서 공격을 당하자 당황한다. 상당수는 쓰러지고 남은 병력은 혼란에 빠져 후퇴한다.

대니얼은 상황을 지켜보고 있다. 앞으로 몇 분 안에 이 전투의 승패가 결정될 것임을 알고 있다.

적은 기동부대가 격퇴당했음에도 불구하고 굴하지 않고 전사면의 약화된 방어선을 돌파하기 위해 남은 부대를 투입한다. 짙은 회색 포연이 전투공간을 휩쓸고 지나간다. 대니얼의 부대는 이제 방어선을 완전히 포기하고 언덕을 넘어 강을 향해 후퇴하는 것처럼 보인다. 적은 승리를 감지하고 돌격해 마침내 고지를 점령한다.

이 이야기는 현재 동유럽에서 진행 중인 전투에 관한 것이 아니다. 이는 1781년 1월 17일 미국 독립전쟁 당시 사우스캐롤라이나주에서 있었던 카우펜스 전투Battle of Cowpens를 묘사한 것이다.

대니얼 모건Daniel Morgan 준장은 만족스런 표정을 지으며 전투를 지켜보고 있다. 대니얼의 2선 방어부대는 반사면에서 사격 준비를 하며 대기 중이다. 언덕을 넘어 달려오던 영국군은 갑자기 멈춘다. 그들은 언덕 아래에서 머스킷 소총을 들고 발포 명령을 기다리는 파란 제복을 입은 미 정규군이 촘촘히 늘어서 있는 것을 보고 충격에 빠진다.

대니얼은 지금이 승리를 위한 결정적 순간임을 깨닫는다. 그는 부하들에게 명령한다. "발사!"

1,000개의 머스킷 소총이 일제히 발사되고 굉음이 천지를 뒤흔든다. 총탄이 영국군을 향해 맹렬하게 쏟아진다. 붉은 코트를 입은 영국군 장병들은 쓰러지거나 상처를 입고 무릎을 꿇는다. 살아남은 영국군은 불

과 30보 정도 떨어져 있었으나, 미군 장병들은 단발 머스킷 소총을 재장전할 여유가 없다. 잠시 끔찍한 정적이 흐른다.

"총검! 돌격!" 대니얼이 명령한다.

"총검! 돌격!" 대니얼의 부하 지휘관들이 명령을 다시 전달한다.

미 독립군은 환호성을 지르며 번쩍이는 총검을 들고 돌격한다. 그들은 차가운 강철로 전투를 끝낼 준비가 되어 있다. 이 광경을 보고 겁에 질린 붉은 코트를 입은 영국군은 뒤돌아 도망치기 시작한다. 영국군 지휘체계가 순식간에 무너지자, 이제부터는 각자도생이다. 영국군 지휘관 배내스터 탈레턴Banastre Tarleton 중령은 욕설을 퍼부으며 허공을 향해 검을 휘두르지만, 패배를 막을 수는 없다. 그는 목숨만 간신히 건진 채 탈출한다.

대니얼 부대의 제1방어선에 배치되었던 미군 민병대는 정규군 방어부대의 후방에서 전열을 재정비하고, 붉은 코트를 입은 영국군을 향해 긴 총열의 펜실베이니아 소총을 들고 양 측면에서 돌진한다. 미군 기병대가 우측과 후방에서 영국군을 향해 돌격하는 동안 대니얼의 장병들은 전방과 양쪽 측면에서 후퇴하는 영국군을 포위한다. 미군이 끈질기게 추격하자, 탈레턴의 붉은 코트 부대는 머스킷 소총을 버리고 부상병들을 내버려 둔 채 무너져내렸다. 그들의 유일한 생각은 끈질긴 미군에게서 벗어나는 것이었다.

카우펜스 전투에서 보여준 대니얼 모건의 눈부신 활약은 뛰어난 리더십, 전투공간 가시화 능력, 통찰력이 집약된 전투의 모범 사례라 할 만하다. 대니얼이 지휘한 미군은 25명이 전사하고 124명이 부상당한 반면, 영국군은 110명이 전사하고, 229명이 부상당했으며, 629명이 포로가 되었다. 살아남은 영국군은 대포 2문을 전장에 그대로 둔 채 도망쳤다. 카우펜스 전투 승리는 독립전쟁 중 미국의 가장 중요한 승리 가운데 하나였다. 영국군은 이 전투와 뒤이어 벌어진 1781년 3월 15일 길포드 코트하우스 전투Battle of Guilford Courthouse에서 연이어 패배하면서 남부 전구 총사령관 찰스 콘월리스Charles Cornwallis 장군의 지휘 아래 버지니아 주 요크타운Yorktown으로 철수하게 된다. 요크타운에서 콘월리스는 조지 워싱턴George Washington 장군, 로샹보Rochambeau 백작, 장 바티스트 도나티앵 드 비뫼르Jean-Baptiste-Donatien de Vimeur, comte de Rochambeau 장군이 지휘하는 미국-프랑스 연합군에게 포위된다. 10월 19일 마침내 콘월리스 장군이 항복하면서 요크타운 전투는 미국 독립전쟁 승리의 결정적 전투가 된다.[2]

대니얼 모건은 뛰어난 지휘관이었다. 그는 전투가 어떻게 전개될지 머릿속으로 그려보고, 실제로 전투가 벌어지기 전에 각 작전의 성공 여부를 미리 판단하는 능력을 가지고 있었다. 이러한 놀라운 통찰력 덕분에 그는 이중 포위를 활용한 적 부대 격멸이라는 압도적 전술적 승리를 거두었는데, 이는 전쟁사에서 보기 어려운 결정적 승리였다. 그는 쿠되유coup d'oeil*, 즉 전쟁을 직관하는 능력을 지녔다. 클라우제비츠Carl von Clausewitz는 훗날 이를 "사물을 단순하게 보고 전쟁의 모든 사안을 자신과 완전히 동일시하는 능력, 이것이 훌륭한 장군의 본질이다. 정신이 이처럼 포괄적인 방식으로 작동할 때만 사건을 지배하고 사건에 지배당하지 않는 데 필요한 자유를 얻을 수 있다."[3] 하지만 오늘날 전쟁은 1781

---

* 쿠되유(coup d'oeil): 클라우제비츠는 "한눈에 알아차리는 힘"을 뜻하는 이 프랑스 단어를 "보통 정신으로는 쉽게 놓칠 수 있으나 오로지 장기간의 연구와 숙고 끝에 인지할 수 있는 어떤 사실에 대한 신속한 직관력"이라고 했다.

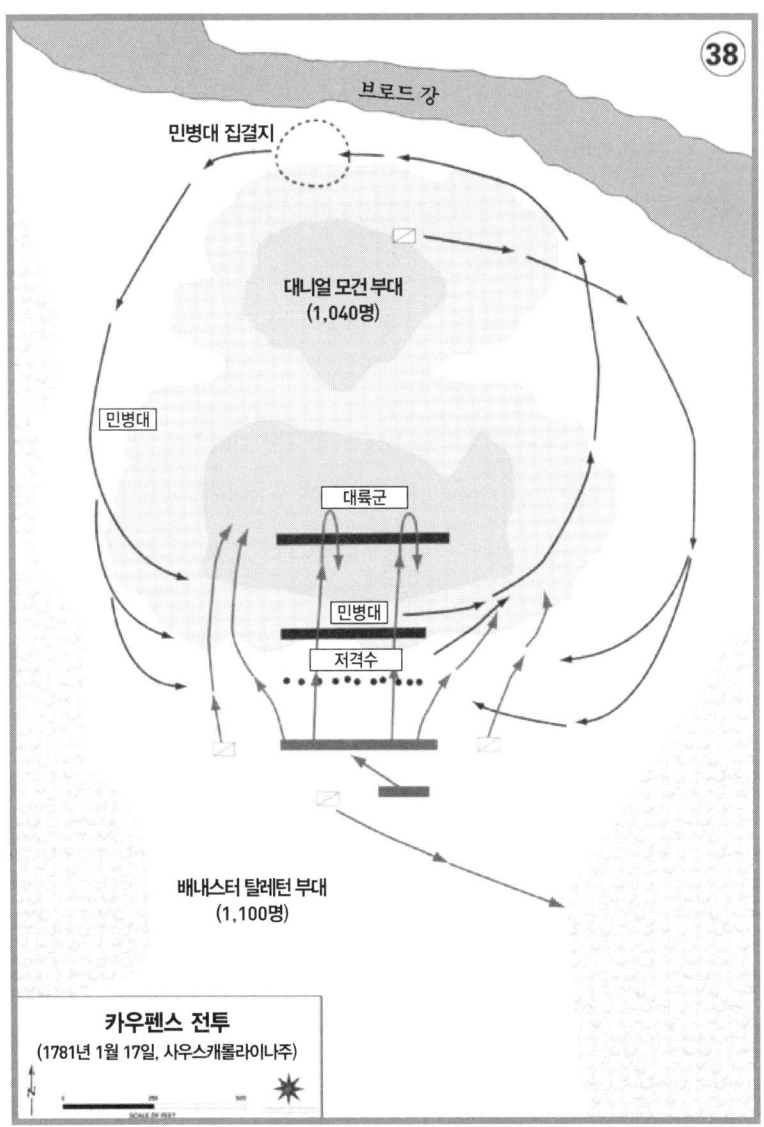

카우펜스 전투
(1781년 1월 17일, 사우스캐롤라이나주)

카우펜스 전투에 참여했던 미군 지휘관은 전장을 가시화하고 전투 상황을 머릿속으로 정리할 수 있는 매우 뛰어난 능력을 보여주었다. 오늘날과 같이 초고속, 복잡다단한 다영역 전투공간에서 대니얼 모건 장군이 보여준 군사적 천재성, 쿠되유(coup d'oeil: 직관력)를 재현하기란 매우 어렵다. 지금은 기술의 도움이 꼭 필요한 시대다. 1781년 1월 17일, 카우펜스 전투는 이중 포위망으로 승리를 거둔 매우 드문 사례였고, 한 시간도 안 되는 짧은 시간에 미국에 결정적 승리를 안겨줌으로써 독립전쟁 승리의 중요한 전환점이 되었다. 〈출처: WIKIMEDIA COMMONS | History Department, United States Military Academy | Public Domain〉

년과는 비교할 수 없을 정도로 훨씬 더 복잡하다. 인간의 감각만으로 다영역 전투공간에서 일어나는 모든 상황을 파악할 수 없는 현대의 지휘관들은 구성^{constructive} · 가상^{virtual} · 실전^{live} 시뮬레이션을 통해서만 쿠되유(전쟁을 직관하는 능력)를 얻을 수 있으며, 다영역 전투를 가시화할 수 있는 기술의 도움이 필요하다.

다영역을 교차하는 기동은 새로운 개념이 아니다. 고대의 지휘관들은 육지와 바다를 넘나들며 기동했고, 20세기에 이르러서는 공중 영역이 매우 중요해졌다. 오늘날 새로운 기술과 능력의 발전으로 전투공간은 5개 영역(지상, 해상, 공중, 사이버, 우주)으로 확장되었고, 다영역작전은 전쟁 방식을 변화시키고 있다. 그중에서도 컴퓨터, 우주 작전, AI, 전자 부품의 초소형화, 로봇 공학 등의 발전이 새로운 변화를 주도하고 있다. 시스템과 무기가 더욱 스마트해지고 네트워크화되면서 상용 사물인터넷과 유사한 전투공간 사물인터넷이 등장하고 있다. 전쟁은 전자의 속도로 진행되고, 그 어느 때보다 더 빠르고 치명적일 것이다. 네트워크화된 센서와 발사체의 융합, 그리고 AI에 의한 킬웹의 동기화는 여러 영역의 표적을 초고속으로 타격할 것이다. 복잡한 작전 환경에서 단호하게 행동하려면 지휘관은 전투공간을 가시화하고, 발생하는 행동을 실시간으로 파악하며, 발생할 수 있는 결과를 적보다 빠르게 예측해야 한다.

카우펜스 전투에서 대니얼 모건이 그랬듯, 인간의 의사결정은 주로 패턴 인식에 의존한다. 대니얼은 카우펜스 전투의 패턴을 파악했고, 승리를 가져다줄 수 있다고 예상한 패턴을 활용하여 대응했다. 지휘관은 적의 행동 패턴을 파악하고, 이에 대응하는 아군의 패턴을 신속하게 적용하여 관찰, 방향 설정, 결정, 행동(우다 루프$^{OODA\ loop}$)을 수행해야 한다.

상대보다 앞서 우다 루프를 적용한다면, 적이 느리게 움직이는 것처럼 보일 것이다. 이는 마치 권투경기에서 상대가 한 번의 타격을 가할 때마다 네다섯 번의 타격을 가하는 것과 같다. 우다 루프를 가속하려면 다영역 전투공간을 전영역공통작전상황도[ADCOP]에 실시간으로 표현할 수 있는 향상된 인지 컴퓨터 시스템이 필요하다.[4] 전영역공통작전상황도를 통해 지휘관은 5개 전투공간 영역(지상, 해상, 공중, 사이버, 우주)에서 발생하고 있는 적과 아군의 행동 등 지휘 결심에 필요한 정보를 얻고 이를 관련 부대와 거의 실시간으로 공유할 수 있다.[5]

  비즈니스에서 의사 결정권자는 여러 영역에서 발생하는 복잡한 정보를 가시화하기 위해 여러 버전의 공통상황도를 활용하고 있다. 일례로 실시간 주식 분석 소프트웨어는 다양한 사용자가 거래에 대한 데이터를 이해하고 이에 기반하여 행동할 수 있도록 공통상황도를 제공한다. 군사 시스템을 개발하는 사람들은 이러한 민간 업계의 모범 사례를 벤치마킹해야 한다. 상거래에서는 그 결과가 덜 치명적일 수 있지만, 수백만 달러 규모의 프로젝트의 성공과 실패가 달려 있는 경우가 많다. 상용 소프트웨어 시스템은 군용과 마찬가지로 인간과 컴퓨터의 상호작용, 그리고 기기와 소통하는 지점으로 사용자 인터페이스[UI, User Interface](이하 UI로 표기)를 사용한다. 효과적으로 설계된 UI는 시스템에 대한 이해도를 높이고 시너지 효과를 창출한다. 전자 및 게임 산업은 명확하고, 사용하기 쉽고, 따로 설명할 필요가 없는 직관적인 UI에 중점을 둔다. 최고의 UI는 사용자에게 부담을 주지 않으면서 문제를 해결하고 조작을 쉽게 만들어 효율성을 높인다. 이제는 두뇌-기계 인터페이스[BMI, Brain-Machine Interface](이하 BMI로 표기)를 통해 인간의 생각만으로 로봇 시스템을 제어

전영역공통작전상황도(ADCOP) 생성을 위한 장비로 엘빗 시스템즈(Elbit Systems)의 토치-엑스(Torch-X) C4ISR 솔루션을 예로 들 수 있다. 센서, 타격, 통신 시스템을 완벽하게 통합하여 유무인 자율 플랫폼을 지원하는 이 첨단 시스템은 부대 간 조율, 전략 기획, 포괄적 전투 관리, 전술 작전, 생존능력, 피해율에 대한 최신 정보를 제공한다. 토치-엑스 C4ISR 솔루션은 모든 제대의 인지 부하를 감소시키고 최적의 의사결정과 계획 프로세스를 촉진하는 AI 기반 의사결정 지원 도구를 갖추고 있다. 〈출처: Elbit Systems〉

할 수도 있다. 2023년 2월, 호주 육군은 BMI와 마이크로소프트의 홀로렌즈HoloLens를 통해 음성이나 수동 제어 없이 생각만으로 로봇을 제어하는 방법을 보여주는 영상을 공개했다.[6]

전영역공통작전상황도ADCOP의 도입은 미룰 수 없는 시급한 사안이다. 영역 간 교차 기동에 필요한 군사 정보는 5개 영역 모두에 전체적으로 표시되거나, 자동으로 생성되거나, 이해하기 쉽지 않다. 보통 이러한 정보는 대규모 부대 지휘소에 설치되어 있는 여러 개의 화면에 아이콘이 겹겹이 쌓여 복잡한 형태로 표시된다. 이러한 정보저장소에서 근무하는 요원들이 화면에 나타나는 대부분의 데이터를 생성하는데, 이때 인간 처리 지연 시간$^{human\ time\ lag}$이 발생한다. 이 데이터를 모아 표적 공격을 위한 '킬체인'용 정보로 가공한다. 기존의 킬체인(탐색, 고정, 추적, 표적화, 교전, 평가)은 단일 타격에는 효과적이지만, 동등한 수준의 경쟁국 군에 대한 다영역작전에 적용하는 데 너무 오랜 시간이 걸린다. 이 문제를 해결하는 방법은 상업용 실시간 시스템과 실시간 비디오 게임의 정보 디스플레이를 벤치마킹하여 AI 지원 킬웹용 전영역공통작전상황도를 개발하는 것이다. 상용 UI 디자인에서 얻은 최고의 교훈을 바탕으로 전영역공통작전상황도를 개발하기 위한 7가지 원칙을 소개한다.

총체적 관점

어떤 전투에서든 전체는 부분의 합보다 크다. 전투공간 정면이 아닌 측면에서 일어나는 군사행동이라 할지라도 한순간에 결정적인 결과를 초래할 수 있다. 따라서 지휘관은 전투공간에서 발생하는 모든 상황을 가능한 한 실시간으로 파악하고, 이 정보를 활용해 명령을 내리고, 계획을 수립하고, 향후 작전을 준비할 수 있어야 한다. 총체적 관점은 다영역 정보와 실제 세계를 통합해 전투공간의 전체 그림을 파악할 수 있게 해준다. 실제 세계와 다른 영역의 정보를 통합해 사이버 영역에서 작전을 수행한다면 단일 영역에만 집중하는 것보다 우월한 시야를 가질 수 있다. 아군과 적군의 사이버 행동을 실제 환경에 더해 확인하면 지휘관은 전투공간 전반에 대한 총체적 시각을 가질 수 있다. 상업 분야에서 존스 홉킨스(Johns Hopkins) 대학이 개발한 COVID-19 대시보드(dashboard)가 총체적인 공통작전상황도(COP)의 한 예다.[7] COVID-19 대시보드를 통해 사용자가 전 세계 코로나 확진자 수를 추적하고, 필요한 경우 국가, 도시, 지역별 수치까지 심층적으로 파악할 수 있다. COVID-19 대시보드는 신뢰할 만한 최신 자료를 제공해 많은 의료진과 정부는 이를 COVID-19에 대한 표준 정보로 간주하고 있다. UI는 세계지도 위에 데이터를 표시하고, 사용자는 원하는 지역을 터치해 세부 정보를 볼 수 있다. 또한, 대시보드에는 검사자, 추적자, 접촉자 신원, 백신자 정보, 뉴스, 자원 등이 함께 표시되기 때문에 사용자는 현재 팬데믹 상황에 대한 총괄 정보를 파악할 수 있다. 군사 분야 전영역공통작전상황도 또한 이와 유사한 방식으로 관심 지역 내 다영역에서 실시되는 작전과 그 효과를 한꺼번에 표시할 수 있어야 한다.

직관성

공통작전상황도(COP)에 표시되는 모든 것은 직관적이어야 한다. 직관적이지 않는 기호는 실패할 수밖에 없다. 스마트폰을 생각해보자. 우리가 별도로 교육받지 않아도 구매 즉시 스마트폰을 사용할 수 있는 이유는 아이콘이 이해하기 쉽고 직관적이기 때문이다. 따라서 터치하면 활성화되는 UI를 통해 필요할 때마다 정보를 확장하는 방식이 전영역공통작전상황도의 표준이 되어야 한다. 실시간 전략(RTS, Real-Time Strategy) 컴퓨터와 콘솔 게임은 직관적 표시의 좋은 예다. 이러한 종류의 게임에서 UI는 여러 여러 행동을 실시간으로 표시한다. 타이밍은 스포츠나 다른 플레이어와 대결하는 대규모 멀티플레이어 온라인MMO, massively multiplayer online(이하 MMO로 표기) 전투 게임에서 매우 중요하다. 인터넷이 상용화된 이후 많은 세대는 MMO 게임을 즐겨왔다. 매일 수천 명의 사용자가 접속하는 '월드 오브 탱크World of Tanks'나 '워 썬더War Thunder' 같은 게임은 사실감과 몰입감 넘치는 경험을 제공한다. 벨라루스 기업 워게이밍넷Wargaming.net이 개발한 '월드 오브 탱크'는 전 세계적으로 가입자가 1억 8,000만 명 이상이다.[8] 이 게임에 참가하는 플레이어는 다수의 다른 플레이어들과 함께 실제와 비슷한 지형에서 실시간으로 전차 등 다양한 무기를 조작해야 하므로 속도가 매우 중요하다. 군사 시스템 개발자들이 이러한 게임들의 UI 설계를 주목하게 된 주된 이유는 단순하고 직관적이기 때문이다.

미니멀리스트

최고의 상업용 UI 설계는 필요한 기능이나 핵심 기능만을 제공한다. 모든 UI 설계의 목표는 단순함과 사용 편의성에 있다. 레트로 스튜디오스Retro Studios가 개발한 고전 비디오 게임 '메트로이드 프라임Metroid Prime'은 미니멀리스트 UI 설계의 훌륭한 예다. 메트로이드의 UI는 캐릭터의 헬멧 헤드업 디스플레이HUD를 통해 게임 내 모든 것을 다이어제틱 뷰diegetic view[9]로 보여준다. 이를 통해 우리는 1인칭 시점으로 게임 내 요소들을 볼 수 있다. 게임 속의 헤드업 디스플레이는 마치 동력 장치 장착 전투복의 헬멧 바이저와 같은 장비다. 차량이 등장하는 게임에서는 가상 조종석을 통해 비슷한 정보를 보여준다. 군사 시스템 설계자들은 다이어제틱 뷰로부터 헬멧 장착형 또는 가상 조종석 시스템 설계에 대한 아이디어를 얻을 수 있다. 예를 들어, F-35 조종사의 헬멧 기능과 유사한 헬멧 장착형 전영역공통작전상황도^{ADCOP}는 현실 세계를 증강현실로 보여주는데, 메트로이드와 같은 비디오 게임의 헤드업 디스플레이^{HUD}의 미니멀리스트 설계 개념을 적용하면 큰 도움이 될 것이다.[10]

인지 부하 감소

데이터 과부하는 위험하다. 특히, 전투 중 발생하는 데이터 과부하는 치명적일 수도 있다. 산더미처럼 쌓인 데이터를 인식 가능한 기호와 단서를 통해 활용 가능한 정보로 변환하는 전영역공통작전상황도는 스마트폰 내비게이션처럼 전투원의 인지 부하를 줄여줄 수 있다. 오늘날 대부분 사람들은 스마트폰에 내장된 내비게이션을 사용한다. 내비게이션은 음성으로 도착지까지의 방향을 알려주고 차량의 진행 방향과 위치를 실시간으로 지도에 표시하기 때문에 별도의 메모지나 종이지도가 필요 없다. 운전자는 정보를 수신하면서도 운전에 집중할 수 있다. 이는 인지 부하를 줄이면서 운전자의 우다 루프를 가속하는 시스템의 훌륭한 예라고 할 수 있다.

다양한 형태의 피드백

스마트폰은 운전자가 청각·시각 신호를 통해 차량을 한 지점에서 다른 지점으로 이동할 수 있게 도와준다. 전영역공통작전상황도^{ADCOP} 설계자는 엑스박스^{Xbox} 컨트롤러의 진동 자극과 같은 촉각적 자극을 포함한 다양한 형태의 입력을 고려해야 한다. 이러한 추가 UI를 사용하면 컨트롤러는 게임에서 폭발이나 위험한 상황에 반응하여 진동함으로써 플레이어에게 경고한다. 이와 마찬가지로, 전영역공통작전상황도의 UI는 위험하거나 중요한 사건이 발생했을 때 이를 사용자에게 적시에 알려줄 수 있다.

구성 가능성 및 통제의 소재

UI는 사용자가 상황에 맞게 맞춤 설정과 구성이 가능해야 한다. 예를 들어, 화면 표시 단축키를 추가하거나 반복적인 동작을 실행하도록 설정할 수 있어야 한다. 전영역공통작전상황도^{ADCOP}의 UI는 구성이 가능해야 할 뿐만 아니라 시스템이 사용자를 통제하는 것이 아니라 사용자가 시스템을 통제하고 있다는 확신을 주어야 한다. 전영역공통작전상황도는 HOTL$^{Human\ On\ The\ Loop}$ 방식(인간 사용자가 AI를 직접 통제하지 않고 감독하면서 필요시에만 개입하는 방식)으로 AI를 통제하는 주요 수단이다. 심리학에서 '통제의 소재$^{Locus\ of\ Control}$'*라고 부르는 사용자 제어는 소총 사수가 조준경을 통해 표적을 겨누고 방아쇠를 당겨 표적을 명중할 수 있다는 자신감만큼이나 중요하다. 이러한 자신감은 전투공간에서 실시

---

* 통제의 소재: 사회심리학에서 제시한 개념으로, 살아오면서 자신의 영향력 밖에 있는 외력(external force)에 대항하여 사건의 결과를 스스로 통제해왔다고 믿는 정도를 말한다. 이 개념은 1954년 질리언 B. 로터(Jilian B. Rotter)가 고안했으며 오늘까지 개인 특성 연구에서 중요한 측면으로 자리매김하고 있다.

간으로 다영역 효과를 발생시키는 행동을 통해 형성된다.

자동화

실시간 다영역 교차 기동이 가능해지려면, 인간의 행동보다 더 빠른 프로세스로 움직이는 시스템이 필요하다. 조직 내 정보 단절은 보안이 유지된 자동 보고 및 통합 체계로 대체되어야 한다. 그 과정에서 HOTL 방식의 감독이 필요하다. 실시간 전투 수행을 위해서는 전투공간 사물인터넷 센서를 통해 지속적으로 업데이트되는 전영역공통작전상황도가 필요하다. 사용자 친화적인 상용 실시간 공통작전상황도의 예로는 메타쿠오츠 소프트웨어 사$^{\text{MetaQuotes Software Corporation}}$가 개발한 메타-트레이더5$^{\text{Meta-Trader5}}$(MT5)를 들 수 있다. 외환 트레이더는 MT5를 통해 PC, 태블릿, 스마트폰에서 실시간으로 외환거래에 관한 조언, 뉴스, 알림 및 분석을 받고 거래할 수 있다. 이 소프트웨어는 주로 외환거래를 다루기는 하지만, 자동화된 입력을 통해 의사결정에 필수적인 정보와 예측 분석을 제공한다.[11] 전영역공통작전상황도에 사이버 공격 경보 알람이 울린다면 지휘관이 어떻게 반응할 수 있을까? 다영역 교차 기동이 가능해지려면 전영역공통작전상황도는 사이버 공격을 확인한 즉시 부대의 모든 시스템이 언제 어디서 작동하는지, 어떤 시스템이 공격을 받고 있는지 자동으로 파악하고 아울러, 이 공격에 대한 대응 옵션도 제공할 수 있어야 한다.

전영역공통작전상황도 개발

전쟁은 비디오 게임이나 외환거래가 아니지만, 민간 분야에서 이미 증명된 유용하고 새로운 기술은 군사 시스템 개발자에게도 귀중한 교훈을 제공할 수 있다. 앞에서 언급했듯이 전영역공통작전상황도의 도입은 미룰 수 없는 시급한 문제다. 다영역 교차 기동을 수행하기 위해 작전 요원은 관련 영역을 필요에 따라 실시간으로, 그리고 예측 분석을 통해 파악해야 한다. 특히, 예측 분석은 매우 중요하다. 실시간 정보만으로는 충분하지 않다. 미래 전투의 초고속화는 인간 인지 능력으로 볼 때 실시간 사건조차 이미 과거의 행동으로 만들어버린다. 변화하는 상황에 적응하기 위해 지휘관은 다음에 일어날 일을 예측할 수 있는 고도화된 인지 AI가 필요하다. 실시간 전투가 진행되는 동안에도 전영역공통작전상황도는 지휘관이 '예측되는 미래'의 전투를 가시화하고, 자신의 행동이 어떻게 전개될지 확인할 수 있도록 지원해야 한다. 모든 영역을 하나의 통합된 공통작전상황도로 가시화하고 예측 분석을 제공하는 것은 인간의 인지 능력을 넘어서는 작업이며, 이를 위해서는 강력한 AI를 갖춘 고도화된 시스템이 필요하다. 다영역 전투공간에서 발생하는 전투 상황을 전영역공통작전상황도를 통해 동기화·가시화·예측·실행하는 방법을 가지고 있는 군대가 그렇지 않은 군대에 대해 엄청난 우위를 가지게 될 것이라는 점은 너무도 자명하다.

```
┌─────────────────────────────────────────────────────┐
│              실시간 주요 상황 표시                    │
├──────┬──────────────────────────────────┬───────────┤
│ 전자기│                                  │   사이버   │
│스펙트럼│                                  │           │
├──────┤                                  ├───────────┤
│ 정보전│                                  │    우주    │
├──────┤                                  ├───────────┤
│상황#2 │   전영역공통작전상황도(ADCOP)     │    공중    │
│상위제대│          전시                    │           │
├──────┤                                  ├───────────┤
│상황#1 │                                  │    해상    │
│상위제대│                                  │           │
├──────┤                                  ├───────────┤
│상황#1 │                                  │    육상    │
│하위제대│                                  │           │
├──────┴──────────────────────────────────┴───────────┤
│              실시간 지속지원 상황 표시                │
└─────────────────────────────────────────────────────┘
```

공통작전상황도(COP)는 여러 지휘부가 공유하는 주요 데이터를 표준화된 방식으로 시각화한 통합 화면이다. 이를 통해 지휘관들은 계층별 데이터를 한눈에 파악하고 전장을 직관적으로 이해할 수 있다. 각 시스템이 네트워크로 연결되어 정보를 자동으로 보고하도록 구성되면, 전영역공통작전상황도(ADCOP) 상에서 관련 데이터가 거의 실시간에 가깝게 자동으로 인터페이스로 전시될 수 있다. 상황 변화가 발생하면 정보 탭의 색상이 녹색, 황색, 적색, 흑색으로 바로 업데이트된다. 특정 탭을 선택하면 관련 정보를 전체 화면으로 확장하여 볼 수 있고, 해당 카테고리에 대한 세부 내용이 표시된다. 실시간 경보는 전영역공통작전상황도의 상단과 하단에 표시된다. 〈출처: 저자 작성〉

속도와 AI

속도는 전투의 핵심이다. 러시아 군사사에서 뿐만 아니라 근대 전쟁 초기 가장 위대한 지휘관 중 한 명이라고 알려져 있는 알렉산드르 수보로프$^{\text{Alexander Suvorov}}$는 "시간에서 이기면 전투에서 승리한다"[12]라고 말했다. 장거리 정밀 교전을 실행하는 데 걸리는 시간이 분 또는 초 단위로 측정되는 오늘날의 전쟁에서 시간이라는 개념은 그 어느 때보다 더욱 유의미하게 다가온다. 적보다 더 빠르게 결정하고 행동할 수 있는 쪽이 상당한 우위를 점할 수 있다. 육상, 해상, 공중, 우주, 사이버 등 전영역 합동 센서를 연결하고, 전자기 스펙트럼 상황을 모니터하면서, 정보전 관련 정보까지 제공하는 단일 네트워크가 있다고 상상해보자. 서로 다른 제대에 속한 전투원들 모두가 자신의 임무 관련 정보에 자유롭게 접근하면서 자신보다 두 단계 높은 상급 지휘관이 생각하는 작전과 의도를 가시화하여 이해할 수 있는 환경이 구축되어 있다고 가정해보자. 이러한 높은 수준의 연결성은 의사결정과 킬체인을 가속화한다. 이것이 바로 미 국방부가 추진 중인 합동전영역지휘통제체계$^{\text{JADC2, Joint All Domain Command and Control}}$(이하 JADC2로 표기) 개념이 실현하려는 비전이다.

JADC2는 "국방부가⋯ 공군, 육군, 해병대, 해군, 우주군 등 모든 군의 센서를 단일 네트워크로 연결하는 개념이다."[13] JADC2는 기계가 움직이는 속도에 맞춰 영역 간 교차 기동을 가능하게 할 것이다. AI는 지휘관이 전투작전 전영역에서 "관찰, 방향 설정, 결정, 행동하는⋯ 우다루프"를 가속하도록 지원한다. 차량공유기업 우버^{Uber}를 생각하면 JADC2에 대해 좀 더 쉽게 이해할 수 있다.

우버는 승객용, 운전자용 두 가지 앱을 서로 결합한다. 우버의 알고리즘은 사용자의 위치를 기반으로 거리, 이동시간, 승객 등 여러 변수를 계산하여 최적의 매칭을 결정한다. 그런 다음 애플리

케이션은 운전자가 따라야 할 경로를 원활하게 제공하여 승객을 목적지까지 안내한다. 우버는 셀룰러와 와이파이 네트워크를 통해 데이터를 전송하여 탑승자를 매칭하고, 운전에 대한 안내 정보를 제공한다.[14]

JADC2 개념은 전투공간 내 모든 장소를 디지털로 연결하는 것이다. 이는 단순하게 센서와 슈터를 더 빠른 속도로 연결하는 수준을 넘어선다. 미 국방부는 JACD2 전력화를 위한 총괄부서이고, 미 합동참모본부는 관련 정책과 교리를 개발하며, 미 공군은 기술을 개발하는 실행기관 역할을 담당하고 있다.

현재 미 육군은 프로젝트 컨버전스Project Convergence, 공군은 항공전투관리 시스템ABMS, Air Battle Management System, 해군은 프로젝트 오버매치Project Overmatch라는 이름으로 JADC2 프로그램을 발전시키고 있다. 2021년 7월 미 의회조사국에 따르면, "미 공군 관계자들은 JADC2 아키텍처를 통해 지휘관이 ① 전투공간을 더 빠르게 인식하고, ② 적보다 더 빠르게 병력을 지휘하며, ③ 전 영역에서 동기화된 전투 효과를 만들어낼 수 있다고 주장해왔다."[15] JADC2 사업이 성숙 단계에 들어선다면 정보를 통해 전투공간을 이해하고 전투공간 데이터를 작전적으로 활용하는 데 크게 이바지할 것이다.

JADC2는 어떻게 작동하는가

"기술은 빠르게 발전하나 인간의 제도와 조직은 이를 따라가지 못하고 있다." 『제2차 기계시대: 일, 진보, 그리고 화려한 기술의 시대에서의 번영The Second Machine Age:Work, Progress, and Prosperity in a Times of Brilliant Technologies』의 공동 저자이자 MIT 슬론 스쿨Sloan School 교수인 에릭 브린욜프슨Erik Brynjolfsson은 2018년 2월 22일 '링크드인 명사 시리즈LinkedIn Speaker Series' 강연에서 이와 같이 말했다.[16] 인간의 작업 속도를 더 빠르게 유지하는 방법은 인간과 컴퓨터의 지능을 결합하는 것이다. JADC2가 작동하려면 전투공간에서 활용할 수 있는 인터넷 클라우드와 충분한 수량의 센서 네트워크가 필요하다. 전투공간 클라우드를 통해 정보, 감시, 정찰, 표적 데이터 등을 센서를 통해 공유할 수 있다. 그러면 AI는 양자 컴퓨팅을 활용하여 데이터를 처리하고, JADC2를 사용하여 지휘통제 역할을 하는 인간 지휘관에게 행동 방침과 표적 옵션을 제안할 것이다. 이를 통해 인간 지휘관은 기계가 움직이는 속도로 결심할 수 있다. 이렇게 인간과 컴퓨터의 의사결정 보조 능력을 결합한 시스템을 통상 '켄타우로스centaur'* 임무형 지휘 개념이라고 부른다.

  인간이 다영역작전이라는 복잡한 전투공간을 이해하려면 이를 가시화 수 있는 수단이 필요하다. 최신기술을 활용한 켄타우로스 임무형 지휘 접근법은 이를 가능하게 만든다. 혹자는 켄타우로스 개념을 불안하게 바라보기도 하지만, 사실 이는 우리가 이미 시행하고 있는 일의 한 단계 진화된 형태로 볼 수도 있다. 미래에는 이것이 정상적인 것으로 여겨질 수도 있다. 과거에 어떤 사람이 인류 최초로 말에 올라타는 것을 보았다면 불안과 긴장에 떨었을 것이다. 하지만 말에 탄다는 개념을 수

---

* 켄타우로스: 그리스 신화에 등장하는 반인반마(半人半馬) 종족.

미 육군의 통합시각증강 시스템(IVAS, Integrated Visual Augmentation System)은 마이크로소프트의 홀로렌즈(HoloLens) 기술과 센서를 차량 플랫폼에 연결하여 전장 가시성을 최적화한다. 적절한 소프트웨어 패키지 통해 개선이 이루어진다면 IVAS를 지휘통제체계로 활용하는 것도 구상해볼 수 있다. 〈출처: WIKIMEDIA COMMONS | U.S. Army | Public Domain〉

용했던 사람들은 발전된 사냥과 기마전 전술을 개발했고, 말에 타는 것을 받아들이지 못했던 사람들은 속도와 타격 능력에서 명백하게 불리한 상황을 받아들여야 했다. 인간이 자동차와 비행기를 조종하는 것은 지금은 모두가 너무 당연하게 받아들이는 대표적인 인간-기계 인터페이스의 예다. 오늘날 수백만 명의 사람들은 렉서스Lexus나 시리Siri와 같은 AI 기반 기기에 질문을 던지고 조언을 얻는다. 이것이 바로 인간과 AI의 역량을 결합해 정보를 탐색하고 인간보다 나은 판단을 내릴 수 있도록 돕는 켄타우로스형 인간-AI 융합 접근법이라 할 수 있다.

> **부대 편성―특히 전영역 합동작전을 위해 설계된 부대의 경우―이 점점 복잡해질수록 이러한 부대들을 통제하는 것이 인간의 인지 능력을 능가할 가능성이 있는데, 알고리즘을 활용하면 이 부대들을 관리하는 데 도움이 된다. 미군은 의사결정 과정 전반에 걸쳐 인간을 참여시키겠다고 밝혔지만, 미군이 의사결정 시스템에 더 많은 AI 기술을 도입함에 따라 둘 간의 구분이 모호해지기 시작했다.[17]**

JADC2 개념에 대한 구상 초기인 2016년, 무기 자율성 전문가이자 참전용사이기도 한 폴 샤레Paul Scharre는 "켄타우로스 전투, 인간 대對 자율성 양자택일의 잘못된 선택Centaur Warfighting, The False Choice of Human vs. Automation"이라는 제목의 글을 게재했다. 그는 다음과 같이 말했다. "많은 교전 상황에서 인간과 기계가 하나의 팀을 이루는 것은 가능할 뿐만 아니라 바람직하다. … 최고 시스템은 인간과 기계의 지능을 결합하여 각각의 장점을 활용하는 하이브리드 인지 아키텍처를 구축할 것이다."[18] 오늘날 JADC2는 샤레가 제안한 아이디어의 진화된 형태라고 할 수 있다.

2019년 12월~2020년 7월에 미군은 다양한 JADC2의 요소를 시험했다. 첫 번째 모의훈련에서는 상업용 우주 센서를 포함해 모든 군의 통합 시스템을 사용하는 미 공군 항공전투관리체계ABMS를 시험했다. 두 번째 모의훈련에서는 흑해에서 미 합동군과 다른 8개 나토 회원국이 함께 합동 전시 훈련을 실시했다. 두 모의훈련의 목적은 모의 표적과의 교전에서 JADC2를 활용한 데이터 공유를 시험하는 것이었다.

군 부대 간의 공동 시스템을 개발하는 것은 매우 비용이 많이 드는 작업이다. 특히 공군, 육군, 해병대, 해군, 우주군 등 모든 군의 센서를 단일 네트워크로 연결하는 시스템의 경우 더욱 그렇다. 공군 버전의 JADC2인 미 공군 항공전투관리체계가 가장 대표적인 사례다. "국방부는 2021년 회계연도 예산에 미 공군 항공전투관리체계 항목으로 3억 2,230만 달러를 요청했지만, 성장 전망에 대한 근거가 미약하고 선도자금 조달을 이유로 1억 4,360만 달러가 감소된 1억 5,870만 달러만 배정했다. … 국방부는 또한 스펙트럼 공유 기술과 네트워크 보안 아키텍처 개발을 위해 5G 혼잡/경합 주파수 연구개발에 2억 700만 달러를 요청했다."[19] JADC2는 분명 미 국방부가 중점 추진 중인 우선 사업이며, 이는 켄타우로스 임무형 지휘체계 구축의 핵심 동인이 될 것이다. 2022년 10월 3일, 미 육군 1군단장 제이비어 브런슨[Xavier Brunson]* 중장은 우리에게 닥친 향후 과제에 대해 다음과 같이 말했다.

> 이제 완전히 다른 세상이 되었다. 지난 20년 동안 우리는 견고하고도 유연한 여단전투단 역량에 익숙해져 있었지만, 이번 과제는 그동안 우리가 해왔던 것과는 전혀 다르다. 대규모 전투 작전을 수행하려면 참호에서부터 기지 전체에 이르기까지 분산된 데이

---

* 제이비어 브런슨(Xavier Brunson): 대장으로 진급하여 2024년 12월 20일 한미연합군사령관이자 주한미군사령관에 취임해 한국에서 근무 중이다.

터를 완벽하게 통합해야 한다.[20]

미래 전쟁은 인간과 기계가 어떻게 협력하느냐에 달려 있다. 지금의 AI는 다영역 전투를 단독으로 지휘할 정도로까지 발전되어 있지 않으나, 이것을 인간의 인지 능력과 결합한다면 지능적이고도 강력한 최고의 시스템을 만들 수 있다. 이것이 바로 '켄타우로스 전투Centaur Warfighting'다. 반인반마半人半獸의 모습을 가진 신화 속 생명체의 이름을 따온 켄타우로스 전투는 인간과 AI의 장점을 하나의 전투 시스템으로 결합한 것이다. 이 결합에서 인간의 요소는 결정적이다. AI는 여전히 시스템적 취약성이 크지만, 여기에 인간이 개입하면 취약한 AI를 로봇 네트워크 시스템을 구성하고 조율하는 더 나은 무기체계로 만들 수 있다. 인간처럼 생각할 수 있는 AI를 만들 수는 없고, 만들려고 해서도 안 된다. 하지만 다음 단계에서 필요한 것은 인간과 기계를 통합하는 것이고 이것이 다음 전쟁의 승자와 패자를 가르는 핵심적인 변수가 될 것이다.

2023년 2월 24일, 샤이크 나임 파이살Shaikh Nayeem Faisal과 연구진은 전투원의 생각만으로 로봇을 지휘하는 두뇌-기계 인터페이스의 대규모 배치 가능성을 입증한 "마이크로패턴 에피택셜 그래핀 기반 뇌-기계 인터페이스 목적 비침범적 센서Noninvasive Sensors for Brain-Machine Interface Based on Micropatternd Epitaxial Graphene"라는 제목의 과학논문 초록을 《응용 나노 물질 Applied Nano Materials》에 발표했다. 이것이 가능해진다면 전투원은 음성 명령 없이 뇌파를 통해 외부 장비를 작동시킬 수 있다.[21] 이는 더 이상 공상과학소설 속에 나오는 이야기가 아니다. 추가적인 연구와 자금이 지원된다면 실제 활용 가능한 능력이 될 것이다. 다영역 유무인 결합의 다음

결심 우위란 아군 지휘관이 적보다 더 빠르고 효과적으로 탐지·이해·결정·행동·평가할 수 있는 능력을 의미한다. 위 사진은 2023년 1월 31일 남중국해에서 항공모함 공중조기경보전대 116선 킹스(Sun Kings) 소속의 E 2C 호크아이가 니미츠 함(USS Nimitz)을 지원하며 전자전 정보지원 임무를 수행하는 모습이다. 〈출처: WIKIMEDIA COMMONS | Navy Petty Officer 2nd Class Justin McTaggart | Public Domain〉

단계는 인간과 기계의 장점을 결합한 켄타우로스 접근이다. 서방국가의 군대는 지금 이러한 시도가 성공할지 실패할지를 결정하는 역사적 전환점에 서 있다. 최근 전쟁에서 교훈을 얻고 전통적인 전쟁 방식을 바꾸려고 하는 세력의 의도와 능력을 제대로 파악하지 못한다면 우리에게 아마 두 번째 기회는 없을 수도 있다.

상대보다 빠르게 결정하고 행동하는 것은 승리의 열쇠다. 이를 위한 치밀한 계획과 예행연습은 필수다. 위 사진은 2014년 6월 14일 캘리포니아 포트 어윈 국가훈련센터에서 미 육군 제2보병사단 2스트라이커전투여단 알파 중대 소속 병사들이 공중 강습 임무를 수행하기 위해 준비하는 모습이다. 최근 전쟁에서 적은 드론을 활용해 아군의 모든 움직임을 촬영한다. 공개된 장소에서 마스킹 조치 없이 예행연습을 해서는 안 되는 것은 이 때문이다. 〈출처: WIKIMEDIA COMMONS | Spc. Charles Probst | Public Domain〉

| CHAPTER 10 |

결심 우위

결심 우위란… 적보다 더 빠르고 효과적으로 탐지·이해·결정·행동·평가할 수 있는 아군 지휘관의 능력이다.[1]

— 존 '마이크' 머레이(John "Mike" Murray) 장군, 전 미 국방성 차관보 —

● '결심 우위'가 적보다 더 빠르게 우다 루프(관찰, 방향 설정, 결정, 행동)를 수행하는 능력이라면, 과거의 군 지휘관들은 어떻게 결심 우위를 달성했을까? 과거의 지휘관들은 머릿속으로 상황을 그려보는 상상력을 통해 결심 우위를 달성했다. 이 능력은 경험을 통해 개발되고, 전술 사례 연구와 군사사 연구, 병력 없이 수행하는 전술 훈련과 지형 답사를 통해 강화되었다. 하지만 오늘날처럼 복잡한 작전 환경에서 다영역작전과 다영역 기동을 효과적으로 수행하기 위해서는 과거보다 더 많은 것이 필요하다. 오늘날 군사 기술은 과거 제2차 세계대전 당시의 군인들이 상상조차 하지 못했던 방식으로 발전하고 있지만, 그 시대 전쟁에서 달성된 결심 우위가 주는 교훈은 지금도 대부분 유효하다. 1941년 말 일본의 말라야 침공은 오늘날에도 연구할 가치가 있는 사례다. 기술은 전쟁 방식의 변화에 영향을 미쳤지만, 그 본질을 바꾸지는 못했다. 전쟁 방식은 변할 수 있지만, 전쟁의 원칙은 거의 변하지 않는다. 전쟁의 원칙이란 지휘관이 군사작전을 계획하는 데 있어 지침이 되는 기준이다. 군사 역사가 베빈 알렉산더Bevin Alexander는 그의 저서 『위대한 장군은 어떻게 승리하는가How Great Generals Win』에서 다음과 같이 말했다. "기술은 결심 우위를 달성하기 위해 어떤 방법을 사용할지를 결정할 뿐이다. 무기의 발전으로 인해 오히려 장군들은 가장 강력하게 방어되고 있는 위험한 지점들을 피하고 적이 공격을 예상하지 못하는 지점에서 결전을 추구해야 할 필요성이 더욱 커졌다."[2]

  1941년 12월 8일, 일본군은 그들이 점령 중이던 프랑스령 인도차이나 거점으로부터 말라야 침공을 개시했다. 말라야 침공은 제2차 세계대전 기간 동안 일본군이 수행했던 가장 복잡하고도 성공적인 작전 중 하나였다. 야마시타 도모유키^{山下奉文} 장군이 지휘한 일본 제25군은 70일간의 치열한 전투에서 매우 빠른 속도로 작전을 수행하여 영국과 호주 수비군을 압도했다. 1941년 12월 8일부터 1942년 2월 15일까지 야마시타의 제25군 소속 3개 사단은 울창한 정글을 뚫고 진격하여 12만 병력이 방어하고 있던 '동양의 지브롤터^{Gibraltar of the East}'라고 불리던 영국군 거점인 싱가포르 요새를 성공적으로 점령했다.

만약 일본군이 싱가포르 요새에 직접 해상 및 상륙 작전을 감행하여 영국군의 주력 방어선을 공격했다면, 영국군은 아마도 방어에 성공했을 것이다. 하지만 이 작전은 '작전의 신^{God of Operations}'이라고 불린 탁월한 책략가 츠지 마사노부^{辻政信} 중령이 직접 계획한 것이었다. 츠지는 영국의 방어선을 우회하고 빠른 속도로 공격해야 한다는 것을 알고 있었다. 그는 빠른 전술적·작전적 승리의 가능성을 높이는 파격적인 해결책을 모색했다. 말라야 전투의 중요한 교훈은 적도 전쟁의 결과를 좌우할 기회를 가진다는 것이다. 정해진 규칙에 집착하지 않고 창의적이고 영리하게 사고하는 적이라면 언제든지 전쟁의 템포를 바꾸고 결심 우위를 확보할 수 있다.

영국군 수비대는 적을 완전히 과소평가했다. 전쟁이 시작되기 전 영국군은 과신으로 인해 정확한 판단을 할 수 없었다. 영국군은 그들의 요새가 매우 강하게 구축되었다고 믿었기 때문에 어떤 침략군도 싱가포르의 이 견고한 요새를 절대로 정복할 수 없을 것이라고 생각했다. 하지만 1941년 12월 10일, 일본군 항공기가 영국 해군의 순양함 리펄스^{HMS Repulse}와 전함 프린스 오브 웨일즈^{HMS Prince of Wales}를 침몰시켰을 때 영국군의 오만은 바로 절망과 공포로 바뀌었다. 이어서 일본군 지상 병력이 말라야 해안에 상륙하자, 바다의 재앙은 육지의 재앙으로 확대되었다. 일본군은 여러 방향에서 육·해·공 합동 공격을 집중 전개하며 신속히 진격했고, 그 결과 지친 영국군은 방어선에서 다음 방어선으로 계속 밀려났다. 영국군이 싱가포르 섬의 요새로 후퇴했을 때는 이미 심리적으로 너무 무너져서 효과적으로 방어할 수도, 적시에 결정을 내릴 수도 없었다. 전투의 중요한 고비마다 야마시타가 내린 빠른 결정과 행동은 일본군이 전투를 지배할 수 있었던 주요한 요인이었다.

1941~1942년 말라야 전역은 압도적인 화력이 아니라 우세한 기동과 결심 우위를 통해 적을 작전적 혼란과 마비 상태에 빠지게 만든 사례다. 이로 인해 영국군은 일본군의 빠른 작전 템포를 따라갈 수 없었다. 일본군의 성공은 빠른 기동 속도, 적에 대한 정보 우위, 육·해·공군의 합동 공격 덕분에 가능했다. 영국군의 방어선을 돌파하고 포위하는 신속한 기동, 공격 템포를 유지하기 위해 위험을 감수하는 전투원의 의지, 모든 수단을 동원해 영국군 전선의 틈새를 파고들어 전과를 확대하는 능력은 말라야 전역에서 일본군이 승리할 수 있었던 핵심 능력이었다. 이 전술로 일본군은 큰 시간적·심리적 이점을 얻었고, 작전 수행에 유리한 여건을 조성할 수 있었다. 영국군과 달리 일본군의 공격 속도는 너무도 빨랐기 때문에 영국군은 연이어 발생하는 위기에 대처할 수 없었다. 일본 육군이 보여준 대담하고 신속한 기동은 승리의 밑바탕이 되었고, 야마시타는 이 승리를 통해 '말라야의 호랑이Tiger of Malaya'라는 칭호를 얻을 수 있었다.

2020년 9월 27일, 나고르노-카라바흐 전쟁으로 시간을 돌려보자. 강력한 방어 진지를 구축한 아르메니아군은 아제르바이잔군이 '산악 요새'에서 자신들을 몰아낼 수 없을 것이라고 확신했다. 하지만 아제르바이잔군은 높은 수준의 훈련과 첨단기술, 리더십을 활용하여 전장에서 결정적인 우위를 점했다. 아울러, 아제르바이잔은 1차와 2차 나고르노-카라바흐 전쟁 사이에 다음 전쟁을 철저히 준비했다. 바쿠Baku 주변 유전을 통해 벌어들인 부를 활용해 군사력을 강화했고, 터키의 강력한 지원 아래 터키 및 이스라엘로부터 최신 군사 무기를 사들였다.

아제르바이잔은 이슬람 국가이지만 이스라엘과 매우 밀접한 관계를 맺고 있어서, 이스라엘은 아제르바이잔에 최신 무기를 기꺼이 판매했다. 아제르바이잔군은 터키와 이스라엘로부터 구매한 무기를 활용해 아르메니아군의 방어적 이점을 완전히 무너뜨렸다.

먼저, 아제르바이잔군은 전쟁 초기 단계부터 아르메니아군의 방공망, 전자전, 지휘통제 시스템을 무력화하는 선제공격을 감행하여 우위를 점했다. 아제르바이잔군의 자폭 드론, 무인전투기, 미사일은 전투공간을 장악했고, 44일간의 전쟁 기간 내내 확보한 우위를 유지했다. 참호에 갇힌 아르메니아군은 아제르바이잔군이 모든 작전을 주도하는 동안 몇 걸음 뒤처진 채 마치 제자리에 멈춰 있는 것처럼 보였다. 아르메니아군 장병들은 현실이든 상상이든 언제, 어디서 자폭 드론과 무인전투기로부터 공격당할지 모른다는 공포에 끊임없이 시달려야 했다. 양측 모두 상당한 수준의 기계화부대를 보유하고 있었지만, 대규모 전차전은 실제로 일어나지 않았다.

아제르바이잔군은 대전차유도미사일과 자폭 드론, 무인정찰기가 촬영한 스트리밍 영상을 활용해 아르메니아군의 의사결정에 영향을 미쳤다. 아제르바이잔은 매일 밤 아르메니아의 소셜미디어에 전사한 아르

1942년 말레이시아를 침공하는 일본군의 전차와 트럭. 1941~1942년 말라야 전역은 결심 우위의 중요성을 보여준 대표적인 전쟁 사례다. 일본군의 승리는 압도적 병력과 화력, 그리고 기술이 아닌 빠른 의사결정과 행동 덕분이었다. 영연방 국가를 상대로 일본이 결정적 승리를 거두는 데에는 불과 70일(1941년 12월 8일~1942년 2월 15일)밖에 걸리지 않았다. 〈출처: WIKIMEDIA COMMONS | Japanese Press | Public Domain〉

메니아 군인, 지휘소와 전차, 대포와 차량 등이 파괴되는 영상을 쏟아냈다. 이 영상들에 음악을 삽입해서 아제르바이잔군이 무적의 존재인 것처럼 보이게 했다. 이 영상들을 본 아르메니아인들은 절망감과 패배감에 사로잡혀 사기가 저하되었다. 2020년 11월 첫째 주, 슈샤Shusha 마을에서 대규모 전투가 일어났을 때 아제르바이잔군이 승리할 수 있는 모든 조건이 이미 마련되어 있었다. 그 결과 아제르바이잔군은 아르메니아군을 상대로 결정적 승리를 거두었다. 전쟁에서 결정적 승리는 드물다. 우리는 이 전쟁을 통해 교훈을 얻어야 한다.

이스라엘은 러시아-우크라이나 전쟁에서 양측 모두가 그런 것처럼 2021년 하마스와의 전쟁에서 이와 유사한 정보전 전략을 사용했지만, 그 효과는 미미했다. 정보전은 새로운 것이 아니라 선전과 허위 정보를 이용하여 유리한 위치를 점하는 것일 뿐이라고 말할 수 있지만, 이제는 그 수단이 다양해졌다. 특히 전투공간을 그대로 찍어서 송출하는 스트리밍 영상은 전쟁에 엄청난 영향을 미칠 수 있다. 아제르바이잔은 전쟁이 시작되기 전부터 이미 정보전을 계획·준비·실행했고, 전쟁이 진행되면서 더 많은 콘텐츠를 생산해 전투 중에도 정보전을 수행했다. 그 결과, 아제르바이잔은 정보전의 서사를 장악하게 되었고, 전쟁을 시작하면서 "적의 지도부가 병력을 운용할 수 있는 선택지를 제거하고 단순히 적의 자산을 파괴하는 것이 아니라 적의 의사결정 과정을 효과적으로 지배했다."[3] 아제르바이잔군의 전쟁 수행은 미군이 생각하는 전형적인 '결심 우위'를 보여준 것이었다. 전쟁의 템포가 빨라짐에 따라 지휘관들은 과거보다 훨씬 더 빠르게 상황을 파악해야 하고, 그러한 상태를 계속해서 유지해야 한다. 육군 참모총장 제임스 맥콘빌James McConville 장군은 2021년 《브레이킹 디펜스Breaking Defense》와의 인터뷰에서 다음과 같이 말했다. "작전의 속도, 범위, 융합은 아군에게 결심 우위를 제공한다. 결심 우위는 압도적 우세를 제공한다."[4]

하지만, 정보전은 결심 우위를 확보하기 위한 하나의 요소일 뿐이다.

이스라엘-하마스 전쟁 초기 이스라엘은 정보작전을 통해 자신들이 이스라엘 시민을 겨냥한 하마스의 대규모 로켓 공격의 희생자임을 부각했다. 이는 이스라엘이 침략국이라는 하마스의 주장을 약화시키는 데 도움이 되었다. 동시에 이스라엘은 정보전을 통해 하마스에 메시지를 보내 경계심이 없는 테러리스트 지도자들과 세력을 '메트로' 터널 시스템 내부의 사전 계획된 살상 구역으로 유인했다. 하마스는 이스라엘의 정보전 신호에 반응해 움직였고, 이스라엘군 지휘관과 AI 체계는 탐지 센서와 정밀타격무기를 정교하게 조율하고 통합하여 공격했다. AI의 도움으로 이스라엘의 의사결정권자들은 전쟁 기간 내내 전투공간 전체에서 항상 하마스보다 몇 발짝 앞서 나갈 수 있었다. 이스라엘은 하마스에 대한 압도적인 결심 우위를 보여주었고, 하마스는 실시간으로 모든 전투를 통합하고 동기화하는 이스라엘 AI의 장단에 맞춰 춤을 추는 것처럼 보일 정도였다.

  러시아가 우크라이나를 침공한 첫 몇 주 동안, 러시아는 선제공격으로 조성한 전투충격과 공포를 활용해 결심 우위를 확보하려 했다. 러시아는 이 전투충격을 통해 우크라이나를 압도하고, 그들이 결연히 저항하기 전에 혼란에 빠뜨려 장악할 수 있을 것으로 예상했다. 러시아의 계획은 파괴적인 선제공격을 가한 뒤 충격에 빠진 우크라이나 국민이 대응하기 전에 신속하게 진격하여 권력의 핵심 수단을 장악하는 것이었다. 하지만 러시아의 선제공격은 목표했던 수준의 혼란을 발생시키지 못했고, 전쟁에서 결정적인 우위를 확보하지 못했다. 이는 단순히 기술의 문제뿐만이 아니라 러시아의 작전·조직·정보 운용 방식과도 관련이 있다.

  특히 주목할 만한 것은 우크라이나의 인터넷 인프라가 파괴되었다는 것이다. 러시아는 다른 국가를 장악하기 위해서는 신문과 라디오 방송국을 먼저 통제하는 것이 필수적이라고 믿어왔다. 1917년 혁명 당시 볼셰비키가 가장 먼저 한 일도 방송과 신문을 장악하는 것이었다. 하지만 오늘날의 정보 영역은 인터넷, 텔레그램Telegram, 레딧Reddit, 트위터Twitter, 틱톡Tik-Tok과 같은 문자·SNS 서비스, 그리고 인스턴트 메시징instant messagin으로까지 확장되었다. 따라서 우크라이나를 장악하기 위해서는 인터넷 통제가 중요했다. 러시아군은 침공과 동시에 우크라이나의 인터넷 기반시설을 공격해 심각한 피해를 입혔지만, 우크라이나 인터넷 업체들의 영웅적 저항과 일론 머스크의 스타링크 시스템 지원으로 인해 우크라이나의 인터넷은 결국 무력화되지 않았다. 우크라이나는 다시 일어섰고, 우크라이나 국민들은 휴대전화를 통해 러시아의 침공에 성공적으로 저항했다는 소식을 전했다.

지금까지 보여준 사례들은 전쟁 방식이 어떻게 변화하고 있는지, 그리고 우리가 이러한 변화를 유리하게 활용하기 위해 왜 적응해야 하는지를 보여준다. 결심 우위를 위해서는 다섯 가지 목표를 달성해야 한다. 첫째, 모든 영역을 실시간으로 가시화하여 행동을 위한 의사결정의 속도를 가속화하고(더 빨라진 우다 루프 시행), 둘째, 적의 의사결정과 통신 네트워크를 교란하며, 셋째, 적의 작전계획을 무력화하고, 넷째, 전투공간을 형성하며, 다섯째, 주도권을 장악하고 유지하는 것이다.

세상은 전례 없는 수준으로 디지털로 연결되어 있으며, 기술은 종종 원래 설계를 뛰어넘는다. 디지털 통신 네트워크가 전쟁의 새로운 '고지'가 되면서 적들은 새로운 기술을 이용하여 아군의 네트워크를 교란시킬 것이다. 통신 네트워크가 교란되지 않고 안전하게 작동할 수 있다면,

지휘관은 이를 활용하여 전투공간에서의 상대적 우위를 점할 수 있다. 합동전영역지휘통제체계[ADC2]와 같은 새로운 시스템은 1990년대에 사용되던 점대점 통신[point-to-point communication]*이 아니라 무선 메시 네트워크[wireless mesh network]**를 구현할 수 있는 방향으로 발전하고 있다. 무선 메시 네트워크는 각 장치 또는 노드가 서로 연결되어 거미줄 같은 구조를 형성하는 네트워크 토폴로지[network topology]***의 한 유형이다. 이러한 종류의 네트워크에서 데이터는 여러 노드를 거쳐 최종 목적지에 전달된다. 무선 메시 네트워크는 노드들이 일반적으로 무선으로 연결되어 있어, 외진 지역이나 농촌 지역에서도 데이터 전송, 통신, 그리고 인터넷 접속 등 다양한 용도로 활용할 수 있을 정도로 복원력과 확장성이 뛰어나다. 메시 네트워크는 각 노드가 다른 노드, 인터넷 또는 위성 통신과 같은 외부 네트워크와 직접 통신할 수 있기 때문에 효율적이고 신뢰성이 높은 네트워킹 솔루션이며, 지형으로 인해 발생하는 신호 차단 등 통신 장애 문제도 해결할 수 있다.

미 해병대의 프로그램인 '네트워킹 온 더 무브[NOTM, Networking on the Move]' (이하 NOTM으로 표기)는 아프가니스탄에서 전투공간 내 이동형 메시 네트워크를 제공하기 위해 사용되었다. NOTM은 전투공간에서 작전하는 해병대원들에게 고대역폭 통신과 인터넷 접속을 제공했다. 이 시스

---

* 점대점 통신(point-to-point communication): 두 지점 사이를 직접 연결하여 데이터를 주고받는 통신 방식을 말한다. 중간 노드 없이 양방향 통신이 이루어진다.

** 무선 메시 네트워크(wireless mesh network): 여러 노드(장치)가 서로 무선으로 연결되어 데이터를 전달하고 공유하는 분산형 네트워크 구조를 말한다.

*** 네트워크 토폴로지(network topology): 컴퓨터 네트워크나 통신망에서 노드(node)와 연결(link)이 구성되는 구조적 배치를 의미한다.

템은 차량에 탑재된 와이파이 지원 무전기 여러 대로 구성되었는데, 이것들을 서로 연결해 자체 구성 메시 네트워크를 형성할 수 있었다.[5]

결심 우위를 달성하려면 전투공간의 통합 데이터를 시각화하여 모든 관련 지휘 계층이 공통된 상황 이해를 공유해야 한다. 이러한 데이터는 주primary · 예비alternate · 비상contingency · 긴급emergency 통신망(PACE 체계)을 활용한 메시 네트워크를 통해 전달된다. AI는 메시 네트워크 내에서 데이터를 전송하고 수신하는 가장 효과적인 경로를 스스로 선택하도록 프로그래밍할 수 있다. 결심 우위의 핵심은 적보다 중요한 정보를 더 빠르고 명확하게 인지하고 이해한 다음, 적이 무슨 일이 일어나고 있는지 알아차리기도 전에 행동에 옮길 수 있는 능력이다.

향후 몇 년 안에 AI는 지휘관이 전영역에서 전투공간을 가시화하고 결심 우위를 확보할 수 있도록 다양한 문제를 해결할 수 있는 잠재력을 가지고 있다. 결심 우위는 지휘관이 작전의 주도권을 장악하고 유지하는 능력으로서, 다음과 같은 요소를 달성함으로써 확보할 수 있다.

> … (결심 우위란) 아군이 결심을 하고, 위협적인 적 정보전 능력을 무력화하고, 아군의 사기와 의지를 강화하고, 적의 의사결정에 적보다 더 효과적으로 영향을 미치는 바람직한 상태다. 결심 우위를 위해서는 다양한 분야에서 적에 대한 상대적 정보 우위를 확보해야 하고 이를 활용해 목표를 달성할 수 있어야 한다. … 목표는 적보다 더 빠르고 효과적으로 상황을 이해하고, 결정하고, 행동하는 것이다. 중요한 것은 절대적 속도가 아니라 적에 대한 상대적 속도다.[6]

결심 우위는 기술과 융합을 통해 더욱 향상된 의사결정을 더 빠르게 내릴 수 있게 하는 능력으로, 이는 다른 국가의 군대와 미군을 차별화하는 요소다. 전쟁 방식이 변하면서 결심 우위의 중요성은 더욱 커졌다. 오늘날 숙련된 전투원은 전투공간에 영향을 미치는 다섯 가지 영역(육상, 해상, 공중, 우주, 사이버)을 고려하여 새로운 방식으로 결심 우위를 달성해야 한다. 또한, 이 5개 영역 외에도 정보전과 인포스피어infoshpere* 조작도 함께 고려해야 한다. 이를 달성하려면 부대 전반에 걸친 공통된 상황 이해가 필요한데, 이는 지휘관이 전투공간을 파악하고, 행동 수단을 신속히 검토하며, 적보다 빠르게 결정을 내리고 명령을 하달할 수 있도록 지원하는 기술이 있어야 가능하다. 최근 전쟁들이 극명하게 보여주듯이, 오늘날의 전투공간에서 도전 과제는 일부 시스템이 기계의 속도로 작동한다는 것이다. 갈릴레오Galileo는 "자연의 책은 수학으로 쓰여 있다"라고 말했다. 그렇다면 현대전의 책은 알고리즘으로 쓰여 있다고 할 수 있으며, 이러한 알고리즘은 전투원들이 전투공간을 파악하고 실시간으로 분산 임무형 지휘를 수행하도록 돕는 데 활용할 수 있다.

결심 우위의 핵심은 숙련된 지휘관과 전투원

이 책에서 반복해서 언급했듯이 전쟁은 결국 사고, 결심, 행동, 조율, 지휘 등 속도에 관한 문제이며, 속도가 전쟁의 승패를 결정한다. 속도는

---

* 인포스피어(infoshpere): 전투원이 시간과 장소에 구애받지 않고 접근할 수 있는 정보, 데이터, 통신망, 센서, 정보융합센터, 디지털 네트워크 등 정보 환경 전체를 통칭하는 개념이다.

전쟁에서 가장 강력한 무기다. 기계와 같은 빠른 속도로 결심 우위를 확보하기 위해서 미군은 과거와는 다르게 생각해야 한다. 전쟁에는 전쟁의 패턴과 이에 대한 대응 패턴을 빠르게 파악하고 최첨단 기술을 활용하여 임무와 연계된 전투공간의 전영역을 가시화할 수 있는 풍부한 작전 경험을 가진 숙련된 지휘관이 필요하다. 군 지휘관은 기술을 활용해 지상, 해상, 공중, 사이버, 우주 영역의 상황을 파악하고 필요한 방향으로 영향력을 행사해야 한다. 지휘관은 의사결정의 속도를 강력한 무기로 활용할 수 있는 탁월한 능력을 갖추고, 훈련을 통해 이를 더욱 강화해야 한다. 군 지휘관을 우수한 지휘관으로 키워내는 것은 결심 우위 확보를 위한 핵심적인 과업이다. 이를 우연에 맡기거나 일상 작전에서 기대해서는 안 된다.

과거의 위대한 지휘관들은 반복적인 전투 경험을 통해 전쟁에 필요한 기술을 습득했다. 오늘날 우리의 도전 과제는, 실제 전투를 여러 차례 경험하지 않고도 개전 첫날부터 준비된 상태로 부대를 지휘할 수 있는 검증된 지휘관이 필요하다는 것이다. 프로 스포츠 선수들이 경기를 위해 훈련하고 준비하듯이, 반복적인 시뮬레이션과 워게임을 통해 전술적·작전적·전략적 경험이 풍부한 지휘관을 양성해야 한다. 1년에 한 번 시행하는 군단, 사단, 여단, 대대급의 워게임만으로는 다음 전쟁에서 승리하는 지휘관을 양성할 수 없다. 군 전체 지휘관의 전투 능력을 시험하고 검증하기 위해서는 다양한 수준의 정기적인 훈련이 필요하다. 지휘관 선발의 중요한 기준은 측정 가능한 전투 수행 능력이어야 한다.

실전이 아닌 모든 훈련은 시뮬레이션이다. 과거 로마군단의 군인도 실전에 투입되기 전에 목검을 활용한 고된 시뮬레이션 과정을 거쳤다.

지난 세기에 개발된 개념인 서면을 통한 전투-결심 게임과 전술-결심 게임은 오늘날에도 여전히 지휘관의 전술 및 의사결정 능력을 훈련하고 시험하는 데 사용되고 있다. 이보다 실전성을 높인 컴퓨터 시뮬레이션은 오늘날에도 군사훈련 분야에서 널리 활용되고 있다. 이 모든 훈련은 단 하나의 목적을 위한 것이다. 개인, 지휘관, 부대가 전투라는 궁극적인 시험을 치르기에 앞서 충분히 준비하고 학습하는 것이다. 실전과 유사한 훈련이 가장 좋은 스승이지만, 이는 가장 많은 비용이 든다. 실전과 유사한 훈련을 원하는 만큼 할 수 있다면 좋겠지만 가용 자원은 항상 부족하다. 따라서 이상적인 훈련 프로그램은 실전과 유사한 훈련을 실시하기 전에 게임 시뮬레이션, 구성 및 가상 시뮬레이션을 최대한 활용하는 것이다. 손자는 "적을 알고 나를 알면 백 번을 싸워도 위태롭지 않겠지만, 적도 나도 모른다면 싸울 때마다 위태로울 것이다"[7]라고 말했다. 손자의 말에서 주목해야 할 핵심 문구는 "백 번 싸워도"라는 부분이다. 그가 언급한 백 번이라는 숫자는 나와 적을 제대로 파악하기 위해서 부대원과 지휘관이 경험해야 하는 훈련의 횟수가 어느 정도인지를 암시한다. 실제 전투에 들어가기 전에 피 흘리지 않는 백 번의 전투를 경험하면서 복잡한 전쟁에서 승리하는 방법을 배울 수 있다면 얼마나 좋겠는가?

   훈련의 패러다임은 일반적으로 실전 훈련(실제 기동, 고비용), 가상 훈련(모의 비살상무기 또는 시뮬레이션 사용, 고비용), 구성 훈련(주로 전투 절차와 기술 습득을 위한 훈련, 중간 비용), 그리고 가장 최근에 등장한 게임 시뮬레이션(지휘관의 의사결정 훈련, 저비용)의 네 가지 범주로 분류된다. 최근에는 가상현실VR, Virtual Reality, 증강현실AR, Augmented Reality 같은 최첨단 기술도 시뮬레이션 훈련에 활용되고 있다. VR과 AR은 훈련에 대한 현실감, 몰입감, 상호작용성과 기억력을 향상시킨다. VR은 컴퓨터 하드웨어와 소프트웨어로 생성된 인공 환경으로, 컴퓨터 화면과 같은 디스플레이에서 감각적 경험과 합성 현실 및 객체object를 볼 수 있는 기능을 제공한다. 사용자는 VR을 통해 가상 경험을 할 수 있다. AR은 항공기 헤드업 디스플레이HUD처럼 장치를 통해 현실 세계에 VR 객체를 겹쳐 보여줌으로써 시야를 확장할 수 있게 해준다. AR은 사용자가 현실 세계를 보면서 추가된 정보를 함께 확인할 수 있게 해준다. AR은 물리적 객체 및 위치에 연결된 정보 오버레이와 디지털 콘텐츠를 표시함으로써 현실 세계를 기반으로 확장된 경험을 제공한다. 이제 혁신을 실제 역량으로 전환할 가능성이 있는 시뮬레이션 분야의 네 가지 혁신을 살펴보겠다.

라이브 신스

오늘날 이용 가능한 군사 시뮬레이션은 다양하지만, 기존의 여러 시뮬레이션을 하나의 통합 훈련 환경에서 원활하게 연결하여 동시에 활용할 수 있는 방법을 마련하는 것은 쉽지 않았다. 그러나 라이브 시뮬레이션Live Simulation*, 가상 시뮬레이션Virtual Simulation**, 구성 시뮬레이션Constructive Simulation***, 게임 시뮬레이션Gaming Simulation****을 하나의 통합 훈련 환경으로 결합하는 기술 개발 덕분에 이러한 문제가 곧 해결될 것으로 보인다. 미 육군은 이러한 통합 문제를 해결하기 위해 라이브 신스Live Synth(미래 통합 훈련 환경-라이브 신세틱Future Holistic Training Environment-Live Synthetic의 줄임말)를 개발하고 있다. 라이브 신스는 다양한 라이브·가상·구성·게임 시뮬레이션을 하나의 통합 분산 훈련 시스템으로 결합하도록 설계된 클라우드 기반의 차세대 플랫폼이다. 캔자스주 포트 리븐워스Fort Leavenworth 제병협동작전센터Combined Arms Center에 있는 미 육군 국립시뮬레이션센터US Army's National Simulation Center와 교육사령부US Army Training and Doctrine Command 소속 게임 시뮬레이션을 활용한 군사훈련 역량 관리자Capability Manager for Gaming는 2023~2031년에 라이브 신스를 현실화하는 것을 목표로 하고 있다.

라이브 신스가 온라인으로 제공되면, 전 세계 군사기지에 배치된 미군 병력, 항공기, 부대는 하나의 전투 네트워크에 접속하여 다양한 군사작전과 활동 수행을 목표로 한 실전 수준의 몰입도 높은 훈련을 서로 상호작용하면서 실시할 수 있게 된다. 라이브 신스는 멀리 떨어져 있는 미군 병력과 부대를 하나의 훈련장에 집결시키지 않고도 분산된 네트워크를 통해 통합시킬 수 있는 통합 기능을 가지고 있다. 라이브 신스는

---

* 라이브 시뮬레이션(Live Simulation): 실제 사람(운용자)이 실제 장비·시스템(예: 전차, 함정, 항공기 등)을 사용해 하는 훈련이다. 이 훈련에서는 적이 실존하지 않거나 실제 적과의 교전은 없지만, 장비·인간·환경은 실제 상황과 동일하게 운용된다.

** 가상 시뮬레이션(Virtual Simulation): 실제 사람이 참여하지만, 장비와 환경은 컴퓨터 기반 시뮬레이터 또는 VR(가상현실) 시스템으로 대체되어 훈련이 진행되는 방식을 말한다. 이 방식은 운용자의 장비 조작 능력, 의사결정 능력, 전술적 판단 능력 향상에 초점을 두며, 실제 장비나 전장 환경을 사용하지 않고도 반복적이고 안전한 훈련이 가능하다.

*** 구성 시뮬레이션(Constructive Simulation): 실제 인원이나 장비를 사용하지 않고, 컴퓨터 모델이 인간과 장비의 행동을 대리하여 수행하는 전투·작전 모의 체계다. 사용자가 부대 단위의 명령과 시나리오를 입력하면, 컴퓨터 시스템이 알고리즘과 확률 모델을 기반으로 전투 결과를 자동으로 산출한다. 이를 통해 대규모 전투 상황을 빠르게 재현하고 다양한 가정을 실험할 수 있다.

**** 게임 시뮬레이션(Gaming Simulation): 실제 장비나 인원이 직접 참여하지 않고, 참가자들이 지도, 종이, 컴퓨터, 또는 전자 보드 게임 형태의 모형을 활용하여 전투 상황을 시뮬레이션하는 방법이다. 전투 결과는 사전에 정의된 규칙과 확률 모델에 따라 산출된다. 게임 시뮬레이션은 전략적 사고 훈련, 전술 계획 수립, 의사결정 분석 등 다양한 목적으로 활용된다.

개별 지휘관의 성장을 돕는 동시에 효과적인 팀을 만들기 위한 훈련 도구로도 활용될 수 있으며, 통합되지 않은 개별 시뮬레이션보다 훨씬 저렴하고 더 높은 효과를 낼 수 있을 것으로 기대된다. 전투팀은 여러 차례의 반복 훈련을 통해 무기 및 지형의 효과적인 사용법을 배우고 제병협동작전 수행 능력을 강화하여 전반적인 작전 능력을 높일 것이다. 지휘관과 참모는 임무를 계획·준비·실행하는 것에 대한 자신감도 배양할 수 있다. 라이브 신스는 모든 시뮬레이션을 하나로 연결하여 광범위한 전방위 제병합동작전 및 실전적인 합동 전투공간 시나리오를 구현할 수 있게 해준다.

구성 전술 시뮬레이션 — 가상 전투공간

'버추얼 배틀스페이스 3'$^{\text{VBS3, Virtual Battle Space 3}}$'(이하 VBS3로 표기)는 데스크탑 컴퓨터 기반의 전술훈련 및 임무예행연습용 3차원 1인칭 군사훈련 시뮬레이션 프로그램이다. VBS3는 보헤미아 인터랙티브 시뮬레이션스$^{\text{Bohemia Interactive Simulations}}$가 개발했고, 호주, 캐나다, 핀란드, 나토, 영국, 미국 등의 군대가 거의 10년 동안 성공적으로 활용한 VBS2를 업데이트한 버전이다. VBS3는 기상 요소, 물리적으로 파괴할 수 있는 엄폐물, 사실적인 무기 및 차량 시뮬레이션 등을 갖춘 합성된 초현실 세계를 구현하여 훈련 참여자의 몰입도를 증가시킨다. VBS3의 최신 버전은 더 많은 인원이 더 크고 복잡한 전투 시나리오에 참여해 훈련할 수 있도록 최적화되어 있다. 다른 시뮬레이션과는 달리, VBS3는 제압사격$^{\text{suppressive fire}}$과 위력수색$^{\text{reconnaissance-by-fire}}$ 등 실제 전투의 다양하고 미묘한 차이를

군 부대의 전투력은 지휘관이 기대한다고 올라가는 것이 아니라 부대와 전투원 개인이 얼마나 훈련했는지에 의해 결정된다. 시뮬레이션은 부대와 전투원 개인의 전투 기술 숙련도를 향상시키는 방법 중 하나다. 버추얼 배틀스페이스 3(Virtual Battlespace 3)는 주로 중대급 이하 부대가 150개 이상의 전투 훈련, 소대급 과제, 연합기동 및 기타 과제를 연습할 수 있는 완전 몰입형 VR은 아니지만 실전과 유사한 환경을 제공하는 구성 시뮬레이션이다. 〈출처: Bohemia Interactive Simulations〉

구현할 수 있어 컴퓨터를 사용한 훈련 모델과는 비교할 수 없는 사실감을 전달한다. 이 시뮬레이션은 소부대 전술, 기술, 절차, 교리를 교육하는 데 활용할 수 있으며, 전술적 의사결정과 리더십 훈련에도 적용할 수 있다. VBS3를 활용하면 개별 전투원과 지휘관은 '기어가기^{crawl}', '걷기^{walk}', '뛰기^{run}' 단계의 훈련 전략을 수행하고 저비용으로 훈련의 빈도를 높일 수 있다. 미 육군에 따르면, VBS3의 최신 버전은 결정적 행동 작전$^{decisive\ action-operations}$과 모험적 사고방식으로 전환하려는 미 육군의 요구사항을

가상 전투공간 소프트웨어(VBS, Virtual Battlespace Software)는 보헤미아 인터랙티브 시뮬레이션스(Bohemia Interactive Simulations)가 개발한 전술 군사 시뮬레이션으로, 미 육군과 해병대에서는 '기어가기(crawl)' 및 '걷기(walk)' 단계의 구성 시뮬레이션을 수행하는 데 사용된다. VBS는 전투훈련센터 시뮬레이션과 실제 훈련에서 축적된 데이터를 활용해 지휘관의 전투 상황 결심을 돕는 의사결정 보조도구로 활용될 수도 있다. 〈출처: Bohemia Interactive Simulations〉

반영하여 기능이 향상되었다. 미 육군은 또한 VBS3 게임 엔진을 하차 병력 훈련과 근접전투 전술훈련기를 위한 공통 엔진으로 채택하고 있다. VBS3는 다음 목록을 포함하여 102개 이상의 제병협동 과제에 대한 실전적 훈련을 지원할 수 있다.

- 간접화력 지원 통합
- 공격 수행
- 방어 수행
- 관측소 설치
- 건물 진입 및 소탕
- 장애물 개척
- 통로 정찰

- 호송 및 경계
- 도로 차단 및 검문소 운용
- 포병 습격
- 전술적 공중이동

최신 소프트웨어 업데이트 버전인 VBS4는 이전 버전인 VBS3를 개선하여 전술 훈련, 전투 실험, 임무 평가에 요구되는 모든 지형을 묘사할 수 있어 완벽에 가까운 가상 컴퓨터 훈련 환경을 제공한다. VBS4에서는 인간 대 인간, 인간 대 AI 간 전투 시나리오를 선택하여 훈련할 수 있다.[8]

아르마 3

'아르마 3$^{Arma\ 3}$'는 스팀^{Steam}* 전용 디지털 다운로드 방식 상업용 군사 1인칭 액션 게임이자, 매우 사실적인 군사 시뮬레이션이다. 아르마 3는 보헤미아 인터랙티브가 개발한 VBS3의 상업용 스핀오프$^{spin-off}$** 버전이다. 넓은 전장, 군수 고려 사항, 원히트킬$^{one-hit\ kill}$*** 등은 이 상업용 군사 시뮬레이션$^{COTS,\ Commercial\ Off\ the\ Shelf}$을 다른 일반적인 1인칭 액션 엔터테인먼트 게임과 차별화하는 요소다. 아르마 3는 2030년대 중반 유럽

---

* 스팀(Steam): 밸브(Valve) 사가 운영하는 디지털 게임 유통 플랫폼이다.
** VBS3의 상업용 스핀오프(spin-off): VBS3의 기술과 게임 엔진을 기반으로 일반 상업용 게임용으로 재구성한 프로그램을 말한다.
*** 원히트킬(one-hit kill): 주로 게임 등에서 단 한 번의 타격만으로 상대방을 죽이는 것을 말한다.

에서 벌어지는 나토군과 이란이 주도하는 '동방 군대'과의 교전을 배경으로 하고 있다. 또한 훈련관은 개방형 시나리오 기반의 게임플레이와 온라인에서 진행되는 대규모 경쟁 및 협동 전투에서 병력을 팀 단위로 배치하여 인간 적을 상대로 한 병력 대 병력$^{force\text{-}on\text{-}force}$ 작전을 수행할 수 있다. 아르마 3는 미화 39달러 정도면 구매할 수 있어, 고가의 VBS3 시스템을 구매하기 어려운 군대에서는 비용절감용 대체 훈련 수단으로 활용할 수 있다. 아르마3의 훈련 효과를 높이기 위해, 훈련관은 인간 관찰통제관을 역할 수행자로 참여시켜 시뮬레이션을 보강하고 훈련 목표를 강화할 수 있다. 여기에 VR 기술을 더하면 아르마 3의 훈련 효과를 더욱 높일 수 있다.

리프트와 퀘스트

오큘러스^{Oculus}(구^{舊} 오큘러스 VR$^{Oculus\ VR}$)는 캘리포니아주 멘로파크$^{Menlo\ Park}$에 위치한 첨단기술 회사로, 2011년 크라우드 펀딩을 통해 킥스타터^{Kickstarter} 스타트업으로 시작했으며, 지금은 메타 그룹$^{Meta\ Group}$(구 페이스북^{Facebook})에 속해 있다. 2016년 처음 출시된 오큘러스의 리프트^{Rift}는 오큘러스에서 개발하고 생산한 VR 헤드셋으로, 360도 VR 기능을 장착하여 게이머 등 시스템 사용자가 몰입감을 느낄 수 있게 설계되었다. 현재는 '메타 퀘스트 2$^{Meta\ Quest\ 2}$'라는 명칭의 신버전이 출시되어 이미 군사 시뮬레이션 분야에 활용되고 있다. 오큘러스는 이 제품을 "진정한 의미의 최초 PC 기반 프로페셔널 VR 헤드셋"이라고 설명한다. 이 헤드셋은 다양한 안드로이드^{Android} 모바일 기기와도 호환할 수 있는 VR 시스템이다. 이를 모바일 기기의 연산 능력과 결합하면 강력한 시너지를 발휘할 수 있다. 요즘 세대는 모바일 기기를 활용한 학습에 매우 익숙하다. 따라서 분산형 기기 및 모바일 기기의 능력을 활용해 훈련 콘텐츠에 접속해 그것을 이용하면, 향후 모든 군사 장비 도입과 훈련 전략 수립에도 큰 도움이 된다. 고화질 헤드셋을 활용하면 노트북, 태블릿, 휴대전화 등을 차세대 휴대용 VR 시스템으로 바꿀 수 있다. 리프트는 사용자를 VR 세계로 안내하여 광시야각을 통해 몰입감을 제공한다. 이 장치는 렌즈와 센서로 사용자의 머리 움직임을 추적해 사용자가 다양한 각도에서 가상 환경을 볼 수 있게 해줌으로써 현실감과 몰입도를 증가시킨다. 광시야각과 스테레오 이어폰의 결합으로 만들어지는 합성 VR 세계는 사용자에게 마치 실제 세계에 있는 듯한 느낌을 준다. 퀘스트Quest는 VR 전용 첨단 광학 기술을 적용한 고주사율·저잔상 디스플레이를 탑재하고 있으며, 유니티Unity와 언리얼Unreal 게임 엔진의 지원을 받는다.

구형 리프트는 다양한 군사 기관과 심지어 미국 비밀경호국에서도 사용되고 있다. 미국, 영국, 네덜란드 및 기타 국가의 군대도 시뮬레이션에 리프트를 사용하고 있다. 노르웨이 육군은 장갑차용 장갑투시 시스템see-through armor set up*으로 리프트를 사용하기도 했다.[9] 미 해군은 의사소통과 협업 능력 강화를 목표로 설계된 프로그램의 일환으로 실시되는 미래전 대비 훈련에서 리프트를 활용하고 있다. 블루샤크Blueshark라고 불리는 이 프로젝트는 미 해군연구청Office of Naval Research 산하 스웜프워크

---

* 장갑투시 시스템(see-through armor set up): 장갑차 내부의 승무원이 외부 상황을 시각적으로 인식할 수 있도록 설계된 영상 투시 시스템이다. 차량 외부에 장착된 카메라·센서의 영상을 특수제작된 VR/AR 고글, 헬멧 마운티드 디스플레이(HMD), 또는 모니터를 통해 실시간으로 보여준다.

스Swampworks 부서와 남캘리포니아 대학교University of Southern California의 창의기술연구소Institute for Creative Technologies가 공동으로 추진하고 있다. 한편, 노르웨이 육군은 리프트를 적용한 전차 조종 훈련 시나리오를 시험하고 있다. 2015년 1월, 영국 육군은 신병 입대를 장려하기 위한 민간인 장갑차 운전 체험 시뮬레이션 프로그램에 리프트의 프로토타입prototype(시제품)을 사용했다. 또한, 미 공군은 무인기 조종사가 더 쉽고 정확하게 조종할 수 있도록 리프트를 적용하는 방안을 고려하고 있다.

일반적인 3D HD VR 헤드셋의 가격은 약 500달러다. 퀘스트와 다른 헤드마운트 디스플레이HMD, Head Mounted Display가 개선되어 크기가 작아지고 가격도 저렴해짐에 따라, VR 기술은 군사훈련 시뮬레이션 분야에 혁명을 불러일으킬 것이다. 퀘스트와 같은 상용 VR 시스템과 VBS4와 같은 정부 주도 시뮬레이션 솔루션을 결합하면, 분산형 훈련 환경을 구축할 수 있으며, 이를 통해 더 효과적으로 지휘하고, 보다 효율적으로 싸우며, 상황에 맞게 대응하고, 예기치 않은 상황에서 즉흥적으로 대처하며, 어려움을 극복할 줄 아는 지휘관을 양성할 수 있을 것이다.

전투원과 지휘관들을 '전개 즉시 전투 준비 완료off the ramp and ready' 상태로 만들고 어떠한 전투 상황에서도 압도적 우위를 창출할 수 있도록 훈련시키려면, '습성화 훈련training to habit'이 필요하다. 습성화 훈련은 우리가 이미 알고 있는 지식을 실전 능력으로 전환할 수 있게 해주는데, 그러기 위해서는 현실감 있는 환경에서 훈련 참여자와 상호작용하면서 훈련을 여러 번 반복해 전투 경험을 몸으로 체득해야 한다. 최첨단 군사 시뮬레이션 프로그램을 활용하면 기존의 훈련과 비교할 수 없는 수준의 현실감 높은 훈련을 진행할 수 있고, 최소의 위험으로 최대의 효과를

얻을 수 있는 효율적인 훈련이 가능해질 것이다. 훈련 예산이 나날이 축소되는 상황에서 훈련 부족 문제를 극복하는 방법은 제한된 예산 범위 내에서 최대의 이점을 제공하는 훈련 시뮬레이션 프로그램을 개발하고 획득하는 것인데, 이는 사실 어려운 과제다.

예산의 여유가 없는 상황에서 교관은 가장 중요한 훈련 니즈needs에 집

2022년 8월 24일, 워싱턴주 루이스-맥코드 합동 기지(Joint Base Lewis-McChord)에서 진행된 도시 기습 훈련에서 블랙호스 중대 제3소대, 2·3보병연대, 1·2스트라이커여단 전투팀 소속 병사들이 업그레이드된 통합시각증강 시스템(IVAS, Integrated Visual Augmentation System) 고글을 착용하고 목표 건물 급습을 준비하고 있다. IVAS의 핵심은 마이크로소프트의 홀로렌즈이다. 홀로렌즈는 강력한 혼합 현실 헤드셋으로 전투원의 위치와 상관없이 네트워크에 연결되어 있으면 모든 전투원 간 실시간 협업이 가능하다. 홀로렌즈와 IVAS 기능을 지휘통제 분야에서 더욱 적극적으로 활용하는 다양한 가능성을 탐색해야 한다. 〈출처: U.S. Army〉

중해야 한다. 지휘관 양성과 개발에 대한 투자는 군대를 혁신하는 가장 효율적인 투자다. 훌륭한 지휘관은 혁신적인 생각을 실제 능력으로 바꿀 수 있다. 뛰어난 지휘관은 효과적인 부대를 만들고, 전술·기술·절차^{TTP}를 활용해 능력의 격차를 해소하며, 어려움을 극복하여 승리의 방법을 찾아낸다. 시뮬레이션, 특히 구성 시뮬레이션과 게임 시뮬레이션은 지도자를 양성하는 데 매우 효과적인 도구다. 우리의 목표는 첫 전투에 임하기 전에 지도자가 라이브·가상·구성·게임 시뮬레이션을 통해 백 번 이상의 무혈 전투를 경험하게 하는 것이다. 기술 전쟁의 시대에도 인간은 여전히 중요한 요소라는 것을 결코 잊어서는 안 된다.

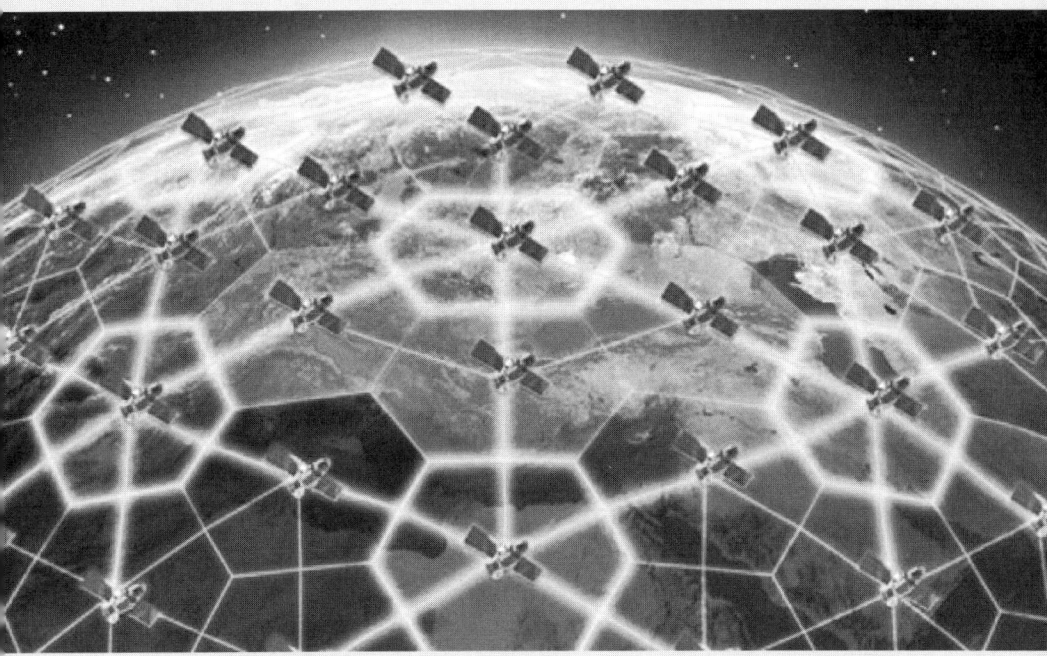

우주는 전쟁의 새로운 '고지(high ground)'다. 성층권과 우주를 지배하는 자가 지구를 지배한다. 미국 방위고등연구계획국(DARPA, Defense Advanced Research Projects Agency)은 우주 기반 적응형 통신 노드(Space-BACN, Space Based Adaptive Communications Node) 프로그램을 개발 중이다. 이 프로그램은 대부분의 광학 위성 간 통신(Optical Intersatellite Link) 표준에 적응할 수 있는 저비용 재구성형 광학 통신 단말기를 만드는 것을 목표로 하고 있다. Space-BACN은 서로 다른 위성군 간 신호를 변환하고, 기존 위성들을 새로운 방식으로 연결할 수 있으며, 미군의 JADC2(합동전영역지휘통제체계) 프로그램 등 군사 시스템을 지원할 예정이다. 미국 방위고등연구계획국은 이 목표를 실현하기 위해 스페이스엑스(SpaceX)를 비롯한 여러 팀과 협력하고 있다. 〈출처: DARPA〉

| CHAPTER 11 |

최초의
스타링크 전쟁

> 지구궤도와 주파수는 매우 중요한 우주 전략 자산이다.
> 현재 정지궤도는 거의 다 점유된 상태이고,
> 저지구궤도와 중지구궤도를 차지하기 위한 경쟁이 더욱 치열해지고 있다.
> 저지구궤도에는 약 5만 개의 위성을 수용할 수 있는데,
> 스페이스엑스가 계획대로 4만 2,000개의 위성을 발사할 경우,
> 그중 80% 이상을 스타링크가 차지하게 된다.
> 스페이스엑스는 우주에서 유리한 위치를 선점하고 전략적 자원을 독점하기 위해
> 우주판 인클로저 운동을 전개하고 있다.[1]
>
> — 2022년 5월 12일 중국군 온라인(China Military Online) —

● 왕량 중령은 하이난 섬 무미안 마을 인근 인민해방군 캠프에 있는 헬기장에 서 있다. 이 헬기장은 에어로스탯aerostat*이라는 대형 풍선을 공중에 띄우기 위해 최근 새로 증설되었다.

왕량 중령은 지상 발사 요원 6명이 풍선에 헬륨을 채우는 모습을 기대에 가득 찬 눈으로 지켜보고 있다. 풍선에 가스를 가득 채우니 그 높이가 200피트에 달한다. 왕량 중령은 그 광경을 장엄하다고 느낀다. 짙푸른 하늘을 배경으로 하얗게 빛나는 거꾸로 뒤집힌 눈물방울 모양의 풍선은 마치 한 폭의 아름다운 그림처럼 보인다. 그는 잠시 이것이 최첨단 전쟁무기라는 사실을 잊는다.

지상 요원들이 헬기장에 놓인 긴 줄을 연결한다. 유연한 금속 케이블로 만들어진 이 튼튼한 줄이 풍선을 지면에 단단히 고정시켜준다.

지상 요원들이 풍선의 상승에 맞춰 줄을 천천히 풀어주면서 화물 패키지를 공중으로 들어 올린다. 풍선의 고도가 높아지자, 다른 병사 20명이 헬기장에서 태양광 패널을 들어 올리기 시작한다. 양쪽에 각각 10명씩 배치된 병사들은 줄이 엉키지 않도록 세심하게 주의하며 풍선이 민감한 화물 패키지를 공중으로 끌어올리는 모습을 지켜본다. 풍선이 하늘로 떠오르면서 태양광 패널과 연결되어 있던 줄이 팽팽해진다. 지상 요원들이 화물 패키지를 묶은 줄을 놓자, 몇 초 뒤 정밀 장비와 태양광 패널, 그리고 풍선을 조종할 전기 터보팬 모터가 탑재된 풍선은 헬기장 상공 10여 피트 위로 부드럽게 떠오른다.

왕량 중령은 안드로이드 태블릿 조종기로 풍선의 프로펠러를 작동시킨다. 모터가 작동하자 12개의 소형 터보팬이 윙윙거리기 시작한다. 태양광 패널 하단에 부착된 이 터보팬이 풍선을 유도할 것이다. 풍선은 곧

바람에 실려 북동쪽으로 떠올라 적을 향해 날아가기 시작한다. 그는 풍선이 더 높이 올라가는 것을 바라보다가 챠오 샹수이 장군을 바라본다.

"이 단계는 잘 끝났군." 장군이 말한다. "지휘소로 가지."

왕량 중령은 장군의 명령에 따른다. 그는 왼손에 태블릿을 든 채 장군 옆 한 걸음 뒤에서 따라 걷는다.

"자네도 알겠지만, 제2차 세계대전이 일어나기 전에 독일군도 같은 일을 했어." 장군은 말한다. "1939년에 독일군은 최신 전자정보수집 장치를 탑재한, 당시 가장 정교한 비행선인 그라프 체펠린$^{Graf\ Zeppelin}$을 보내 영국군에 대한 전자 정찰을 수행하고 영국군 레이더를 시험했지."

젊은 장교인 왕량은 동의하는 듯 고개를 끄덕이며 장군 곁에서 보조를 맞추며 계속 걷는다.

"왕 중령, 우리 군의 최신 에어로스탯에 대해 어떻게 생각하나?" 장군이 걸으면서 묻는다.

"위대한 중국 공산당이 내린 현명한 결심의 결과입니다." 왕 중령은 챠오 장군이 기대하는 답을 의식하며 대답한다.

장군이 갑자기 걸음을 멈추고 돌아본다. 왕 중령은 걸음을 멈추고 차려자세를 취한다. "자네, 내 휘하의 젊은 중령이라면 스스로 생각할 줄 알아야 한다. 나는 자네를 앵무새처럼 훈련시키려는 것이 아닐세."

왕 중령은 숨을 깊게 들이쉬고 고개를 끄덕인다.

"다시 묻겠네, 자네의 현명한 대답을 기다리겠네." 장군은 다시 질문한다. "우리 군이 보유한 이 무기체계에 대해 어떻게 생각하나?"

"이 에어로스탯은 우리의 다른 수단을 보완해 항공기의 최고비행고도 위쪽과 저궤도 위성의 아래쪽 사이, 즉 대략 해발 15km에서 50km

사이의 영역인 적의 인접 우주공간adjacent space을 장악하는 데 기여할 것입니다." 왕 중령이 대답한다.

"맞아. 하지만 그건 바보라도 아는 거야." 장군이 쏘아붙인다. "문제는 왜 항공기나 위성이 아닌 풍선을 쓰는 걸까?"

"우리 무기는 매우 정교한 근우주near space* 비행체입니다." 왕 중령이 용기를 내어 대답한다. "레이더와 적외선 신호가 뚜렷하지 않아 적 센서가 탐지하기 어렵습니다. 적 전투기와 지대공미사일은 대부분 근우주에 도달하지 못하고, 설령 탐지된다고 해도 에어로스탯은 큰 위협으로 보이지 않을 것입니다. 우리는 단지 민간용 기상관측용 풍선이 항로를 이탈했다고 발표하면 그만입니다. 무엇보다 중요한 것은 우리 에어로스탯과 같은 근우주 비행체가 한 지역 상공에서 장시간 머물면서 필요한 모든 정보를 수집할 수 있다는 것입니다."

장군이 동의하며 고개를 끄덕인다. "자네를 가르치느라 시간을 낭비한 건 아닌 것 같군." 그는 고개를 들어 풍선이 시야에서 사라질 때까지 쳐다본다. "할 말이 또 있나?"

"네. 새로운 기술의 등장으로 과거와 현재의 기술이 결합하면서 적을 제압할 수 있는 무한한 가능성이 열리고 있습니다." 왕량이 대답한다.

"좋아. 『초한전Unlimited Warfare』의 문구를 거의 그대로 인용했군."[2] 장군은 살짝 웃으며 되묻는다. "에어로스탯이 목표에 도달하는 데 얼마나 걸리겠나?"

---

* 근우주(near space): 지구 대기권의 상층부에 위치한 고도 약 20km에서 100km 사이의 영역을 말한다. 이 영역은 대기 밀도가 낮아 항공기 운용이 어렵고, 저궤도 위성의 궤도(약 160km 이상)보다는 낮은 고도에 위치한다.

고고도 성층권 풍선은 정찰·감시, 전자전, 통신, 그리고 무기 플랫폼으로서 중요한 역할을 수행한다. 2023년 2월 3일 촬영된 위 사진에서 미 공군 조종사는 6일 동안 미국 상공을 비행하던 중국의 감시 풍선을 내려다보고 있다. 그 이튿날 2월 4일, 미 공군은 사우스캐롤라이나주 동부 연안 상공에서 이 풍선을 격추했다. 〈출처: WIKIMEDIA COMMONS | Department of Defense | Public Domain〉

"장군님! 이틀이면 대만 상공에 도착할 것입니다."

"양자 센서와 치명적인 타격체계를 장착한 에어로스탯이 100대 있다고 상상해보게." 장군은 거의 환희에 차서 말한다. "우리의 적들은 아직도 2차원적으로만 생각하고 있어. 성층권은 저궤도보다 더 중요한 공간이야. 우리는 이 에어로스탯을 정보수집 및 정찰뿐 아니라 재밍

jamming(전파방해) 및 무기 플랫폼으로도 사용할 것이다. 적국 상공에 도달하면 전자기 펄스 폭탄electromagnetic-pulse bomb을 장착한 여러 대의 에어로스탯을 동시에 폭발시켜 적의 통신 및 전자장비를 파괴할 수 있다. 그러면 적은 어둠 속에서 눈먼 존재가 되어 혼란에 빠지고 결국 우리의 쉬운 먹잇감이 될 것이다."

왕 중령은 경청한다. 그는 장군이 이런 식으로 말하기 시작하면 절대 끼어들거나 다른 의견을 제시해서는 안 된다는 것을 알고 있다.

"상상해보게. 언젠가 폴리우레탄과 헬륨, 그리고 몇 가지 정교한 기술을 적용한 에어로스탯으로 내가 미국의 하늘을 지배하는 장면을 말이야." 장군은 자랑스럽다는 듯이 말한다. "두고 보자고."

* * *

이 이야기는 2022년 3월 중국 인민해방군이 대만 상공에 정보수집·감시·정찰ISR용 에어로스탯을 발사했을 때 나눈 대화였을 가능성이 있다.[3] 이 가상 대화는 성층권 풍선을 통신 노드, 센서 플랫폼, 그리고 적절한 장비를 갖추면 무기로도 사용할 수 있는 방안을 제시한 인민해방군의 연구논문을 참고하여 작성한 것이다.

중국군이 그 의도를 공개하지 않아 정확히는 알 수 없지만, 그들의 소행인 것만큼은 확실하다. 2023년 1월 28일, 미국 영공에 진입한 중국의 정보수집·감시·정찰ISR(이하 ISR로 표기) 에어로스탯은 미국 국민을 놀라게 하고 국방부를 당황하게 만들었다.[4] 2월 4일, 이 풍선은 F-22에서 발사된 미사일에 의해 격추되었다. 중국 정부는 자국 풍선을 파괴시

스타링크 4-37 부품을 탑재한 팰컨 9(Falcon 9) 로켓이 2022년 12월 17일 플로리다주 케네디 우주센터(Kennedy Space Center)의 우주발사단지 39A에서 발사되고 있다. 스타링크는 스페이스엑스가 개발한 위성 네트워크로, 저비용 원격지 인터넷 접속 서비스를 제공한다. 러시아-우크라이나 전쟁에서 스타링크는 우크라이나 전투원들이 인터넷에 접속할 수 있게 하는 핵심 역할을 하고 있다. 〈출처: WIKIMEDIA COMMONS | U.S. Space Force | Public Domain〉

킨 것에 대해 즉각 항의하며 미국이 '과잉대응'했고 "국제 관행을 심각하게 위반했다"고 비난했다.[5] 미국 정부는 여러 개의 중국 항공회사를 블랙리스트에 올리고 중국에 대한 강력한 항의 메시지를 전달했지만, 추가 조치는 취하지 않았다. 중국의 영공 침범에 대해 미국이 이토록 격렬하게 반응했음에도 불구하고 앞으로 더 많은 에어로스탯이 군사 및 정보수집용으로 사용될 가능성이 있다는 것은 전혀 놀랄 일이 아니다.

중국은 원하는 만큼 많은 ISR 위성이나, 일론 머스크가 2018년 이후 저궤도에 수천 기의 소형 위성을 발사한 것과 같은 대규모 위성군을 발사할 능력은 갖추지 못했지만, 동일한 목표를 달성하기 위해 다른 다양한 수단을 동원하고 있다. 즉, 우주의 경계라 불리는 성층권을 장악하기 위해 다양한 시스템을 배치하는 것이다. 한편, 지구 반대편에서 계속되고 있는 러시아-우크라이나 전쟁에서 러시아군이 우크라이나의 인터넷을 마비시키자 통신망의 복구가 최우선 과제가 되었다. 이동, 타격, 통신은 전투에 임하는 모든 부대가 수행하는 필수 기능으로, 이 세 가지는 전부 중요하지만, 오늘날과 같은 첨단기술 시대에서 통신은 그 무엇보다 중요하다. 무선이나 디지털 통신이 불가능하다면 적을 효과적으로 타격할 수도, 연합작전을 수행할 수도, 영역간의 교차기동을 수행할 수도 없다. 반대로 적의 통신 능력을 제거하면 적의 효과적인 이동 및 타격 능력을 무력화할 수 있다.

러시아-우크라이나 전쟁을 통해 지속적으로 확인되는 것 중 하나는 사이버전과 전자전 공격을 받는 중에도 통신할 수 있는 능력이 매우 중요하다는 사실이다. 2022년 2월 24일, 러시아는 지상 침공을 개시하기 이전인 2월 15일부터 우크라이나 인터넷망에 대한 대규모 사이버 공격을 감행했다. 이 공격에는 지속적인 디도스$^{DDoS, Distributed\ Denial\ of\ Service}$ 공격이 포함되었는데, 특히 지상 침공 개시 당일에는 우크라이나의 제1 인터넷 서비스 제공업체인 트리올란^{Triolan}이 러시아의 디도스 공격으로 마비되었다. 이와 동시에 러시아는 우크라이나 인터넷 기반시설에 대한 물리적 · 전자기 · 사이버 공격도 병행했다. 디도스 공격으로 우크라이나

2022년 7월 스타링크 단말기를 설치하는 우크라이나군의 모습이다. 최대 속도로 작동하는 스타링크 단말기는 기존의 안테나보다 4,000% 빠른 속도를 제공해 연결된 병력 간 통신을 용이하게 해준다. 스타링크는 우크라이나의 전쟁 지원과 인터넷 서비스 재구축을 위해 유사한 단말기를 우크라이나에 공급했다. 〈출처: WIKIMEDIA COMMONS | Support Forces of Ukraine Command | CC BY 4.0〉

전역의 인터넷 서비스가 중단되자, 많은 우크라이나 사람들은 통신이 두절되어 러시아 침략 상황을 제대로 알 수 없게 되었고, 시민들 사이에는 공포감이 조성되었다. 통신망이 붕괴되자, 우크라이나 국민은 조직적 저항 능력이 약화되었고 공황 상태도 더욱 심화되었다. 개전 초 성공에도 불구하고 러시아는 우크라이나의 인터넷을 완전히 마비시키겠다는 전략적 목표를 달성하지 못했다. 마비된 우크라이나의 인터넷을 복구할 수 있었던 것은 일론 머스크가 제공한 스타링크 덕분이었다.

스타링크는 무엇인가

스타링크는 스페이스X가 소유한 차세대 위성 네트워크로, 전 세계 어디서나 음성 및 데이터 통신이 가능하도록 광대역 인터넷 서비스를 제공한다. 수천 기의 저궤도 위성으로 구성된 위성군이 약 550km 상공에서 지구를 돌며 우주에서 지상 스타링크 수신기로 신호를 전송한다. 일반적인 단일 정지궤도 위성은 지구로부터 약 3만 5,000km 떨어진 상공에서 지구를 도는 데 비해, 스타링크 위성은 지상 기지국과 훨씬 더 가까운 저궤도를 돌기 때문에 데이터 전송 시간이 짧아 지상 장비에서도 고속 데이터 전송이 가능하다. 스타링크를 이용하려면 수신기와 서비스 구독이 모두 필요하다. 스타링크는 이동 중에도 사용이 가능하므로 군사적으로 매우 유용하다.

  2018년 2월 스페이스엑스는 최초로 초소형 위성을 발사했다. 이후 스타링크는 수천 기의 위성을 저궤도에 발사하여 지구를 돌며 인터넷 신호를 중계하는 위성군을 구축했다. 초소형 위성의 크기는 약 3.2m×1.6m×0.2m로 일반 통신위성보다 작고, 무게는 약 227kg에 불과하다. 각 위성에는 내장된 컴퓨터와 전자장비 구동에 필요한 전력을 생성하기 위한 태양광 패널 어레이$^{solar\text{-}panel\ array}$* 가 장착되어 있다. 4개의 위상배

---

* 태양광 패널 어레이(solar-panel array): 여러 개의 태양광 패널을 직렬이나 병렬로 연결하여 많은 전기를 생산할 수 있도록 만든 태양광 패널 집합체다.

열 안테나phased-array antenna와 2개의 패러볼릭 안테나parabolic antenna가 데이터를 송수신한다. 각 위성은 크립톤Krypton을 연료로 사용하는 독특한 이온 추진 시스템으로 동력을 공급하는데, 이는 우주에서 운용되는 최초의 이온-크립톤 추진 시스템이다. 스타링크 위성은 자율 충돌 회피 시스템이 내장되어 있어, 우주에서 다른 물체와 충돌할 위험이 있을 경우 자동으로 회피 기동을 수행한다. 탑재된 내비게이션 시스템은 별들을 스캔하여 위성의 방향·고도·위치를 확인하고, 지상 수신기에 최적의 신호를 송출한다. 통신 보안을 강화하고 데이터 전송 속도를 높이기 위해 2021년 1월 24일 이후 발사된 모든 스타링크 위성에 광학 우주 레이저 시스템optical space laser system이 추가되었다. 현재 스타링크는 전 세계 32개국에 광대역 인터넷 서비스를 제공하고 있다.

우크라이나, 전쟁에서 스타링크를 활용하다

러시아의 우크라이나 침공이 시작된 지 이틀 후인 2022년 2월 26일, 우크라이나 정부 관계자는 트위터를 통해 머스크에게 스타링크 서비스를 제공해 우크라이나군과 정부 기관의 핵심 인터넷 서비스를 복구할 수 있게 도와달라고 공개 요청했다. 우크라이나 부총리 겸 디지털혁신부 장관 미하일로 페도로프Mykhailo Fedorov는 다음과 같이 트윗했다. "당신이 화성을 새로운 식민지로 개척하는 동안 러시아는 우크라이나를 점령하려고 합니다! 당신의 로켓이 우주에 성공적으로 착륙하는 동안 러시아의 로켓은 우크라이나 시민들을 공격하고 있습니다! 우크라이나에 스타링크 기지국을 제공해 이성적인 러시아인들이 저항할 수 있도록 해주십시오."[6]

머스크는 즉시 스타링크 수신기를 우크라이나에 보냈다. 페도로프는 2월 28일 "스타링크 여기 있습니다." "고맙습니다 @일론머스크"라는 글과 함께 스타링크 수신기 사진을 트윗했다. 이에 머스크는 "천만에요"라고 응답했다. 3월 첫째 주, 머스크는 우크라이나의 인터넷 통신을 복구했고, 스타링크는 우크라이나 부대 간의 네트워크를 재가동시켰다. 러시아는 즉각 이 대체 통신 수단을 공격하기 위해 총력을 기울였다. 볼로디미르 젤렌스키 대통령은 2022년 3월 5일에 "@일론 머스크와 통화했습니다. 물심양면으로 우크라이나를 지원해주셔서 감사합니다. 다음 주에 우리는 파괴된 도시에 활용하기 위한 스타링크 시스템을 추가로 공급받게 될 것입니다"[7]라고 트윗했다. 머스크는 러시아가 스타링크 네트워크 작동을 방해할 것으로 예측하고 다음과 같이 트윗했다. "스타링크는 우크라이나에서 여전히 작동 중인 유일한 비러시아 통신 시스템이므로 러시아 공격의 표적이 될 것입니다. 사용에 주의해주십시오."[8] 러시아 해커들은 스타링크를 교란하려고 했으나 그 효과는 미미했다. 2022년 3월 26일 머스크는 다음과 같이 트윗했다. "스타링크는 지금까지 모든 해킹과 재밍(전파방해) 시도를 극복했습니다."[9] 모든 전쟁에서 그러하듯이 스타링크 시스템을 방어하려는 머스크의 소프트웨어 기술자들과 이를 무력화하려는 러시아 사이버부대 간의 대결은 치열하게 계속되었다.

우크라이나는 스타링크 네트워크를 단순한 음성이나 데이터 전송 외에도 다양한 용도로 사용할 수 있다는 것을 깨닫게 되었다. 스타링크는 드론과도 통신할 수 있다. 전쟁 초 우크라이나는 드론, 특히 무인전투기와 자폭 드론을 성공적으로 활용해 러시아 지휘소, 포병 등 고가치 표적을 찾아내 타격하는 데 성공했다. 전투가 진행되면서 이에 적응한 러시아는 대량의 전자전 장비를 배치하고 우크라이나 드론 신호를 교란하기 위한 사이버전에 집중했다. 지상 관제사의 가시선 신호를 방해하는 것은 많은 대드론 무기체계의 임무이며, 특히 소형 무인기를 포함한 드론 운용을 교란하는 데 효과적인 방법임이 입증되었다. 우크라이나군의 작전 요원들도 러시아군의 재밍을 극복하기 위해 즉각적인 대응이 필요하다는 것을 빠르게 깨달았다. 인터넷과 드론 전문가들이 자원하여 설립한 우크라이나 육군의 드론부대 아에로즈비드카는 드론을 제어하는 수단으로 스타링크를 선택했다. 아에로즈비드카의 부대장 야로슬라프 혼차르Yaroslav Honchar는 2022년 3월 18일자 《더 타임즈The Times》와의 인터뷰에서 다음과 같이 말했다. "우리는 스타링크 장비를 이용하여 드론 팀과 포병부대를 연결합니다. 야간에 열영상 카메라가 장착된 드론을 사용할 경우, 드론은 스타링크를 통해 포병팀과 연결하여 표적을 포착해야 합니다."[10]

스타링크 덕분에 우크라이나 국민은 인터넷에 다시 접속할 수 있었고, 러시아의 전자전 방해 시도에도 성공적으로 대응할 수 있었다. 스페이스엑스의 사장이자 CEO인 그윈 샷웰Gwynne Shotwell은 스타링크의 광대역 인터넷 서비스를 우크라이나에 제공하면서 다음과 같이 말했다. 우크라이나에 광대역 인터넷 서비스를 제공한 것은 "옳은 선택이었습니다. … 민주주의를 지키는 최선의 방법은 우리 모두가 진실을 올바로 이해하도록 돕는 것입니다"라고 말했다. 2022년 7월 25일, 페도로프는 다시 머스크에게 트윗했다. "현재 우크라이나에는 1만 2,000개가 넘는 스타링크 단말기가 있습니다. 스타링크는 열악한 환경에서도 고품질 인

비탈리 클리츠코(Vitali Klitschko) 키이우 시장과 블라디미르 클리츠코(Wladimir Klitschko) 의원이 스타링크 위성 인터넷 접속 시스템의 사용자 단말기를 들고 있다. 우크라이나에 스타링크가 배치되면서 우크라이나 국민은 인터넷에 다시 접속하고 러시아의 전자전 재밍에도 대응하게 되었다. 스타링크는 우크라이나 정예 드론부대가 소형 무인기와 통신하여 러시아 병력과 장비를 표적화하는 데에 활용되고 있다. 스페이스엑스는 스타링크 단말기 3,667대를 기부했는데 이는 1,000만 달러 상당의 금액이다. 〈출처: WIKIMEDIA COMMONS | Kyiv City Council | CC BY 4.0〉

터넷 접속을 지원합니다. 우리는 여전히 스페이스엑스 기술을 가장 효과적으로 사용하는 모든 방법을 모색하고 있는데, 우리의 통신팀은 시속 130km 속도로 도로를 달리는 차 안에서도 스타링크가 작동하는지 실험했습니다."[11]

스타링크는 '만능 해결책Silver Bullet'이 아니지만, 러시아가 사이버 및 전자전 능력을 총동원하여 무력화하려 했음에도 불구하고 전투 상황에서 매우 강력한 회복력을 입증해 보였다. 러시아-우크라이나 전쟁이 계속되면서 다른 국가들도 전시 통신 수단으로서 스타링크의 효용성에 주목하고 있다. 《비즈니스 인사이더Business Insider》에 따르면, 중국에서 발행되는 《현대 방위 기술Modern Defense Technology》에 실린 렌 위안젠任远桢의 기고문은 중국 인민해방군이 스타링크에 대응하는 방법을 깊이 연구하고 있음을 알려준다. 중국군은 스타링크의 잠재력을 이해하고 있으며 이를 심각한 위협으로 간주하고 있다. "스타링크 위성의 일부를 무력화하고 운영체계를 파괴하기 위해서는 소프트킬Soft-Kill과 하드킬Hard-Kill을 병행해야 한다." 러시아군도 중국군의 의견에 동의하고 있다. 《인디펜던트 밀리터리 리뷰Independent Military Review》 편집장 드미트리 리토프킨Dmitry Litovkin은 2022년 5월 9일 라디오 스푸트니크Radio Sputnik와의 인터뷰에서 "2,000여 개 위성으로 구성된 스타링크 위성군은 우크라이나에서 좋은 성과를 거두었고, 중국은 이를 자국 안보에 대한 위협으로 보고 있다. 스타링크가 항공기와 드론에서 데이터를 100배는 더 빠르게 전송할 수 있다는 점을 고려한다면, 베이징은 스타링크 위성을 추적하고 파괴하는 시스템을 개발하려고 할 것이다."[12] 2022년 5월 《중국군 온라인China Military Online》에 게재된 글에서 리 샤오리李小历는 다음과 같이 주장하기도 했다.

> 스타링크 위성 시스템이 완성되면 정찰·항법·기상장비를 탑재하여 정찰, 원격 탐지, 통신 중계, 항법 및 위치 파악, 공격 및 충돌, 우주 대피 등의 분야에서 미군의 전투 능력은 더욱 강화될 것이다. 스타링크 프로그램의 군사적 적용은 미군이 미래 전투공간에서 유리한 고지를 선점하고 미국이 우주를 계속 지배하게 하는

데 크게 이바지할 것이 분명하다.¹³

중국과 러시아가 이를 우려하는 것은 당연하다. 중국이 많은 위성을 궤도에 쏘아 올리려고 노력하고 있지만, 중국이나 러시아 모두 자체적인 스타링크와 같은 위성군을 보유하고 있지 않다. 일론 머스크가 구축한 기업-정부 간 협력은 그들을 두렵게 만든다. 2022년 3월 31일, 미 공군은 F-35A 라이트닝Lightning II 전투기의 외부 장비 포드travel-pod에 스타링크 게이트웨이 라우터Starlink gateway router를 장착했다. 공군 요원들은 이 신호를 지상의 스타링크 수신기와 연결했다. 그 결과, 스타링크가 기존 통신체계보다 데이터를 30배나 빠르게 전송할 수 있음이 입증되었다. 또한, 스타링크는 무인기에 대해서도 안정적인 통신 링크를 제공함으로써, 군집 드론 간의 통신을 가능하게 해줄 잠재력을 가지고 있다. 전쟁에 투입되는 무인 시스템의 규모와 전술적 활용 및 능력이 증가함에 따라 스타링크와 같은 위성통신 시스템은 현대전의 필수 요소가 될 것이다. 2021년 9월 《미국 국제해양안보센터US Center for International Maritime Security》에 게재된 기고문에서 브랜든 월Brandon Wall과 니콜라스 에어튼Nicholas Ayrton은 "반자율 드론으로 구성된 소규모 편대는 작전 수행 시 차장부대screening force 역할을 수행할 수 있으며, 센서 네트워크를 확장하고, 전술적 인식을 향상시킬 수 있다. 이는 전투 작전이나 조기 경보 임무 모두에 적용될 수 있다"라고 추정했다.¹⁴ 스타링크는 지구상 어디에서나 이러한 드론을 제어할 수 있는 수단을 제공할 수 있다. 2023년 3월 24일 발사에 성공하면서 스페이스엑스는 4,161기의 스타링크 위성을 궤도에 올려놓았고, 앞으로 몇 달 안에 추가 위성 발사가 예정되어 있다.[15] 또한, 캐나다의 RDARS는 2022년 11월 스타링크와 자사 드론 시스템을 성공적으로 통합했다. 드론용 스타링크는 스타링크를 사용할 수 없거나 전자전 공격을 받는 외딴 지역에서도 상시 대기 상태로 요청 시 바로 통신을 지원할 수 있다.[16]

스페이스엑스는 2022년 12월 스타링크 군용 버전인 스타실드Starshield를 발표했다. 군사용 스타링크 개발은 특히 중요하다. 러시아가 우크라이나와의 전쟁에서 정교한 신호정보 장비와 전자전 시스템을 활용해 스타링크의 위치를 파악하고 광대역 인터넷 신호를 방해하려고 하고 있기 때문이다. 일론 머스크 팀은 이에 대응하기 위해 새로운 해결책으로 스타실드를 개발하고 있다. 스타실드는 미국 정부와 군을 위해 보안이 강화된 위성 네트워크를 제공할 것이다. "스타실드는 스페이스엑스의 스타링크 기술과 발사 능력을 활용하여 국가안보를 강화하기 위한 노력을 지원합니다. 스타링크는 상업용으로 설계되었지만, 스타실드는 정부 등 공공기관용으로 설계되었습니다. 초기에는 지구 관측, 통신, 호스트 페이로드host payload*, 이 세 가지 부분에 집중할 것입니다."[17] 스타실드는 스타링크에 포함되지 않는 위성을 스타링크 네트워크에 연결하기 위한 위성 간 레이저 통신 링크도 포함할 예정이다.

필요에 따라 소형 인터넷 위성군을 저궤도에 배치할 수 있는 능력은 지상에서 유무인 전투 작전을 가능하게 하는 독보적인 역량이다. 우크라이나가 스타링크를 활용해 러시아에 맞서 싸우면서 사실상 '최초의 스타링크 전쟁'을 벌이는 가운데, 모스크바는 이에 따라가지 못해 많은

---

*─호스트 페이로드(host payload): 호스트 위성에 탑재되는 장치나 장비를 말한다.

어려움을 겪고 있다. 스페이스엑스와 스타링크는 올바른 리더십을 가진 기업이 첨단기술을 통해 전쟁 방식을 어떻게 혁신할 수 있는지를 보여주는 흥미로운 예라고 할 수 있다.

CHAPTER 12

미래 도시전투에 대한 준비

우크라이나 마리우폴, 하르키우, 키이우에서 벌어진 도시전투에서 러시아군이 직면한 복잡한 상황들은 단지 러시아군의 무능함 때문만은 아니다. 이는 모든 군대가 도시전투에서 직면하게 될 어려움을 보여주는 것이다.[1]

― 마가리타 코나에브(Margarita Konaev)와
커스틴 J. H. 브래스웨이트(Kirstin J. H. Brathwaite),
도시전투에서 고전하고 있는 러시아군에 관한 보고서 중에서 ―

● "드론에 장착할 수류탄이 없습니다." 한 젊은 우크라이나군 병사가 말했다. 그는 눈밭에서 착용하는 흰색 위장복에 헬멧을 쓴 채 소총을 들고 있다. 팔에 감긴 파란색 테이프는 그가 우크라이나 군인이라는 것을 알려준다. 군복 왼쪽 어깨에는 우크라이나군 항공정찰부대 아에로즈비드카 패치가 붙어 있다. 불과 11개월 전만 해도 그는 하르키우^{Kharkiv}의 한 사무실에서 정보기술부서 관리자로 일하고 있었다. "그 대신 드론을 건물 지붕 위에 착륙시켜 도로를 감시하게 할 수는 있습니다."

"그렇게 하지." 미콜라^{Mykola} 하사가 담배를 마지막으로 한 모금을 빨더니 창틀에 비벼 끄며 말한다. 미콜라는 거리를 살펴본다. 500m 전방에는 불에 탄 슈코다^{Skoda} 세단이 도로 한가운데에 뒤집혀 있다. 드론 운용병 2명, 저격수 1명, 그리고 자신으로 구성된 4명의 파견대는 적의 공격을 지연시키라는 임무를 부여받았다. "오크 놈들이 움직이고 있어. 틀림없어."

소형 무인기 DJI 팬텀^{Phantom}-4 쿼드콥터가 프로펠러 4개를 윙윙거리며 바닥에서 이륙하더니 부서진 건물 벽의 틈을 통과해 날아간다. 몇 분간 낮게 비행하던 드론은 건물 지붕 위로 솟아오른다. 23세의 우크라이나군 드론 운용병 유리^{Yuriy}는 태블릿으로 쿼드콥터를 조종한다. 그는 조심스럽게 드론을 건물 지붕 위에 착륙시키고 로터를 끈 후 드론의 카메라를 목표 지점에 맞춘다.

"드론은 준비되었습니다." 유리가 태블릿을 확인하고 보고한다.

멀리 어딘가에서 기관총 소리가 들린다. 도시는 폐허가 되었다. 거리 양옆에는 잔해가 널려 있다. 도로의 우측 아파트 단지 3층짜리 건물 몇 채가 최근 적의 포격으로 불에 타서 연기를 내뿜고 있다.

2022년 12월 3일, 바흐무트(Bakhmut) 인근에 배치된 우크라이나군의 모습이다. 바흐무트는 러시아-우크라이나 전쟁에서 가장 치열하고 유혈이 낭자한 전투가 벌어진 곳 중 하나였다. 볼로디미르 젤렌스키 우크라이나 대통령은 자신의 텔레그램 채널에 "바흐무트 어디에도 피가 안 묻은 곳이 없었다. … 단 한 시간도 끔찍한 포성이 멈춘 적이 없다"라고 썼다. 〈출처: WIKIMEDIA COMMONS | 30th Prince Konstanty Ostrogski Mechanized Brigade | CC BY 4.0〉

"왔습니다." 유리가 말했다. "모두 네 명입니다. 마지막 놈은 유탄발사기를 들고 있습니다."

"네 명이라고?" 미콜라가 묻는다. 미콜라는 오늘 드론팀이 함께 있어서 다행이라고 생각한다. 드론은 수류탄을 떨어뜨려 적을 공격하거나 정찰기로서 적의 접근을 조기에 경보할 수도 있다. 우크라이나군이 보유한 드론은 그 수가 너무 적은 데다가 이마저도 두세 번 작전에 투입되면 살아남는 경우가 드물다. 미콜라는 이 지옥 같은 도시에서 드론이나 군인이나 살아남을 확률은 별반 차이가 없다고 생각한다.

"바그너 그룹Wagner Group* 놈들은 한 팀에 보통 열 명인데…."

"네 명입니다." 유리가 다시 확인하고 대답한다.

"바그너 놈들은 자기들이 모두 지옥에 떨어지겠지만, 지옥에서도 자신들은 최고가 될 거라고 떠든다지." 미콜라가 저격수를 향해 말한다. "그놈들이 원하는 대로 지옥으로 보내주자고."

옆에 있던 젊은 우크라이나군 저격수가 건물 안에서 드라구노프Dragunov SVD63 저격소총으로 사격 자세를 취한다. 소총을 탁자에 괴고 깨진 창문을 통해 거리를 완벽히 내려다볼 수 잇는 위치를 잡는다. 총구를 창문 밖으로 내밀지 않고 실내에서 사격하면, 적은 사격 시 총구에서 발생하는 섬광을 볼 수 없다.

미콜라가 투덜댄다.

"놈들이 슈코다 세단 우측에 있습니다." 드론 운용병이 보고한다.

"네 명 모두?" 미콜라가 묻는다.

"네. 곧 모퉁이를 돌려고 합니다."

"전차나 BMP 장갑차의 흔적은?" 미콜라가 묻는다.

"없습니다, 그놈들뿐입니다." 유리가 대답한다. "아마도 정찰 중인 것

---

* 바그너 그룹(Wagner Group): 2013년에 기업인 예브게니 프리고진(Yevgeny Prigozhin)과 군인 출신인 드미트리 웃킨(Dmitry Utkin)에 의해 창립된 민간군사기업이다. 전직 군인과 특수부대 출신을 고용해 군사작전, 정찰, 시설 경비 등 위험 지역 임무를 수행한다. 주로 러시아 정부나 해외 자원 기업, 국제적 논란이 부담되는 지역에서 활동을 원하는 단체와 계약을 맺으며, 전투와 보안 임무를 대신 수행해 정부나 기업의 부담을 줄이는 역할을 한다.

같습니다."

"선두가 보입니다." 저격수가 말한다.

"마지막 오크 놈이 차를 지나가면 그때 쏴. 유탄발사기로." 미콜라는 저격수에게 명령을 내리고 유리에게도 지시한다. "사격이 시작되면 드론을 다음 위치로 이동시켜."

유리가 고개를 끄덕인다.

"실수하지 마." 미콜라가 저격수에게 말한다. "기회는 한 번뿐이야." 저격수가 웃으며 대답한다. "절대 안 놓칩니다."

몇 초가 흐른다. 러시아군 네 명이 슈코다 세단 옆으로 지나간다. 우크라이나 저격수가 소총을 발사한다.

미콜라는 RPG(로켓 추진 수류탄)를 들고 있던 러시아군이 쓰러져 땅에 주저앉는 모습을 보자, 시간이 잠시 멈춘 느낌을 받는다. 남은 러시아군 세 명이 도로 위에 엎드려 응사하지만, 저격수가 어디 있는지 몰라 그저 여기저기 난사할 뿐이다. 바그너 용병들은 전투 경험이 많다고 자랑하지만, 상황은 너무 빠르게 변하고 있다.

저격수가 다음 표적으로 조준점을 옮기는 동안, 미콜라는 AK-74 돌격소총으로 러시아군을 사격한다.

러시아군 세 명은 우크라이나군의 사격을 피해 슈코다 자동차를 엄폐물로 삼으려고 기어 움직인다. 저격수는 또 다른 러시아군 한 명을 사살했다. 이제 두 명이 쓰러졌다.

남은 러시아군 두 명 중 한 명이 소총을 난사한 후 차 뒤로 숨는다. 다른 러시아군 한 명이 몸을 숨긴 채 부상당한 동료를 슈코다 뒤편으로 끌어당긴다.

"귀를 막아." 미콜라는 마치 점심 식탁에서 저격수에게 소금을 건네주듯 무심하게 말을 건네더니 칼라시니코프^{Kalashnikov} 소총을 내려놓고는 기폭장치를 집어 들어 격발기를 두 번 누른다.

슈코다 아래 설치한 폭탄이 터지자, 섬광이 번쩍인다. 불길과 연기가 치솟으면서 자동차 파편들이 하늘로 튀어 오른다. 연기가 걷히고 보니 바그너 일당은 흔적 없이 사라졌다.

갑자기 포탄이 날아오는 소리가 하늘을 가득 채운다. 근처 건물들에 포탄이 쏟아지며 바닥이 흔들리기 시작한다. 러시아군 포탄이다. 포탄이 떨어지자, 드론팀은 곧바로 뒷문으로 빠져나간다. 방 안에서는 강철 파편들이 벽을 때리고, 지붕 조각이 떨어져내린다. 건물 안은 순식간에 먼지와 연기로 가득 찬다.

"나가자." 미콜라가 말한다. "뛰어!"

러시아군의 포격은 정확하다. 러시아군 포병 관측병이나 드론이 그들을 보고 있는 게 분명하다. 미콜라는 몇 초 내 도망치지 않으면 죽은 목숨이라는 것을 직감한다. 더 많은 포탄이 주변 건물을 강타한다. 그들은 뒷문으로 재빠르게 빠져나간다. 미콜라는 달리면서 러시아군 포격에 목숨을 잃은 유리와 그의 조수의 시신을 본다.

미콜라는 그의 뒤편에 있는 건물에 더 많은 포탄이 쏟아지자, 계속 달린다. 그는 '바흐무트에서 또 하루가 지나가네'라고 생각하며 마당을 가로질러서 달린다. 러시아군은 강하게 압박하고 있다. 얼마나 더 버틸 수 있을까?

***

미콜라에 관한 이 이야기는 허구이지만, 우크라이나 바흐무트에서 벌어진 실제 전투 영상을 바탕으로 재구성한 것이다.[2] 도시전투는 현재와 미래의 전쟁 양상을 보여준다. 현재 계속 진행되고 있는 러시아-우크라이나 전쟁은 도시, 교통요충지, 인구밀집지역이 현대 전투공간에서 전략적으로 중요한 핵심 지형임을 보여준다. 키이우, 하르키우, 마리우폴, 바흐무트 같은 도시에서 격전이 벌어지는 이유는 이 도시들이 교통요충지이기 때문이다. 군대는 도로를 따라서 이동해야 한다. 우크라이나에서는 봄과 가을에 생기는 라스푸티차^{Rasputitsa}(러시아어) 또는 베즈도리자^{Bezdorizhzhia}(우크라이나어)[3]라고 불리는 진흙탕 때문에 보병은 물론, 차량의 육상 이동이 어렵고, 전차와 보병전투차량은 진흙에 빠져 거의 움직일 수 없게 된다. 따라서 도로는 병력, 차량, 장비, 보급품의 이동에 필수적이며, 도시는 도로를 통제하는 핵심 지형이다.

지난 3년 동안 가장 중요한 전투는 전부 도시에서 발생했고, 이는 앞으로의 전투를 예고하는 전조라고도 할 수 있다. 아제르바이잔은 2020년 9월 27일부터 11월 10일까지 아르메니아와 제2차 나고르노-카라바흐 전쟁을 치렀다. 포병과 드론의 지원을 받은 아제르바이잔 특수부대와 경보병 부대는 나고르노-카라바흐의 결정적인 지역인 슈샤^{Shusha} 시를 점령하기 위한 침투 공격을 성공적으로 수행하여 군사적 승리를 거두었다. 2021년 5월 11일부터 21일까지 이어진 이스라엘-하마스 전쟁은 가자 지구와 도시 지하터널에서 벌어진 현대 도시전투의 대표적인 예라고 할 수 있다. 가자 지구의 인구는 75만 명 정도로 추산되는데,

러시아-우크라이나 전쟁은 지상군이 도시전투에 대비해 훈련을 실시할 필요성이 있음을 극명하게 보여주고 있다. 인구밀도가 높은 도시 지역에서 전투를 피할 수 없다면 새로운 전투 방법을 고안해 내야 한다. 미 보병부대는 격실 단위 진압 전투 기술에는 능숙할지 모르지만, 도시전투 전체에 대한 미군의 작전적·전략적 사고는 여전히 부족하다. 〈출처: U.S. Army〉

세계 인구조사 웹사이트는 지구상에서 인구밀도가 가장 높은 도시 중 하나로 가자 지구를 꼽았다.

2022년 2월 24일 러시아의 우크라이나 침공이 도화선이 되어 지금까지 진행 중인 러시아-우크라이나 전쟁은 주로 도시, 마을, 그리고 촌락에서 전투가 벌어지고 있다. 2022년 2월 24일부터 5월 20일까지 수적으로나 화력 면에서 열세였던 우크라이나군의 마리우폴 방어전은 현대전에서 대표적인 도시전투 사례 중 하나일 뿐이다. 군 지도자들과 무기체계 설계자들이 이러한 전쟁들을 살펴보면, 도시전투를 위한 연구·훈련·장비·준비가 절실히 필요하며 시급하다는 것을 분명히 알 수 있다. 현대전에서 도시와 대도시에서의 전투를 피하는 것은 불가능하다. 도시라는 복잡한 전투공간은 스펀지가 피를 빨아들이듯이 전투력을 흡수한다. 손자가 살았던 시대로부터 오늘날에 이르기까지 군사전략가들은 되도록 도시전투를 피하라고 경고해왔다.[4] 오늘날 전 세계 인구의 57%가 도시에 거주하고 있다. 인구 1,000만이 넘는 거대도시는 정치, 경제, 군사, 인적 자원의 중심지다. "2030년까지 도시는 전 세계 인구의 60%, 전 세계 GDP의 70%를 차지하게 될 것이다."[5] 현대 도시는 인구 외에도 방어에 유리한 복잡한 전투공간을 제공한다. 대부분의 도시에는 20층에서 70층, 혹은 그 이상의 강철과 철근 콘크리트로 지어진 건물들이 산재해 있다. 이러한 건물들을 점령하기 위해 싸우는 전투는 각 층, 각 건물, 각 블록마다 목숨을 걸고 싸우는 방어병들이 버티는 상황에서 엄청난 전투력을 필요로 하고 아군과 적군, 민간인 모두에게 막대한 사상자를 초래한다. 손자의 주장과는 달리, 현대의 거대도시에서의 전투는 비용이 너무 많이 들기 때문에 포위전이 가능한 경우, 포위전이 선호되는 전술이 될 수 있다.

   도시 지형은 현대 군대의 사거리, 정밀성, 감지, 통신, 그리고 대치 방어의 이점을 약화시켜 군사작전에 극심한 어려움을 초래한다. 교전 당사자들은 다른 어떤 지형에서보다 도시에서 더 효과적으로 마스킹할 수 있다. 전통적인 방식으로 싸운다면, 도시전투에서 첨단기술을 이용한 손쉬운 무혈 해결책 같은 것은 기대할 수 없다. 하지만 잘 훈련된 제병협동부대가 새로운 기술을 활용한다면 승리에 유리한 고지를 점할 수 있다. 당분간 도시전투는 여전히 보병 중심의 전투로 남아 있겠지만, 기동타격력, 센서 및 타격 수단, 그리고 도시 상공 장악은 보병이 도시전투에서 승리하기 위한 핵심 요소다.

기동타격력

오늘날 모든 제병협동부대의 핵심은 주력전차(MBT, Main Battle Tank)다. 주력전차 없이 도시 지역에서 제병협동작전을 효과적으로 수행하기란 불가능에 가깝다. 지난 수십 년간 '전차의 종말'[6]에 대해 많은 논의가 있었지만, 전차가 제공하는 기동성, 정밀 화력, 지휘통제 네트워크, 방호 기능을 대체할 수 있는 무기체계는 아직까지 존재하지 않는다. 그러나 현대 전차는 현대 전투공간에서 기동타격력을 발휘할 수 있는 네 가지 중요한 능력이 부족하다. 기동타격력은 모든 군사체계, 부대 또는 병력이 적을 무력화하거나 파괴하기 위해 전투공간을 가로질러 이동하여 공격작전을 수행할 수 있는 공격 능력이다.

전차는 100년이 넘는 기간 동안 기동타격력의 핵심 수단이었다. 하지만 기존의 주력전차는 개방된 지형에서 원거리 적과 교전할 때 최고의 능력을 발휘하는 것과는 달리, 높은 건물들이 즐비하게 늘어선 복잡한 도시에서 근접전투를 수행하는 데는 최적화되어 있지 않다. 도시는 도로 양쪽에 늘어선 콘크리트와 강철 고층 건물들로 마치 인공 협곡 같다. 이러한 지형에서 도로를 따라 이동하는 전차나 보병전투차량은 단거리 대전차무기의 손쉬운 먹잇감이 된다. 러시아-우크라이나 전쟁의 도시전투에서 도출된 교훈은 전차가 시대에 뒤떨어졌다는 것이 아니라, 제대로 운용되지 않았다는 것이다. 다양한 지형에서 전차를 효과적으로 운용하고자 한다면 여러 가지 무기체계를 효과적으로 조합해야 한다. 다영역 센서 네트워크와 장거리 정밀타격무기를 결합해 전차를 운용하면, 전차만 투입했을 때보다 적을 쉽게 무력화할 수 있다. 합동 전력 없이 구형 전차만 운용해 싸우는 도시전투는 재앙을 초래할 수 있다.

냉전시대에 생산된 전차는 주포의 고각이 −10~+60도에 불과해 건물 4층 이상의 높이에 있는 근거리 표적을 타격할 수 없다. 적의 센서로부터 숨을 수도 없고, 대규모 통신 네트워크와의 연결이 제한적이며, 장갑으로 둘러싸인 전차 내부에서 외부의 상황을 볼 수도 없기 때문에 전반적인 상황 인식 능력이 부족하다. 상황 인식 능력은 생존과 승리의 핵심이다. 전차부대 지휘관은 적보다 더 빠르게 보고, 방향을 잡고, 판단하고, 행동할 수 있어야 한다. 전차전에서는 먼저 보고, 식별하고, 사격하는 쪽이 승리한다. 하지만 도시전투의 혼란과 혼돈을 고려할 때 이렇게 하기란 매우 어려운 일이다. 전차 승무원이 전차 안에서 완전히 밀폐된 상태로 작전할 때, 그들은 관측창$^{vision\ block}$과 좁은 조준경을 통해서만 외부를 볼 수 있기 때문에 상황 인식 능력이 떨어진다. 이로 인해 그들의 시야가 좁아진다고 말하는 것만으로는 이 문제의 심각성을 제대로 설명할 수 없다.

하지만 이제는 새로운 기술의 적용을 통해 이러한 문제를 극복할 수 있다. 전차의 네 가지 주요 개선 사항은 이러한 단점을 장점으로 바꿀 수 있다. 첫째, 향상된 상황 인식 능력이다. 둘째, 새로운 설계를 적용하고 능동·수동 방어 시스템을 추가해 전차를 업그레이드함으로써 생존성

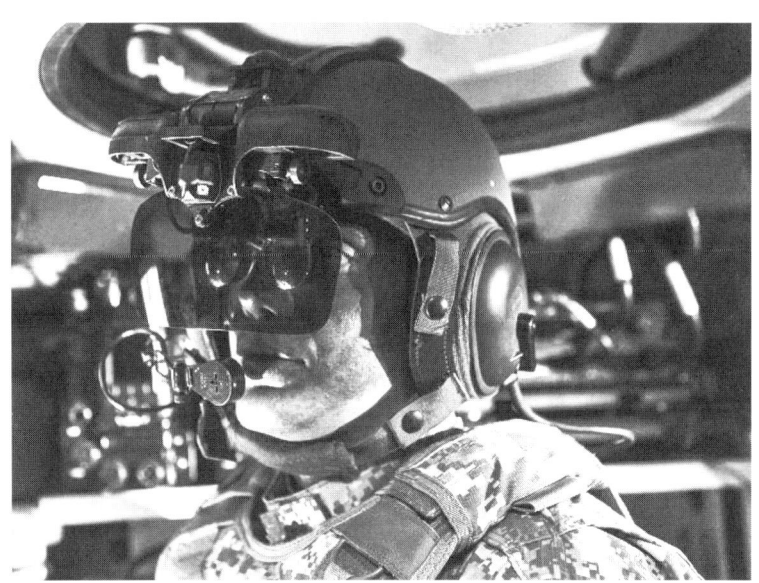

전투에서 우수한 상황 인식은 특히 전차부대 지휘관에게 생사를 가르는 중요한 요소다. 전차 장갑을 투과해 외부 상황을 볼 수 있는 지휘관은 근접전투에서 엄청난 우위를 확보할 수 있다. 엘빗 시스템즈(Elbit Systems)가 개발한 헬멧 장착형 시스템(HMS)인 아이언비전(IronVision)은 차량 외부에 장착된 여러 대의 카메라가 촬영한 외부 전투공간을 컴퓨터로 합성해 헬멧에 장착된 디스플레이를 통해 보여줌으로써 전차 안에서도 전방위적인 상황 인식이 가능하게 해준다. 〈출처: Elbit Systems〉

을 향상시키는 것이다. 셋째, 전차가 지상 로봇과 드론을 '충성스러운 윙맨loyal wingmen'처럼 원활하게 지휘해 제병협동작전 능력을 강화하는 것이다. 넷째, 전차에 연산 능력과 네트워크 기능을 추가하여 각 전차가 메시 네트워크에서 지휘통제 노드 역할을 수행할 수 있도록 하는 것이다.

장갑투시 시스템see-through armor system[7]은 전차 승무원이 전차 외부에 장착된 여러 대의 카메라를 통해 전차 외부의 상황을 볼 수 있어 승무원의 상황 인식 능력을 향상시킨다. 장갑투시 시스템을 사용하는 전차 승무원은 차량 내부에 있는 자신과 외부 사이를 가로막고 있는 육중한 장갑이 존재하지 않는 것처럼 느낄 수 있다. 자동차의 후방 카메라가 운전자의 주행 능력을 향상시키는 것처럼 장갑투시 시스템은 승무원의 의사결정 능력과 반응 속도를 높일 수 있다. 장갑투시 시스템으로 업그레이드된 차세대 전차의 승무원은 해치를 닫고 수행하는 작전$^{\text{closed-hatch operation}}$에 최적화되어 있다.

현대식 전차와 전투장갑차량의 방호력을 강화하려면 장갑이 가장 강한 차체에 승무원을 배치하고, 유인 포탑을 무인 로봇 포탑으로 교체해야 한다. 주포용 자동장전 시스템이 장착된 무인 로봇 포탑은 전차와 전투장갑차량의 무게를 줄여 작전적·전략적 전개를 용이하게 한다. 아울러, 하이브리드 전기 엔진이 탑재된 시스템을 설계하면 연료효율성과 작동 범위가 개선되고, 차량에 탑재된 각종 전자 컴퓨팅 시스템 작동에 필요한 전력도 공급할 수 있다.

로봇 시스템을 제어하는 것이 아니라 지휘할 수 있도록 기존 및 신형 장갑차량 플랫폼을 업그레이드하는 것이 장갑차량 발전의 다음 단계다. 미래의 전투장갑차량^{AFV}은 무인항공시스템^{UAS}과 무인지상차량^{UGV} 군집을 지휘할 수 있도록 설계될 것이다. 인간 전차 지휘관이 음성 명령으로 지휘할 수 있는 소형·경량·고속·저비용 무인로봇전차가 필요하다. 이러한 군사 시스템 하에서 군사용 무인 로봇은 적과 교전하기 위한 일련의 전투행동을 수행하고, 인간이 이를 중단시키거나, 새로운 행동을 명령하기 전까지 이를 자율적으로 수행한다. 아마존의 '알렉사^{Alexa}' 같은 단순한 시스템에서 볼 수 있듯이, 로봇에 대한 음성 명령도 가능하다. 아직도 많은 사람들은 인간이 리모컨이나 버튼으로 모든 무인 로봇 시스템을 직접 조종해야 한다고 생각한다. 이러한 논쟁은 나노초 단위로 우다 루프를 수행하는 무인 로봇 시스템이 밀리초 단위로 우다 루프를 수행하는 인간을 죽이기 시작할 때 비로소 끝이 나지 않을까?

하우 앤 하우 테크놀로지스^{Howe & Howe Technology}/텍스트론^{Textron}이 설계·제작한 M5 립소^{Ripsaw} 무인경전차[8]는 인간이 조종하는 주력전차를 지원하고 강화하기 위한 로봇 시스템으로, 인간의 지휘에 맞춰 조정할 수 있다. 무게가 4,100kg에 불과하고 시속 105km의 속도를 낼 수 있는 M5 립소 무인경전차는 30mm Mk.44 부시마스터^{Bushmaster} II 자동포와 기관총, 또는 대전차유도미사일로 무장한 완전한 전기 전차다. 충성스러운 윙맨 역할을 하는 M5 립소 무인경전차는 기존의 유인전차와 함께 전투할 수 있도록 설계되었다. 인간 전차 지휘관이 마치 유인전차를 지휘하듯 M5 립소 무인경전차 4대와 유인전차 1대로 구성된 유무인 전차소대를 음성 명령으로 지휘하는 모습을 상상해보자. 이러한 로봇 전차는 제병협동작전을 강화하고, 아군 병력의 생명을 위험에 빠뜨리지 않으면서 강력한 타격력을 제공할 수 있다.

미래의 주력전차는 인간과 로봇이 결합된 유무인복합체계 형태가 될 것이다. 제너럴 다이내믹스 랜드 시스템즈^{General Dynamics Land Systems}는 2022년 최신예 유인전차를 시연하면서 미군의 최신 전차 개념을 소개했다. 에이브럼스X^{AbramsX}[9]는 60톤급 주력전차로, 하이브리드 전기 엔진을 탑재하고 있으며, 로봇 윙맨 군집을 운용할 수 있을 만큼 강력한 컴퓨팅 성능을 갖추고 있다. 3명의 승무원이 차체 내부에서 전차를 조종하며, 추가적인 승무원 보호 기능이 탑재되어 있다. 러시아군의 T14 아르마타^{Armata}[10]와 유사하게 에이브럼스X도 120mm 자동 장전 주포와 기관총을 탑재한 로봇 포탑을 장착하고 있다. 에이브럼스X는 로봇 윙맨을 운용할 수 있고, 실내에 있는 승무원이 전차 밖의 근거리와 원거리 환경을

전차가 필요 없다는 말은 현대의 전투공간에서 승리하고 싶지 않다는 말과 같다. 전차는 공격작전에서 필수적이다. 위 사진은 제너럴 다이내믹스 랜드 시스템즈(General Dynamics Land Systems)가 개발한 에이브럼스엑스(AbramsX) 전차로, 에이브럼스엑스는 주력전차의 생존성, 치명성, 연결성을 높이는 데 필요한 것이 무엇인지를 보여준다. 에이브럼스엑스 미래 전차 설계는 AI 기반이며, 하이브리드 전기 엔진을 탑재하고, 자동포를 갖춘 무인 로봇 포탑을 장착하고 있다. 3명의 승무원은 전차 내부 차체(hull)에 위치한다. 〈출처: WIKIMEDIA COMMONS | CC BY 4.0〉

모두 볼 수 있도록 장갑투시 시스템이 장착될 수도 있다. 적절한 엣지 컴퓨팅 시스템edge computing system*까지 추가 장착된다면,[11] 에이브럼스X는 사거리 내 모든 지능형 무기체계와 연결되어 승무원이 실시간으로 전투공간을 통합적으로 볼 수 있게 되어, 전차 지휘관의 인지적 부담을 늘리지 않고 이 모든 것을 수행할 수 있게 될 것이다. 이러한 전차 전력을 개발해 전력화하는 군대는 모든 전투공간의 지상 영역을 장악하는 데 핵심적인 역할을 할 새로운 차원의 기동타격력을 확보하게 될 것이다.

미래의 센서, 타격무기, 그리고 재머

러시아-우크라이나 전쟁에서 도시 작전을 철저히 분석한 결과, 대규모 도시 포위전은 매우 어렵다는 점이 드러났다. 예를 들어 마리우폴 포위 작전의 경우 1만 4,000명의 병력과 포병 및 공군력을 동원한 러시아군이 약 4,500명의 우크라이나 방어군을 격파하는 데 무려 86일이 걸렸다. 이러한 작전은 도시를 파괴하고 주민들을 굶주리게 하는 결과를 초래하기 때문에 대부분의 서방 국가들은 이를 용인하지 않을 것이다.[12] 또 다른 선택지는 적이 방어하고 있는 도시를 직접 공격하는 것인데, 이는 2022년 2월 키이우에서 보았듯이 혼란스럽고 피비린내 나는 작전이며 엄청난 속도로 군사력을 소모한다. 러시아나 중국을 제외하고는 이처럼 옛날 방식으로 도시전투를 수행할 병력이나 의지를 가진 군대는 거의 없을 것이다. 21세기 도시전투에서 승리하기 위해서는 새로운 사고방식이 필요하지만, 무엇보다도 센서·타격무기·재머의 표적을 찾아내는 데 활용할 수 있는 효과적인 정보수집·감시·정찰[ISR]이 필수적이다. 이를 위해서는 센서가 타격무기 역할을 병행하고, 탐지·타격체계

---

* 엣지 컴퓨팅 시스템(edge computing system): 데이터를 중앙 서버나 클라우드로 보내지 않고 데이터가 생성되는 엣지에서 직접 처리하는 분산 컴퓨팅 시스템이다. 데이터 지연 시간을 줄이고 대역폭 사용량을 절감해 실시간 데이터 처리를 가능하게 한다.

가 군집 단위로 작동하며, 공격자가 기존의 공중우세 범위를 넘어 성층권까지 장악할 수 있어야 한다.

ISR 센서는 노출된 지형에서 가장 효과적으로 작동하지만, 도시에서는 산재한 건물과 철근 콘크리트 구조물로 인해 가시선 내 센서의 탐지가 방해받을 수밖에 없다. 하지만 여러 새로운 기술을 적용한다면, 도시 전투의 어려움을 극복하고 센서 체계의 성능을 개선할 수 있다. 탐지·타격체계를 분리 운용하는 기존 킬체인에서는 탐지-타격 간 시간 지연이 발생한다. 이 책에서 다루고 있는 3개의 전쟁을 통해 보았듯이 킬체인에서 발생하는 탐지-타격 간 시간 지연으로 인해 물리적 타격의 효과가 감소된다. 하지만 무인 무기체계가 스스로 표적을 탐지하고, 신속하게 표적을 적으로 분류한 후 바로 타격할 수 있다면, 이 문제는 해결된다. 탐지·타격체계는 킬체인을 수초 이내로까지 단축할 수 있다.

이스라엘 몇몇 기업들은 군사 로봇과 최첨단 자폭 드론 기술 분야에서 탁월한 능력을 갖추고 있다. 일례로 이스라엘의 하롭이나 오비터 같은 자폭 드론은 제2차 나고르노-카라바흐 전쟁에서 결정적인 역할을 했다. 이스라엘에 본사를 둔 세계적 방산업체인 엘빗 시스템즈는 이러한 전문성을 바탕으로 네트워크에 연결되어 작동하는 자율 로봇을 개발하여 전투공간을 장악하고 있다. 엘빗 시스템즈의 리전^{Legion}X[13] 시스템은 모든 유형의 다영역 로봇 센서를 하나의 네트워크화된 군집으로 연결한다. 엘빗 시스템즈에 따르면, "리전X는 로봇 플랫폼과 이종 군집$_{\text{heterogeneous swarms}}$을 기반으로 한 자율적 네트워크 전투 솔루션으로, 모든 제대에서 전술적 우위를 확보하여 다영역 전쟁에서 효율성을 증대하고 능력을 혁신한다. 리전X는 상호 연결된 이종 자율 플랫폼과 다양한 폭발력을 가진 무기체계들이 유기적으로 연계되어 대등하거나 동등한 능력을 갖춘 적국과의 전투 상황에서 다양한 이점을 제공한다." 리전X 네트워크를 사용하면 한 명의 운영자가 공중과 지상에 있는 수십 대의 로봇 무기를 동시에 운용하는 '일 대 다' 제어가 가능해진다. 음성·데이터·스트리밍 비디오streaming video 교환에는 무선 근거리 통신망인 와이파이를 사용한다. 와이파이가 없는 지역에서는 엘빗 시스템즈의 광대역 전술 데이터 통신 네트워크가 지상 또는 공중 시스템을 통해 소프트웨어 정의 무선SDR, Software-Defined Radio* 네트워킹을 제공할 수 있다. 엘빗 시스템즈의 광대역 전술 데이터 통신 네트워크는 복원력을 높이기 위해 나토가 사용하는 모든 이동통신 주파수 대역을 포괄하며, GPS에 의존하지 않는다.

리전X 개념의 핵심 요소 중 하나는 도시전투용으로 제작된 라니우스LANIUS 자폭 드론이다. 라니우스[14]는 가시선 밖에서도 운용이 가능한 자폭 드론으로, 자율적으로 표적을 탐지하고 타격할 수 있다. 라니우스 자폭 드론은 와이파이 또는 SDR 네트워크를 통해 네트워크에 연결된 다른 시스템과 통신한다. 라니우스의 기체에 탑재된 컴퓨팅 성능과 고급 알고리즘(AI)은 라니우스가 다른 물체와의 충돌을 회피하도록 돕고, 동시에 자기 위치 추정 및 지도 작성SLAM, Simultaneous Localization And Mapping 기능을 수행하도록 설계되어 있다. 라니우스는 7분간 비행이 가능한 단거리용 무기로, 살상 또는 비살상 무기를 탑재하고 초당 최대 20m 속도로

---

* 소프트웨어 정의 무선(SDR, Software-Defined Radio): 무선통신 시스템의 주요 기능을 하드웨어가 아닌 소프트웨어로 구현하는 무선통신 기술로, 다양한 주파수와 통신 규격을 유연하게 지원하고 신속하게 업데이트할 수 있는 장점이 있다.

비행하거나, 한 지점에서 호버링할 수 있다. 이러한 소형 드론은 더 크고 장거리 비행이 가능한 드론 모선$^{\text{dron mothership}*}$에서 발사된다. 건물을 파괴하기 위해 고폭탄을 장착한 12대의 라니우스 소형 드론은 드론 모션에서 발사된 후 자율적으로 표적을 탐지하고 파괴할 수 있다. 라니우스는 아직 시험 단계에 있지만, 가까운 미래에 병사들은 제2차 세계대전 당시 방공호 제거를 위해 수류탄을 사용했던 것처럼 라니우스와 같은 드론을 활용하여 도시전투를 치를 것이다. 과거와 다른 점이 있다면, 이러한 스마트 드론은 건물 내부의 상황을 실시간 영상으로 촬영하여 전송할 수 있어 폭발의 결과까지도 알 수 있다는 점이다. 라니우스는 아군에게 ISR 정보를 제공하는 탐지 기능과 적을 공격하는 타격 기능을 동시에 수행하는 효과적인 무기체계가 될 것이다.

군집 ISR 및 타격

모든 전투행위에는 적을 탐지해 타격하는 것이 포함된다. 아무리 무기가 발전했다고 해도 도시전투에서 인간 전투원들을 위험에 노출시키면 당연히 사상자가 발생한다. 우크라이나의 도시전투에서 증명되었듯이, 도시는 복잡해서 이동하기도 어렵고 확보하기도 힘든 전투공간이다. 도시 지형은 방어군에게 은신처와 견고한 진지, 건물과 도로를 활용한 매복 공격의 기회를 제공한다. 아직 끝나지 않은 러시아-우크라이나 전쟁

---

* 드론 모션(dron mothership): 여러 대의 소형 드론이나 무인체계를 발사·운용·보급할 수 있는 대형 드론 또는 플랫폼으로, 소형 드론의 작전 범위를 확장하고 임무 수행을 지원하는 역할을 한다.

에서 러시아군은 병력을 투입하기 전에 포병, 로켓, 미사일로 도시와 마을을 무차별적으로 파괴했다. 이러한 참상을 피하기 위해서는 새로운 접근방식이 필요한데, 미 방위고등연구계획국DARPA(이하 DARPA로 표기)은 그 해법을 마련하기 위해 전력을 다하고 있다.

DARPA는 도시 지역에서의 정보수집·감시·정찰ISR과 전투 작전을 위한 군사 로봇 시스템의 개선에 AI를 적극적으로 활용하고 있다. 2021년 3월 열린 국방 대비 워크숍Defense Readiness Workshop에서 DARPA 정보혁신국Information innovation Office 부국장 매트 투렉Matt Turek 박사는 120개가 넘는 DARPA의 중요한 프로그램에서 AI가 필수적이라고 말했다. 또한, 투렉은 '설명 가능한 AIExplainable AI' 프로그램인 XAI를 개발하고 있다고 말하면서, XAI는 "기계가 자신이 작동하는 맥락과 환경을 이해하고 일정 시간의 학습을 거치면 실제 세계 현상을 설명할 수 있는 기본 설명 모델을 구축하는 제3세대 AI 시스템"[15] 구현을 가능하게 할 것이라고 밝혔다.

이를 통해 환경을 학습하여 다양한 임무를 수행할 수 있는 AI 기반 시스템이 탄생하게 될 것이다. 제3세대 AI가 현실화되면, 컴퓨터는 인간 전투원의 단순한 도구를 넘어, 함께 작전을 수행하는 유능한 파트너가 될 것이다. 이러한 인간과 기계의 협업 사례는 2023년 2월 DARPA의 공중전 진화Air Combat Evolution 프로그램에서 시연되었는데, 이 프로그램은 AI를 탑재한 F-16 전투기가 독립적으로 작전할 수 있다는 것을 보여주었다. X-62A 또는 비스타VISTA, Variable In-flight Simulator Test Aircraft(가변 비행 시뮬레이터 시험기)[16]로 개명된 AI 탑재 F-16 전투기는 AI의 제어 하에 여러 차례 비행에 성공했다. 이러한 능력을 갖춘 AI가 상용화된다면 무인

2021년 11월 16일, 공격형 군집 전술(OFFSET, Offensive Swarm-Enabled Tactics) 프로그램의 최종 현장 실험에서 군집 드론이 포트 캠벨(Fort Campbell)의 캐시디(Cassidy) 사격장을 정찰하고 있다. 미 방위고등연구계획국(DARPA, Defense Advanced Research Project Agency) 연구원들은 보병부대가 250대 이상의 군집 드론을 활용하여 도시 환경에서 다양한 임무를 수행할 수 있도록 하는 것을 목표로 공격형 군집 전술을 설계했다. 〈출처: U.S. Army〉

항공기가 유인항공기의 '충성스러운 윙맨'으로서 함께 비행하는 세상이 열리게 될 것이다. 또한, 자폭 드론에 AI 기술이 적용된다면 자율적이고 상호 협력적인 군집 드론 비행 능력도 크게 향상될 것이다. 이러한 일련의 시험들로 인해 미 공군은 네트워크화된 자율 드론을 최우선으로 개발하고 예산을 지원하기로 했다.

DARPA의 공격형 군집 전술OFFSET, Offensive Swarm-Enabled Tactics[17] 프로그램은 도시전투에서 군집 드론을 활용해 도시전투의 ISR 및 타격 문제를 해결하려는 것이다. DARPA의 웹사이트에 따르면, 공격적 군집 운용 전술 프로그램은 "소규모 보병부대가 복잡한 도시 환경에서 다양한 임무를 수행하기 위해 250대가 넘는 무인기와 무인지상로봇 군집을 운용해 다양한 임무를 수행하는 미래상을 그리고 있다. 군집의 자율성과 인간-군집 간 협업 분야의 신기술을 결합해 활용함으로써 보병부대의 역량을 획기적으로 개선하고 신속하게 군집 드론을 개발·배치할 수 있도록 지원하는 것을 목표로 한다." 이 개념은 네트워크화된 군집 드론과 무인지상차량을 병사들과 함께 운용해 도시전투에서 전례 없는 탐지·타격 능력을 제공한다. 군집 드론은 센서와 타격무기 역할을 동시에 수행하며 도시 전투공간 내 건물이나 구역을 고립시키고 도시 습격도 수행할 수 있다. 미래의 도시전투는 많은 병력을 투입해 막대한 인명 피해를 감수할 필요 없이 하늘을 나는 무인기와 지상을 이동하는 무인지상로봇이 군집을 이뤄 싸우게 될 것이다. 요컨대, 네트워크화된 자율 무인 시스템을 군집으로 활용하는 방식은 전쟁 방식을 근본적으로 바꿔놓을 것이다.

도시 상공과 성층권 장악하기

실시간 상황 인식 능력은 도시전투에서 부대의 전투력을 배가시키는 요소이며, ISR 드론은 오늘날의 현대화된 모든 부대가 갖추고 있는 기본적인 장비다. 몇천 달러만 있으면 누구나 저렴한 가격의 일회용 소형

우크라이나는 러시아 침략군을 물리치기 위해 정보수집·감시·정찰(ISR), 타격 등 다양한 임무에 드론을 사용하고 있다. 위 사진은 2020년 쉬로키 란(Shyrokyi Lan) 사격장에서 R18 드론이 폭탄을 투하하는 모습이다. 〈출처: WIKIMEDIA COMMONS | Aerorozvidka | CC BY-SA 4.0〉

드론을 구입할 수 있다. 거의 모든 국가에서 드론을 생산하고 있으나, 가장 비싸고 성능이 뛰어난 드론은 미국, 중국, 유럽, 이스라엘, 터키, 이란의 제품들이다. 중국은 전 세계에 유통되는 상업용 드론의 80%를 제조하는 드론 강국으로, 이들 중 대부분이 소형 드론이다. 중국 선전深圳에 있는 DJI 사이언스 앤드 테크놀로지Science and Technology 한 곳에서만 전 세계 상용 드론의 70%를 생산하고 있다.[18] 러시아-우크라이나 전쟁에서도 그 효과를 증명한 DJI 드론은 우크라이나 아에로즈비드카 부대에서 사용하고 있는 소형 드론의 대다수를 차지한다.[19] 아에로즈비드카는 우크라이나 육군 드론 운용병들로 구성된 부대로, 이들은 모두 전쟁 이전부터 드론을 취미로 조종하던 드론 애호가였는데, 전쟁 발발 후 이 드론 운용 부대에서 숙련된 군용 드론 운용병으로 성장했다.

드론은 저렴한 비용으로 승리에 꼭 필요한 군사적 능력을 제공하는 수단이다. 2,000달러짜리 소형 쿼드콥터 드론은 도시를 감시하고 건물 내부에서도 기동할 수 있지만, 도시전투를 수행하기 위해서는 고고도 및 중고도에서 도시를 관찰할 수 있는 드론도 필요하다. 고고도에서 운용되는 드론은 건물 내부나 지하에 숨어 있지 않은 적 병력을 적발해내는 수단을 제공한다. 유인항공기는 중고도 및 고고도 ISR을 제공하지만, 적의 위협 수준이 높은 곳에서는 이 임무를 고고도 장기 체공$^{HALE, High Altitude, Long-Endurance}$ 및 중고도 장기 체공$^{MALE, Medium-Altitude, Long-Endurance}$ 드론이 수행한다. 그러나 대도시나 거대도시에서의 도시전투를 생각한다면, 중고도나 고고도 ISR 자산만으로는 충분하지 않다. 끊김 없이 지속적으로 제공되는 ISR 정보는 매우 중요하다.[20] 이를 위해서는 우주권, 성층권, 중고도 및 고고도 대기권 등을 나누어 접근하는 고도별 차별화 전략이 필요하다. 지구궤도에 체공 중인 정지궤도 위성이나 저궤도 위성은 우주에서 ISR을 제공한다. 유인항공기와 고고도 및 중고도 장기 체공 드론은 대기권에서 ISR을 제공한다. 공백이 발생하는 지점은 우주와 대기권 사이의 공간인 지상에서 고도 14.5km부터 50km 사이의 성층권이다.

이러한 두 층 사이의 공백을 관리하기 위해 미 육군은 성층권 ISR 무인기 실험을 진행해왔다. 성층권에서 운용되는 무인기는 고해상도 이미지를 촬영하여 빠르게 전송하고, 영상 전송과 데이터 처리 속도를 높이고, 적의 위협을 조기에 경보하고, 적이 사용하는 레이더와 통신 시스템을 교란할 수 있어 우주 멀리 있는 위성보다 더 효과적이다. 이러한 능력은 대도시 군사작전 수행에 필수이다. 2021년에 미군이 성층권에 대한 관심을 강조하자, 미 중부사령부US Central Command와 미 해군 해상전센터US Navy's Surface Warfare center는 성층권 풍선 및 태양열 무인기 활용 방안 요청서를 발표했다.[21] 지난 5년간 실시된 시험들은 이전에는 작전 수행이 어려웠던 성층권이라는 극한의 환경에서도 지속적인 작전을 수행할 수 있는 능력을 확보하는 데 중점을 두고 있다.

성층권 진입을 위한 노력의 성과 중 하나로 영국 국방부 연구기관 일부가 민간으로 분리되어 만들어진 민간 방산기술 기업인 큐이네티큐QinetiQ가 설계하고 유럽 에어버스Airbus가 제조한 성층권 고고도 무인항공기 제퍼Zephyr를 들 수 있다. 에어버스는 제퍼를 필요한 거의 모든 장소에서 발사할 수 있는 태양광 고고도 유사 위성Solar High-Altitude Pseudo Satellite이라고 설명한다. 제퍼8Zephyr8은 현재 미 육군이 시험 중인 초경량 탄소섬유 무인기의 최신 모델 중 하나다. 무게는 75kg 미만이며, 날개 길이는 최대 25m에 달한다. 날개와 꼬리 표면에는 대형 태양광 패널이 있어 낮 동안 태양광으로 항공기에 필요한 전력을 공급하고, 야간 작전을 위해 리튬-황 배터리를 충전한다. 제퍼는 매우 가벼워서 6~8명이 운반하여 발사할 수 있고, 2개의 프로펠러 구동 엔진만으로 공중으로 날아오른다. 미 육군의 제퍼8 프로토타입은 2022년 여름 애리조나주 사막에서 추락할 때까지 64일 동안 미국 남부, 멕시코만, 남미의 6만 피트 상공을 비행하기도 했다. 2022년 8월 8일, 미 육군은 "예기치 않은 이유로 비행을 종료하게 되었다"면서 제퍼의 정확한 추락 원인을 밝히지는 않았다.[22] 호주도 제퍼를 구매하여 시험했지만, 2019년 9월 28일 8,000피트 상공까지 올라간 이후에 통제 불능이 되어 선회를 반복하다가 난기류를 만나 사막으로 추락하여 파괴되었다. 공식적인 추락 원인은 불안정한 대기 조건으로 밝혀졌다. 2023년 1월 28일부터 2월 4일까지 미국 전역을 횡단했던 악명 높은 중국의 스파이 풍선은 사우스캐롤라이나주 해안 일대에서 격추되기 이전까지 전 세계를 놀라게 했다. 이 사건은 성층권을 군사적으로 활용하는 것이 얼마나 중요한지를 다시 한번 상기시켜준 사건이었다. 미래의 도시 작전은 단순히 도시의 상공을 장악하는 것뿐만 아니라 성층권까지 장악해야 하는 상황에 다다른 것이다.[23]

성층권에 센서와 재머를 배치하는 것은 점점 더 중요한 군사적 요구사항이 되고 있다. 대부분의 군사작전에서 고가의 고성능$^{high\text{-}end}$ 무기체계와 필요한 성능을 갖춘 저가$^{low\text{-}end}$ 무기체계를 혼합하는 '하이로우 믹스$^{HiLo\ mix}$'는 전투에서 승리할 수 있는 균형을 제공한다. 풍선은 도시 작전을 위한 하이로우 믹스 해법을 제공할 수 있고, 군집 드론 지원용 와이파이 장비를 탑재하면 도심의 사각지대에서도 드론 간 통신을 중계하는 역할을 할 수 있다. 이러한 하이로우 믹스는 중복성과 복원력을 제공하며, 유인기나 고고도 체공 드론 및 중고도 체공 드론을 운용하는 것보다 비용이 저렴하다. 최신 부력체$^{LTA,\ lighter\text{-}than\text{-}air}$ 시스템은 정교한 ISR과 통신 패키지를 탑재하여 도시 상공에서 지속적 감시, 네트워크 연결, 전자전 지원 능력을 제공할 수 있다. 에어로스탯이라고도 불리는 군사

미군은 실시간 지속적인 정보수집·감시·정찰(ISR)을 위해 수년간 대형 풍선인 에어로스탯을 사용해왔다. 위 사진은 2019년 11월 13일 제84레이더평가비행대가 애리조나주 포트 후아추카(Fort Huachuca)에서 국토안보부(Department of Homeland Security)와 세관국경보호국(Customs and Border Protection)을 지원하기 위해 계류식 에어로스탯 레이더 시스템(Tethered Aerostat Radar System)의 분석 및 최적화를 수행하고 있는 모습이다. 이 계류식 에어로스탯 기반 감시 시스템은 미국-멕시코 국경과 일부 카리브해 지역에서 저고도 항공기와 수상 선박을 레이더로 탐지하고 감시하는 임무를 수행했다. 〈출처: WIKIMEDIA COMMONS | U.S. Customs and Border Protection | Public Domain〉

용 부력체LTA는 성층권에서 비행하면서 무인항공 시스템 방어를 위한 ISR 임무를 수행할 수도 있다.

　에어로스탯은 최첨단 부력체로, 계류식이거나 자율비행이 가능하다. 이 고고도 풍선은 항공기 비행고도보다 높고 인공위성 고도 보다는 낮은 6만 피트에서 10만 피트 상공에서 운용된다. 군사용 에어로스탯 개발에 참여하는 주요 방위산업체 중 하나는 미국의 방산기업 록히드 마틴Lockheed Martin이다. 록히드 마틴은 제2차 세계대전 이전부터 미 해군과 함께 군사용 풍선 개발 사업에 참여했으며, 최신 고급 모델은 과거의 단순한 무골격 비행선과는 비교할 수 없을 정도도 기술 수준이 높다. 미국은 남부 국경에서 마약 밀매를 단속하기 위해 저고도에서 계류식 전술용 에어로스탯을 사용해왔다. 2013년부터 사용된 록히드 마틴의 420K 에어로스탯 시스템은 바이든 행정부가 2022년 말 사용 중지를 결정할 때까지 미국이 매일 사용한 유일한 ISR 및 통신 풍선이었다. 록히트 마틴의 또 다른 전술용 에어로스탯 모델인 74K 에어로스탯은 저고도에서 지속적인 감시와 통신이 가능하도록 특별히 설계되었다. 이 기체는 길이가 35m이며 광섬유 전송 케이블로 계류된다. 최대 500kg 중량의 장비를 탑재할 수 있다.[24]

고고도 비행선은 도시 넓은 지역에 대한 광역 감시와 통신 이점을 제공한다. 록히드 마틴의 고고도 비행선HAA, High-Altitude Airship은 성층권에서 운용이 가능하며, 도시 상공에서 지속적인 무인정찰, 전자전, 통신을 지원한다. 고고도에서 비행하므로 대부분의 단거리 방공무기로는 격추할 수 없고, 일부 장거리 타격체계로도 파괴하기는 어렵다. 고고도 비행선은 지상 기지국이나 위성 중계기를 통해 지시를 받아 공역 내에서 기동할 수 있기 대문에 계류 케이블로 고정할 필요가 없다. 에어로스탯은 보통 감시 레이더, 관성항법장치, 열영상 카메라, 전자광학 센서, 전자정보ELIN 시스템, 통신정보SIGINT 시스템 등을 장착할 수 있다.

미국은 자국의 풍선에 무기를 장착하지 않고 있고 앞으로도 그럴 의

RQ-4 글로벌 호크(Global Hawk)는 전천후 주야간 글로벌 정보, 감시 및 ISR 기능을 지원하는 통합센서를 갖춘 고고도 장기 원격조종 항공기다. 글로벌 호크는 향후 미군이 참여하는 모든 도시전투에서의 ISR을 위한 핵심이 될 것이다. 미 공군은 블록 40 글로벌 호크 비행단이 더는 현대화된 방공무기에 대응할 수 없다고 판단하여 2027년부터는 더 현대적이고 지능적인 시스템으로 교체할 예정이다. 위 사진은 2020년 10월 23일 노스다코타주 그랜드 포크스 공군기지(Grand Forks Air Force Base)에서 글로벌 호크가 견인되는 모습이다. 〈출처: WIKIMEDIA COMMONS | U.S. Air Force | Public Domain〉

사가 없지만, 미국의 경쟁국들은 생각이 다를 수도 있다. 성층권에서 운용되는 무장 에어로스탯은 정지형 무기 플랫폼으로서 정밀폭격 임무를 수행할 수도 있다.

미래 도시전투를 위한 ISR 및 타격

세계는 점점 더 위험해지고 있다. 강대국 간의 전쟁 가능성은 높아지고 있으며, 여러 개의 대규모 전쟁이 동시에 발발할 가능성도 배제할 수 없다. 러시아-우크라이나 전쟁에서 보듯이, 도시는 현대전의 중요한 전쟁터이며, 이 전투에서 얻은 가장 중요한 교훈은 도시전투를 피할 수 없다는 것이다. 만약 중국이 대만을 침공한다면 대부분의 전투는 도시에서 벌어질 것이다. 도시전투를 피하고 싶어 하지만, 그럴 가능성은 낮으며, 이에 대비하여 훈련하고 장비를 갖추어야 한다. 첨단기술이 도시전투에 대한 만능 해결책은 아니지만, 우크라이나에서 벌어지고 있는 피비린내 나는 전투 방식에 대한 대안을 제시할 수는 있다.

가까운 미래에는 군집 형태로 운용되는 탐지·타격 드론이 도시의 상공과 성층권을 지배하게 될 것이다. 적으로부터 안전이 확보된 거리에서 정밀 다영역 ISR을 제공할 수 있는 새로운 플랫폼은 네트워크의 문제를 개선하고, 적 시스템을 교란하는 수단을 제공하며, 드론 작전을 통한 도시전투에서의 승리를 지원할 것이다. AI, 초소형화, 자율무인 시스템은 이러한 전쟁의 변화를 주도하고 있다. 10년 안에 군대는 지금과 같이 각각의 전력이 독립적으로 작전하면서 네트워크를 통해 서로 정보를 주고 받으며 싸우는 방식에서 벗어나 여러 시스템이 하나의 군집을 이뤄 서로 협력하고 상호작용하면서 싸우는 방식으로 변할 것이다. 2014년 폴 샤레Paul Scharre는 『전장의 로봇공학 파트 2: 다가오는 군집 Robotics on the Battlefield Part II: The Coming Swarms』이라는 제목의 연구에서 다음과 같이 예측했다.

새롭게 등장하는 로봇 기술 덕분에 미래의 군대는 오늘날의 네트워크로 연결된 군대보다 더 크고, 더 긴밀하게 연계되고, 더 똑똑하고, 더 빠른 속도로 군집을 이뤄 싸우게 될 것이다. 저비용 무인 시스템을 대량으로 제작하면 '작전 구역 내 홍수flooding the zone'를 일으키듯이 수적 우위를 바탕으로 적의 방어체계를 압도할 수 있을 것이다. 네트워크로 연결된 협력적 자율 시스템은 분산된 요소들 간의 협력적 행동을 통해 일관되고 지능적인 전체를 형성할 수 있을 것이다.[25]

이러한 무인 시스템은 도시전투에서 인명 피해를 줄이고 승리하는 데 필요한 정찰 및 타격 능력을 제공할 것이다. 군대가 네트워크로 연결된 군집 드론을 배치함에 따라, 드론은 어디서나 ISR과 타격 능력을 제공할 것이다. 전쟁의 주도권은 머지않아 적을 자율적으로 감지·타격·교란할 수 있는 네트워크로 연결된 군집 로봇 플랫폼으로 넘어갈 것이다. 이러한 무기체계를 개발하는 데에는 많은 비용이 들겠지만, 20세기 기관총과 전차가 그랬던 것처럼 다음 전쟁에서 중대한 변화를 가져올 것이다. 빠르게 변화하는 전쟁 방식에 적응하기 위해 우리는 다르게 생각해야 하고 시의적절하게 행동해야 한다.

2020년 5월, 미 육군은 블랙 호크(Black Haw) 헬리콥터에서 자폭 드론을 발사했다. 레이시온의 코요테 블록-2 자폭 드론 등을 탑재한 블랙 호크 헬리콥터는 적 드론 방어에 필요한 이동식 발사 플랫폼 및 지휘통제체계로서 역할을 수행할 수 있다. 〈출처: U.S. Army〉

CHAPTER 13

빅 블루 블랭킷: 대드론 작전을 위한 경전술기

우리는 한국전쟁 이후 처음으로 완전한 공중우세 없이 작전을 수행하고 있다. 우리 중부사령부는 대드론 작전을 최우선 과제로 삼게 되었고, 이러한 위협을 격퇴하기 위한 다양한 시스템과 전술을 운용하고 있다.[1]

— 미 중부사령관 대장 케네스 맥켄지 주니어(Kenneth McKenzie Jr.) —

● 11월 말, 미 항공모함이 여러 척의 호위함에 둘러싸인 채 필리핀해의 분쟁 해역을 항해하고 있다. 항공모함에 승선한 수병들은 적의 공격에 대비하여 고도의 경계태세를 유지하고 있다. 아름답고 맑은 하늘에 해가 떠오르자, 톰 스프레이그$^{Tom\ Sprague}$ 대령은 항공기를 출격시키기 위해 바람을 정면으로 맞으며 항해하도록 명령한다. 어젯밤 수신한 최신 정보 보고에 적이 공격할 가능성이 높다는 내용이 있었기 때문이다. 적이 그의 함선을 정밀공격하는 것은 그에게는 악몽과도 같은 시나리오다. "경고, 적 접근 중!" 그때 인터폰을 통해 지휘센터의 경고 메시지가 함교와 함선 전체에 울려 퍼진다. "전투 위치! 전 인원 전투 위치!"

스프레이그 대령은 함교에 서서 수평선을 주의 깊게 살핀다. 멀리 호위구축함 중 한 척에 탑재된 대공방어 시스템이 접근하는 표적을 포착해 포격을 개시한다. 대공포가 맹렬히 불을 뿜고, 하늘 여기저기서 폭발음이 울려 퍼지지만 표적을 명중시키지 못한다. 갑자기 2개의 물체가 호위구축함의 방어선을 뚫고 낮은 고도로 항공모함을 향해 빠르게 접근한다.

항공모함의 대공방어 시스템이 접근하는 적기를 향해 격렬히 포격을 퍼붓는다. 모든 것이 너무 빠르게 진행된다. 적기는 항공모함을 향해 곧장 날아든다. "충격에 대비하라!" 스프레이그 함장이 비명을 지르듯이 소리친다.

적기가 투하한 첫 번째 폭탄이 항공모함의 좌현 대공방어포대를 정면으로 강타한다. 좌현에서 화염과 연기가 피어오른다. 충격을 받은 스프레이그 함장과 함교 승무원들은 함교 갑판에 쓰러진다. 10초 후, 두 번째 폭탄이 항공모함의 활주로 갑판을 관통해 격납고 한 곳에 떨어져 폭발하면서 함선 후미에서 뱃머리까지 불이 붙는다.

*　*　*

이 이야기는 중국 해군과 벌이게 될 미래 해전의 시나리오일까? 아니다. 이것은 1944년 11월 25일 지금은 대만이라고 불리는 포모사Formosa 해안에서 2대의 일본 가미카제 전투기에 의해 미 항공모함 인트레피드 USS Intrepid가 공격당한 실제 이야기다. 심하게 손상되었음에도 불구하고, 인트레피드 함은 침몰하지 않고 간신히 살아남았다. 항모 함재기들은 가까이 있는 다른 항공모함으로 이동했다. 69명이 사망하고 35명이 중상을 입었으며, 항공모함은 힘겹게 항구로 복귀했으나 수리를 위해 몇 달 동안 항해를 중단해야 했다.[2]

미 해군은 가미카제의 정밀타격에 대응하기 위해 새로운 전술이 필요하다는 것을 깨닫게 되었다. 전쟁 초 미군 전투기보다 더 빠르고 뛰어난 기동성을 갖췄던 일본군의 제로 전투기에 대응하기 위해 혁신적 전술을 개발해 명성을 얻은 존 새치John Thach 중령은 함대를 보호하기 위한 새로운 항공 전술을 고안했는데, 이 새로운 항공 전술은 '빅 블루 블랭킷Big Blue Blanket'으로 명명되었다.[3] 이 이름은 빅 블루 블랭킷 임무를 수행한 헬캣Hellcat과 코르세어Corsair 전투기의 파란색 외장 페인트에서 유래되었다. 이 전술의 핵심은 함대 본대에서 50마일 이상 떨어진 지역에서 전투공중초계CAP, Combat Air Patrol*를 실시하는 것이었다. 전투공중초계기들은 새벽부터 해질 때까지 하늘을 감시하며 일본 가미카제 자살공격기들을 차단했는데, 야간에는 일본 가미카제 자살공격기들이 미 함대

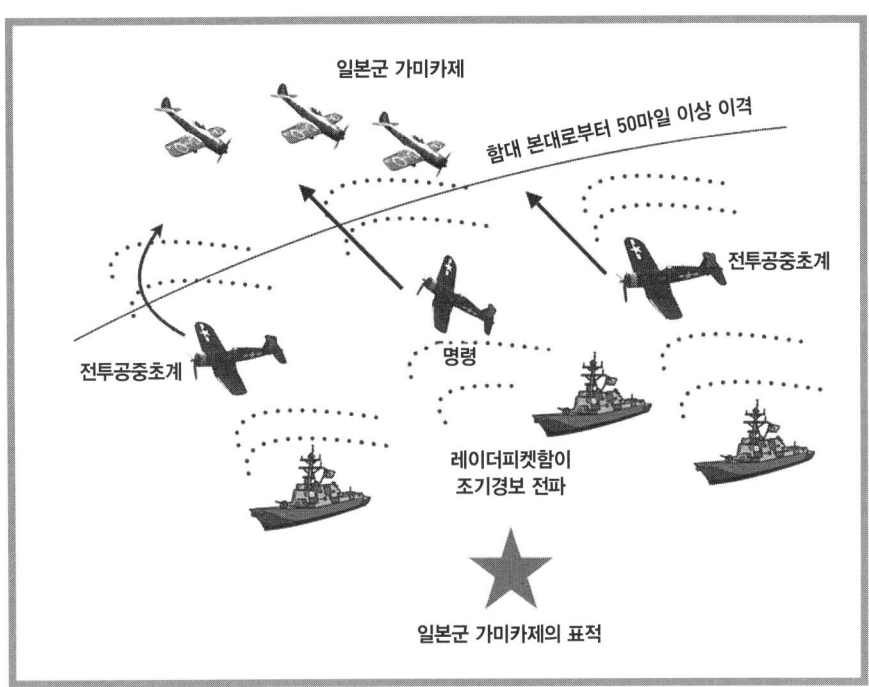

미 해군 존 새치 중령은 가미카제 공격으로부터 함대를 보호하기 위해 '빅 블루 블랭킷' 개념을 고안했다. 가미카제는 사람이 직접 조종하는 자살폭탄 전투기였다. 존 새치 중령이 고안한 이 전술은 함대 본대에서 수십 마일 떨어진 곳에 배치된 레이더피켓함(radar picket ship)과 주간 전투초계기, 그리고 일본 비행장에 대한 끊임없는 정찰 비행을 실시하는 정찰기와 같은 '센서'와 '타격무기'로 구성되었다. 현대 전장의 자폭 드론, 순항미사일, 장거리 정밀타격체계는 제2차 세계대전 당시 가미카제보다 더 정밀하고 정확하게 표적을 타격할 수 있다. 〈출처: 저자 작성〉

를 정확히 조준할 수 없었기 때문이다. 새치의 새로운 항공 전술이 모든 일본 가미카제 자살공격기를 막지는 못했지만, 미군 함대 사정권 내에 들어오기 전에 많은 가미카제 자살공격기를 격추하여 함대를 보호하는 데에 크게 이바지할 수 있었다.

---

* 전투공중초계(CAP, Combat Air Patrol): 적의 공습에 대비하여 항공기가 지정된 지역 상공을 지속적으로 순찰하면서 적 항공기를 찾아내고 감시하는 임무를 말한다. 적 항공기를 발견하면 즉시 식별한 뒤 함대 지휘부에 이를 알려서 경고·요격·교전 조치가 이루어지게 한다.

이제, 미군을 위한 무장 감시 및 대드론 체계$^{CUAS,\ counter\text{-}unmanned\ aerial}$ ^{system} 작전을 위해 빅 블루 블랭킷을 부활시킬 때가 되었다. 문제는 결국 이를 어떻게 실행하느냐다. 적 드론을 전자전 공격으로 교란하는 것부터 로켓, 폭발물, 기관총 또는 충돌공격으로 드론을 물리적으로 파괴하는 방법까지 다양한 드론 격추 메커니즘을 지닌 새로운 대드론 체계가 다수 등장하고 있다. 하지만 이러한 대드론 체계의 상당수는 비용이 많이 들어서 고정 거점 방어에는 적합할지 모르지만 이동 중인 부대를 방어하기 위한 대드론 체계로는 적합하지 않다.

드론을 격추할 수 있는 드론도 필요하지만, 전체 대드론 체계가 날아오는 미사일도 요격할 수 있는 완전한 이동식 통합방공체계$^{IADS,\ Integrated}$ $^{Air\text{-}Defense\ System}$에 통합되기 전까지는, 지휘권을 가진 인간의 직접 개입$^{Human\text{-}in\text{-}the\text{-}loop}$이 필요하다. 한 가지 해결책은 조종사가 탑승하는 프로펠러 경전술 항공기를 활용하는 것이다.

기술이 빠르게 발전하는 시대에 막대한 예산을 사용하는 공군은 언제나 최첨단의 정교한 무기로 무장하기를 원한다. 세계에서 가장 복잡하고 비싼 항공기를 운용하는 미 공군이 그 대표적인 예다. 첨단 기술을 갖춘 미 공군에게 프로펠러 전투기를 전력화하자는 제안은 터무니없고 전혀 어울리지 않는 것처럼 보일지 모르지만, 지금 우리가 직면한 무인시스템의 위협을 고려할 때 매우 유용한 옵션이다. 적 드론을 격추하고 대드론 작전을 지원하는 임무에서 최첨단 기술의 다목적 전투기가 항상 최선의 해결책은 아닐 수도 있다.

고성능 플랫폼은 일반적으로 가격이 매우 비싸고 시스템이 복잡하다. F-35 라이트닝 II와 같은 고가의 첨단 항공기는 대드론 작전 수행 능력을 높이는 것이 아니라 오히려 저하시킬 수 있다. 드론을 추적하여 격추할 수 있는 특수 설계된 탄약으로 무장한 느린 속도로 이동하는 저렴한 유인항공기는 대드론 작전에 적합한 간단하고도 효과적인 해결책이 될 수 있다. 이러한 항공기는 미사일 격추에 필요한 통합방공 시스템에서 노드 역할도 수행할 수 있다. 요컨대, 경전술기(일각에서는 이를 경공격기라고 부르기도 함)를 이용해 주로 아군 전선 후방에서 작전하면 대드론 체계를 위한 빅 블루 블랭킷을 만들어낼 수 있을지도 모른다.

F-15E 스트라이크 이글Strike Eagle의 무기체계 장교로 250회 이상의 전투 임무를 수행한 마이크 베니테즈Mike Benitez 소령은 2016년 〈워 온 더 락스War on the Rocks〉의 기고문에서 근접항공지원CAS, Close Air Support 비용이 "전투항공초계는 시간당 6만 4,000달러 이상으로, 분당 1,000달러가 넘는다"고 기술했다.[4] 실제 F-15 항공기의 대당 가격은 약 3,110만 달러이며, 궁극의 다목적 스텔스 전투기로 알려진 F-35는 기종에 따라 대당 9,400만 달러에서 1억 4,800만 달러에 달한다. 세계 최고의 근접항공지원 제트엔진 항공기로 알려진 미 공군의 A-10 썬더볼트 IIThunderbolt II는 대당 가격이 약 4,630만 달러에 달한다. 미 공군은 A-10을 수년간 폐기하려 했지만, 의회의 개입으로 이를 여전히 운용하고 있다. 고가의 정교한 플랫폼을 획득하는 데에만 몰두한 결과, 현재 미 공군은 우선순위가 상대적으로 낮은 근접항공지원이나 대드론 작전 항공기 구매에 할당할 수 있는 예산이 부족하다. 그렇다면 오늘날 저렴하고 비행 및 유지 보수가 간편한 프로펠러 항공기가 전투에서 어떤 임무를 수행할 수 있을까?

현재 미 육군은 전자전 작전 및 기타 임무를 위해 약 339대로 구성된 경항공기 편대를 운용하고 있다. E-O5, RC-12, B-300은 프로펠러가 장착된 육군의 전자전 항공기로, 특수 전자전 임무를 수행한다. 현대의 전투공간에서도 터보프롭^{turboprop*} 항공기를 고려해야 하는 설득력 있는 세 가지 이유가 있다. 첫째, 경제적이고 효과적인 조종사 훈련을 위해서다. 둘째, 저강도 분쟁에서의 근접항공지원과 대드론 작전을 위해서다. 셋째, 고강도 분쟁에서 대드론 체계로서 제공할 수 있는 다목적성 때문이다. 나토 공군은 항공기를 계속 띄우고 조종사 훈련을 위한 비행시간을 확보하는 데 어려움을 겪고 있다. 2017년 프랑스와 영국이 보유한 다목적 제트 전투기 중 단지 3분의 1 정도만 운용할 수 있었다. 나머지는 유지 보수, 정비 또는 수리부품 부족 등을 이유로 정상적으로 비행할 수 없었다. 미 공군 항공기도 유지 보수 비용과 복잡한 구조로 인해 가동률이 점차 줄어들고 있다. 이 문제를 지상 제병협동작전 관점에서 보면, 대반란 작전, 대테러 작전 중 근접항공지원을 수행하고 동급 전력 간 교전에서 대드론 작전 임무를 수행할 경공격기가 필요하다는 것은 자명해 보인다.

나토 공군이 보유한 고가의 4·5세대 전투기는 주로 까다롭고 복잡한 임무에 우선 투입되기 때문에 근접항공지원 임무를 위한 자산은 거의 없다. 언젠가는 무인기가 이러한 역할을 완전히 대체할 수도 있겠지만, 현재의 고성능 첨단 무인기도 유인 경공격기가 제공할 수 있는 다재다능함을 갖추지는 못했다. 미 공군은 주로 대테러 작전 근접항공지원용으로 300대의 경전술기 구매를 검토해왔으며, 미 상원은 2020년 국방수권법에서 경공격기 구매를 위해 2억 1,000만 달러의 예산을 할당

---

* 터보프롭: 가스터빈을 이용하여 프로펠러를 돌려 추진력을 얻는 내연기관이다.

대드론 작전에는 위험한 빈틈이 존재한다. 미 특수작전사령부는 최근 무장 감시 플랫폼용으로 AT-802U 스카이 워든 경전술기를 도입했는데, AT-802U 스카이 워든은 특수부대가 일상적으로 작전하는 열악하고 위험한 환경에서 감시, 근접항공지원, 정밀타격을 수행하도록 설계되었다. 그렇다면 경전술기를 대드론 작전에 활용할 수 있지 않을까? 〈출처: Air Tractor and L3 Harris〉

했다. 하지만 미 공군은 2020년 2월 경전술기가 동급 전력과의 근접전투 작전에는 적절하지 않다고 판단하여 경전술기 프로그램을 취소했다. 미 공군이 경전술기 프로그램을 취소한 직후인 2022년 8월 1일, 미 특수전사령부USSOCOM, US Special Operations Command는 '무장 감시Armed Overwatch' 프로그램 기종으로 에어트랙터-L3 해리스Air Tractor-L3 Harris의 AT-802U 스카이 워든Sky Warden을 선정했다고 발표했다. 특수전사령부는 75대의 유인 고정익 항공기를 확보해 근접항공지원, 무장정찰, 타격 조정 및 정

찰, 그리고 전방 항공관제 등에 활용할 계획이다.[5]

특수전사령부가 스카이 워든 항공기가 대드론 작전 임무를 수행하는 것에 대해 언급하지는 않았지만, 무장 감시 임무에 대드론 작전이 포함되지 않아야 할 이유는 없다. BAE 시스템[BAE System][6]이 개발한 고급 '정밀 살상무기체계[Advanced Precision Kill Weapon System]'와 같은 레이저 유도 미사일 시스템은 스카이 워든이 만약 대드론 작전에 투입된다면 활용을 고려할 수 있는 즉각적이고 경제적인 해결책이다. 미국과 나토 회원국들은 스카이 워든 같은 항공기를 활용하여 신속하고 효과적인 대드론 작전을 수행하는 방안을 진지하게 고민해야 한다.

미 공군은 터보프롭 항공기가 테러리스트 같은 적과 싸우는 데에는 유용할 수 있지만, 전략적 경쟁국 군대의 정교한 방공망을 뚫고 근접항공지원과 대드론 임무를 수행하는 데에는 적절하지 않다는 회의적 견해를 가지고 있다. 전통적인 방식의 근접항공지원을 떠올리면 이 말은 이해가 되지만, 근접항공지원과 대드론 작전이 지금과는 다른 방식으로 수행된다면 어떨까? 경공격기는 아군 지역이나 적 방공무기 사정권 밖에서 미사일이나 자폭 드론을 발사할 수도 있다. 대드론 작전을 위해 적 드론을 향해 값비싼 지대공미사일을 사용하는 것은 결코 효율적이지 않다. 러시아 미사일과 드론을 격추하기 위해 우크라이나에 제공되었던 독일제 최첨단 적외선 영상 시스템 및 꼬리/추력 벡터 제어 기능을 갖춘 공대공 또는 지대공미사일은 대당 가격이 약 43만 달러로, 이란제 샤헤드 136 드론의 평균 가격 2만 달러보다 약 20배나 비싸다. 러시아는 수백 대의 샤헤드 136 드론으로 우크라이나의 기반시설을 목표로 공격했고, 우크라이나는 이들을 격추하기 위해 고가의 로켓과 미사일을 사용해야 했다. 저렴한 레이저 유도 미사일을 탑재한 경전술기를 사용할 수 있다면 군사적으로나 경제적으로나 합리적인 대드론 작전 접근법이 될 것이 틀림없다.

향후 10년간 공중 발사 미사일의 사거리, 정확도, '지능'이 계속해서 향상될 것이므로, 터보프롭 항공기는 합리적인 가격의 하이-로우 믹스 전략을 제공할 수 있을 것이다. 터보프롭 항공기가 라파엘의 스파이크 ER2 같은 5세대 장거리 지능형 네트워크 미사일을 적으로부터 멀리 떨어진 곳에서 발사할 수 있다면 근접항공지원을 수행하는 방식 자체가 바뀔 수도 있다. 현재 스파이크 ER2$^{Spike\ ER2}$는 공중 플랫폼에서 최대 16km 떨어진 격자 좌표$^{grid\ coordinate}$*로 발사할 수 있다. 비행경로 상에서 발견된 적 표적의 위치를 지속적으로 탐지하고 정보를 전송하는 센서가 가까운 미래에 모든 미사일에 장착된다고 생각해보자. 미사일이 비행하는 동안 항공기에 탑승한 무기 담당관은 마치 텔레비전을 보는 것과 같은 비가시선 교전 기능을 이용해 미사일의 표적 지역을 확인하고 미사일의 경로를 최종적으로 변경하여 무기를 표적으로 유도할 수 있다. 스파이크 ER2와 비슷한 미사일이 보편화되고 사거리, 정확도, 센서 성능이 향상되면 근접항공지원 임무의 핵심은 유인 및 무인항공기가 '미사일 발사 지점'까지 비행한 뒤 엄폐 상태나 '수평선 너머'에서 미사일을 발사하는 것으로 바뀔지도 모른다. 이러한 하이-로우 믹스 개념은 기술적으로 앞선 적의 위협에 대응하기 위해 단순하면서도 신뢰성

---

* 격자 좌표: 격자 형태의 망 위에 점의 위치를 나타내는 방식으로 지리학, 지도 제작, 컴퓨터 그래픽 등 다양한 분야에서 특정 위치를 정의하고 나타내기 위해 사용되는 수학적 좌표 시스템이다.

이 높은 저가 무기를 고가의 고성능 최첨단 무기와 혼합해 해결하기 어려운 복잡한 문제를 해결하는 좋은 전략이 될 수 있다.

이미 언급했듯이 2022년 8월, 미 특수전사령부는 사용 가능한 피스톤 경전술기를 검토한 끝에 무장 감시 프로그램용 항공기로 AT-802U 스카이 워든을 최종 선정했다. 미 특수전사령부는 75대를 도입하기 위해 약 1억 7,500만 달러를 투입할 예정이다. 미 특수전사령부의 목표는 비정규전 작전에 AT-802U 스카이 워든을 투입하는 것이다. 이를 대드론 작전에 투입할지는 아직 검토되지 않았지만, 전 세계적으로 다양한 종류와 성능의 드론이 확산됨에 따라 스카이 워든의 무장 감시 임무에 적 무인기 격추를 포함하는 것은 단지 시간 문제로 보인다.

미 육군이 충분한 수량의 AT-802U 스카이 워든을 도입한다면, 전방 전개 부대에 대드론 작전용 무장 감시 '빅 블루 블랭킷'을 제공할 수 있을 것이다. 아울러, 미국의 동맹국과 우방국도 대드론 체계와 작전을 조율할 수 있는 이동식 공중 플랫폼의 이점을 누릴 수 있을 것이다. 대드론 체계가 효과를 발휘하려면 누군가가 대드론 작전을 책임지고 지휘해야 하며, 전투에서 이기기 위한 시스템들을 갖추고 있어야 한다. 다수의 다목적 항공기와 공중에서 드론을 무력화하거나 요격하기 위한 대드론 패키지를 지휘하는 한 명의 지휘관을 둔 무장 감시 대드론 부대를 창설하면, 효과적인 대드론 임무 수행을 위한 수단과 지휘체계를 동시에 갖출 수 있을 것이다. 만약 우크라이나가 이동식 무장 감시 대드론 능력을 가진 다목적 경전술기를 보유하고 있었고 이를 키이우와 하르키우 방어에 사용했다면 결과는 달라졌을 수도 있다. 아직 미군도 이러한 능력을 갖추고 있지 못하지만, 최근 전쟁에서 보듯 효과적인 대드론 능력은 전투공간에서 기동성을 확보하기 위한 필수 요소다.

미 육군의 또 다른 방안은 대드론 임무를 육군항공대$^{\text{Army Aviation}}$에 부여하는 것이다. 헬리콥터에 새로운 센서를 장착하고 AGR-20A 첨단 정밀 살상무기 시스템 II$^{\text{APKWS II, Advance Precision Kill Weapon System II}}$ 70mm 레이저 유도 로켓과 같은 무기를 탑재한다면, 다양한 유형의 무인기 위협을 무력할 수 있다. 대드론 전투에서 승리하기 위해서는 적절한 전투부대를 지휘하는 지휘관이 필요하다. 육군항공대가 적절한 무장을 갖춘 헬기부대를 투입해 대드론 전투를 지휘한다면, 미군과 동맹국 지상군을 위한 빅 블루 블랭킷(또는 육군의 빅 그린 블랭킷$^{\text{Big Green Blanket}}$)을 제공할 수 있을 것이다.

전쟁의 역사 전반에 걸쳐 군대는 혁신적인 무기와 신형 무기, 그리고 다수의 구형 장비를 혼합해 전투를 수행해왔다. 그런데 대부분의 경우 단순하고 신뢰할 수 있는 무기가 복잡하고 유지 보수에 시간과 비용이 많이 드는 장비보다 효과적이다. 근접항공지원을 제공할 수 있는 고가의 제트기는 수량이 부족하며, 대부분의 고급 항공기는 드론을 표적화하여 타격하기에는 속도가 너무 빠르다. 고가이며 복잡한 공격용 헬리콥터는 고정익 항공기처럼 장시간 체공하지 못한다. 정밀유도 미사일을 발사하고 무장 감시 대드론 작전을 수행할 수 있는 터보프롭 항공기가 있다면 적의 유인 방공체계 사정권 밖에서 비행하면서 다목적 다중 임무를 수행할 수 있다. 완전히 로봇화된—이동이 가능하고 다목적으로 쓸 수 있어야 하며 저렴하고 효과적인—해법이 개발될 때까지는 유인 경전술기를 활용하는 방안을 적극적으로 검토해야 한다. 경전술기를 기반으로 한 이동식 대드론 작전 '빅 블루 블랭킷'은 오늘날 적 드론 격퇴에 중요한 역할을 할 수 있다. 반드시 명심해야 할 교훈은 대드론 전투를 최우선 과제로 삼아야 한다는 것이다.

텍스트론(Textron)의 M5 립소 로봇전투차량(RCV, Robotic Combat Vehicle)은 날로 중요성이 커지는 하이브리드 유무인 복합체계에서 무인 전투력을 제공하도록 설계되었다. 인간이 직접 조종하지 않고 음성 명령 등으로 지휘·통제하는 것은 드론과 마찬가지로 로봇전투차량이 다음 단계로 발전하는 데 있어 핵심 과제다. 이 무인전차는 인간 조종사가 직접 조종하지 않고 전차부대를 지휘하는 인간 전차 지휘관의 '윙맨 전차'로서 역할을 수행하게 될 것이다. 〈출처: Textron Systems〉

| CHAPTER 14 |

인간-로봇 하이브리드 부대

우리는 새로운 전술 시대의 최전선에 서 있다.
우리는 그것을 '로봇 시대'라고 부른다.
하늘과 지상, 그리고 수중에서 인간이 탑승하지 않는 무인체계들은
미래 전쟁을 눈부시지만 불안할 정도로 급격하게 바꿔놓을 것이다.[1]

— 예비역 미 해군 대위 웨인 P. 휴즈 주니어(Wayne P. Hughes Jr.) —

● 지평선 위로 먼지구름이 피어오른다. 중형 로봇전투차량RCV-H, Robotic Combat Vehicles-Heavy으로 구성된 신설 미군 부대가 나토군의 동측방 차장 임무를 수행하고 있다. 무게 30톤의 중형 로봇전투차량은 강력한 자동기관포와 여러 발의 대전차유도 미사일을 탑재하고 있지만, M1A2 SEPv3 에이브럼스 전차보다 작고 가볍다. 숲의 가장자리를 따라 배치된 이 로봇전투차량은 열영상 및 적외선 '눈'으로 지형을 조용히 스캔하며 전진하는 적의 지휘부를 찾고 있다. 미군 사령관은 지상 시스템 외에 전투공간 상황 인식을 위해 무인기를 공중에 띄워 추가 정보를 실시간으로 제공하고 있다.

중형 로봇전투차량은 열 및 전자 신호를 최소화할 수 있도록 특수 설계되어 있어 적의 센서로부터 거의 탐지되지 않는다. 중형 로봇전투차량 전열에서 1km 뒤에는 로봇전투 시스템을 제어하고 통합하도록 설계된 차세대 유무인 옵션 전투차량OMFV, Optionally Manned Fighting Vehicle이 배치되어 있다. 유무인 옵션 전투차량 내부에는 여러 대의 컴퓨터가 설치되어 있으며, 각 컴퓨터는 중형 로봇전투차량을 원격으로 조종하는 조종수 한 명이 담당한다. 이와 같은 인간 개입 시스템human-in-the-loop system은 중형 로봇전투차량에 탑재된 최첨단 AI의 성능을 보완하여 중형 로봇전투차량이 험준한 지형에서도 자율적으로 이동하고 대부분의 장애물을 피할 수 있도록 돕는다.

무인기가 적이 사정권에 들어왔음을 알리면 유무인 옵션 전투차량 내부의 무선 트래픽이 증가한다. 유무인 옵션 전투차량은 적에게 보이지 않는 후사면의 안전한 위치에 자리 잡고 있다. 조종수들은 모두 자신감으로 가득 차 있다. 수백 번의 시뮬레이션을 통해 비슷한 전투 상황을 연습했고, 그때마다 중형 로봇전투차량은 적에게 큰 타격을 입혔기 때문이다. 적 전방 깊숙한 곳에서 비행 중인 다른 네트워크 연동형 무인기의 유도에 따라, 장거리 정밀 로켓과 포격으로 접근하는 적을 타격할 계획이다.

적이 접근하면, 중형 로봇전투차량은 대전차유도미사일을 발사한 뒤 공격헬기와 무인기가 적을 연이어 정밀타격할 수 있도록 적 차량을 레이저로 표적지시한다.

만약 적이 운 좋게 정밀타격무기의 지옥을 뚫고 들어온다면, 중형 로봇전투차량이 직접 기관포 사격으로 대응할 것이다. 적이 공격해오더라도 공격 내내 지속적으로 감시되고 표적화되므로 최종적으로 정밀타격무기에 의해 파괴될 것이 확실하다. 결국 이는 간단한 수학 문제와 같다. 조종수들은 화면을 응시하면서 중형 로봇전투차량을 천천히 사격 위치로 이동시키고 발사 명령을 내릴 준비를 하고 있다.

갑자기 유무인 옵션 전투차량 내부가 어두워진다. 거대한 쇠망치로 내리치듯 포탄이 근처에 떨어진다. 폭발음은 장갑으로 보호된 유무인 옵션 전투차량 안에서도 귀청이 터질 듯 크게 들린다. 전등이 곧 다시 켜지지만, 조종수들은 중형 로봇전투차량과 무인기와의 통신이 끊어졌음을 깨닫고 당황한다. 적의 사이버·전자전 공격으로 통신이 마비된 것이다. 작전 지역에 대한 적의 재밍이 강화되고, 로켓과 포탄이 비처럼 쏟아진다.

포탄이 떨어지면서 안테나가 파괴되어 혼란이 가중되자, 조종수들은 서로를 바라보며 어떻게 해야 할지 몰라 당황한다. 인간이 조종하는 적의 구식 T-90MS 주력전차가 곧 아군의 중형 로봇전투차량 진지를 덮칠 것이다. 조종수가 없으면 중형 로봇전투차량은 싸울 수 없다. 별다른 방법이 없자, 유무인 옵션 전투차량은 돌진하는 적의 T-90MS 전차를 피할 수 있기를 바라며 후퇴한다. 다음 전쟁에서는 전자전에서 적을 압도하고 동시에 적의 전자전 공격을 차단할 수 있어야만 완벽하게 승리할 수 있을 것이다.

* * *

암울하기는 하지만, 이 이야기는 미래 전쟁에서 일어날 수 있는 격렬함과 혼돈, 그리고 인간 개입 로봇의 활용을 보여주는 가상 시나리오다. 오늘날 로봇 무기는 모든 선진군대의 무기체계 목록에 포함되어 있다. 미 육군은 로봇전투차량 시리즈를 개발 중이며, 이와 동시에 유무인 옵션 전투차량과 함께 전투에 투입되어 유무인 옵션 전투차량을 보호하고 추가 화력을 제공할 수 있는 세 가지 상호 보완적인 로봇전투차량 파생형을 병행 개발할 계획이다. 로봇전투차량을 성공적으로 개발하기 위해서는 자율주행 지상 항법 문제를 해결해야 하며, 로봇전투차량이 의도대로 작동하도록 AI도 발전시켜야 한다."[2] 미 육군 로스 코프먼(Ross Coffman) 소장은 이렇게 말했다. "이러한 자율주행 지상 항법과 AI 기술을 수 톤에 달하는 장비를 장착하고 조용히 마술처럼 갑자기 나타나는 이 전쟁 기계들에 적용하면, 이 전쟁 기계들은 과거 패튼의 유령부대(Ghost of Patton's Army)에 버금갈 것이다."[3]

2018년 4월, 당시 육군장관이었던 마크 에스퍼(Mark Esper)는 유무인 옵션 전투차량 프로그램의 개발 및 배치 일정을 단축하여 2026년 회계연

2020년, 미 육군 유마(Yuma) 시험장에서 차세대 유무인 옵션 전투차량(OMFV, Optionally Manned Fighting Vehicle)이 첨단 주행장비를 시험하는 모습이다. 유무인 옵션 전투차량은 유인 혹은 무인으로 운용할 수 있고, 브래들리 전투차량(Bradley Fighting Vehicle)을 대체할 예정이다. 유무인 옵션 전투차량은 2029년에 실전 배치될 예정이다. 〈출처: WIKIMEDIA COMMONS | Mark Schauer | Public Domain〉

도 1분기에 최초 운용 부대에 배치하는 데 동의했다. 2022년 7월 1일, 미 육군은 시제품의 경쟁력을 높이기 위해 유무인 옵션 전투차량 3·4단계 사업에 대한 제안요청서를 발표하기도 했다. 현재 미 육군은 인간과 로봇의 통합, 즉 유무인 복합체계MUM-T, Manned Unmanned Teaming의 전력화를 추진하고 있으며, 이것이 미래 전쟁의 핵심이 될 것으로 전망하고 있다. 그렇다고 해도, 우리는 유무인 복합체계MUM-T의 최근 개발 동향을 검토하고, 전문가들의 판단이 어느 부분에서 잘못될 수 있는지 분석해 볼 필요가 있다.

난제

오늘날 기술의 발전 속도가 기하급수적으로 빨라지면서 전투공간은 계속해서 변화하고 있다. 병력을 보호하기 위해 로봇을 사용하려는 시도는 당연하고 정당하다. 로봇을 위험에 노출시키는 것이 인간의 생명을 위험에 빠뜨리는 것보다 낫지만, 이것은 단순히 공식이나 알고리즘을 적용하여 해결할 수 있는 쉬운 문제가 아니다. 단지 프로세스만으로는 난제를 해결하지 못한다. 난제는 해결책 자체가 없을 수도 있고, 원인과 결과를 명확하게 구분하기 어려운 다차원적인 문제다. 난제는 흔히 다루기 어렵고, 해결 가능한 작은 문제들로 쪼개서 접근하는 방법은 통하지 않는다. 난제는 선형적 관리나 위기 지휘 방식으로는 해결할 수 없다.[4] 난제를 해결하려면, 먼저 정답을 찾으려 하기보다는 올바른 질문을 던지는 것부터 시작해야 한다.

생각하는 적은 "항상 전쟁에서 승리할 수 있는 기회를 만들고, 아무리 계획을 수립해도 처음으로 적과 대면하면 계획대로 되지 않는다"는 점에서 전쟁은 난제라고 할 수 있다. 그 어떤 것도 전쟁을 예측 가능하게 만들 수 없다. 전쟁은 지금도 그렇지만 앞으로도 계속 난제로 남을 것이다. 전쟁이라는 난제를 풀기 위한 단 하나의 해결책은 존재하지 않는다. 하지만 여러 가능한 접근 방식은 있을 수 있다. 그중 일부는 다른 것보다 덜 나쁜 결과를 가져올 수 있다. 따라서 전투에서 발생하는 예측 불가능한 복잡성을 감당하기 위해서는 압도적인 병력 투입이 필요하다. 우수한 무기체계를 사용하는 것은 큰 도움이 되며 때로는 결정적 역할을 할 수도 있다. 하지만 미래 전쟁에서 승리하기 위해 새로운 군사기술을 발전시키는 것도 역시 난제 중 하나다.

시제품 선도전prototype warfare*의 시대에는 모든 무기는 강점과 약점을 동시에 가진다는 군사기술의 이중성을 알기 어렵다. 막대한 시간과 자원을 엉뚱한 곳에 잘못 투입하면 강점은 순식간에 재앙으로 바뀔 수도 있다. 적과 접촉하는 순간 기술적 해결책은 문제 해결의 일부만을 제공할 뿐이다.

프랑스가 자국의 가장 창의적인 인재들이 만든 최고의 전쟁 승리 기술로 마지노선Maginot Line을 건설하기 위해 기울인 노력을 생각해보라. 프랑스는 제1차 세계대전의 참혹한 경험을 통해 교훈을 얻었다고 믿었고, 이 교훈을 활용해 다음 전쟁에서 승리하는 방법을 찾고자 했다. 그들은 전투에서 가능한 한 많은 변수를 제거할 수 있는 처방을 찾고자 했다. 프랑스는 오랜 연구 끝에 막대한 자금을 투입해 마지노선을 완성하여 병력을 배치했지만, 독일군이 마지노선을 우회해 벨기에를 통해 프랑스를 침공함으로써 마지노선은 무용지물이 되고 말았다. 프랑스는 전쟁을 난제에서 해결이 가능한 문제로 바꾸려 시도했으나 실패했다. 그들의 해결책이 이전 전쟁의 문제에만 초점을 맞춘 것이었기 때문에 그들의 실수는 더욱 확대될 수밖에 없었다. 프랑스군은 다음 전쟁에 대비하지 못했다. 만약 프랑스가 마지노선 구축에 투입했던 자금과 에너지를 다음 전쟁에서 승리할 수 있는 강하고 끈질기고 회복 탄력성을 갖춘 군을 육성하는 데 사용했다면 결과는 사뭇 달랐을지도 모른다.

---

* 시제품 선도전(prototype warfare): 아직 완전히 개발되지 않은 무기체계의 시제품(prototype)을 실제 전투 환경에 투입하여 시험하고, 그 결과를 바탕으로 빠르게 개선·적용하는 전략적 접근을 의미한다.

올바르게 질문하기

난제를 해결하는 데 필요한 가장 중요한 능력 중 하나는 올바른 질문을 던지는 것이다. 예를 들어, 미래 전투공간에서 로봇전투차량을 활용하는 문제를 생각해보라. 어떤 상황에서는 던지는 질문이 결국 답을 결정한다. 미 육군은 창의적인 개발자와 기관에 미래 다영역 전투공간에서 지상전투로봇을 효과적으로 통제하려면 어떻게 해야 할지를 질문했고, 과학자, 연구원, 싱크탱크들은 이 질문에 대한 해답을 내놓기 위해 노력하고 있다. 무인자동차에 적용되는 AI는 로봇전투차량의 전지형 기동성을 확보하기 위해 점점 고도화되고 있지만, 전투공간에서는 도로 주행보다 훨씬 더 복잡한 과제를 수행해야 하기 때문에 인간이 AI를 제어할 필요가 있다. 현재 미 육군이 추진하는 목표는 유무인 옵션 전투차량 승무원 한 명이 근처에 있는 로봇전투차량 한 대를 조종하거나, 기술이 발전함에 따라 한 명이 여러 대의 로봇전투차량을 조종하는 것이다. 인간이 개입해 로봇전투차량을 조종하거나 감독할 수 있어야 치명적인 무기 사용에 수반되는 윤리적 문제를 해결할 수 있기 때문이다. 현재까지는 여전히 로봇전투차량을 조종하는 데 초점이 맞추어져 있다.

최근 이라크와 시리아에서 벌어진 전투에서 유무인 복합체계$^{MUM-T}$ 공중 버전이 성공적으로 실전 시험을 마쳤다. AH-64E 아파치^{Apache} 공격헬기는 텍스트론의 RQ-7 섀도우^{Shadow}, 제너럴 아토믹스$^{General\ Atomics}$의 MQ-1C 그레이 이글$^{Gray\ Eagle}$ 무인기를 통합해 실시간 스트리밍 영상을 송수신했고, 이 무인기들을 조종하여 헬기 전방 원거리의 적과도 교전할 수 있었다. AH-64E는 최신 '레벨 4 유무인 복합체계'를 탑재한 디

미 육군은 상황 인식, 복원력, 치명성을 높이기 위해 인간 전투원과 유무인 항공기, 지상차량, 로봇, 센서를 통합한 유무인 복합체계(MUM-T)의 전력화를 추진 중이다. 〈출처: U.S. Army〉

지털 플랫폼이다. 미 육군은 헬리콥터에 장착된 유무인 복합체계의 상호운용성 레벨$^{\text{LOI, Level of Interoperability}}$을 다음과 같이 정의한다.

- 레벨 1$^{\text{LOI 1}}$: 무인기로부터 각종 데이터를 간접 수신
- 레벨 2$^{\text{LOI 2}}$: 조종석에서 무인기가 전송하는 영상과 각종 센서 정보를 직접 수신
- 레벨 3$^{\text{LOI 3}}$: 무인기의 영상을 수신하고 조종사가 무인기의 센서와 무장을 원격으로 제어

- 레벨 4^{LOI 4}: 영상 공유, 센서 제어 및 무인기의 비행경로 조작
- 레벨 5^{LOI 5}: 이륙부터 착륙까지 무인기를 완벽하게 통제

이러한 형태의 유무인 복합체계 기능은 아파치 헬기의 탐지·타격 간 시간을 줄여 더 빠르고 정확한 교전을 가능하게 할 것이다.

유무인 복합체계는 대분란전에서 헬기에 적용해 실전 검증된 기술 혁신이지만, 미국과 대등한 군사력을 가진 국가와의 분쟁에서 이것을 로봇전투차량에 어떻게 적용할 수 있을까? 러시아는 2018년 시리아 전투에서 우란^{Uran}-9 로봇전투차량을 운용한 사례가 있지만, 그 성과는 불분명했다. 이러한 형태의 시제품 선도전은 아직 초기 단계에 있지만, 러시아군은 실전 경험을 통해 계속 학습하고 있다. 이 글을 쓰는 지금까지 러시아가 우크라이나와의 전쟁에 우란-9를 투입했다는 정보는 없지만, 2023년 1월 18일 《뉴스위크^{Newsweek}》는 "러시아 '차르의 늑대들^{Tsar Wolves}' 군사 자문그룹 회장 드미트리 로고진^{Dmitry Rogozin}은 자신의 텔레그램에 해당 로봇전투차량이 동부 돈바스 지역에서 시험 운용될 것이며, 자체 화기를 활용하여 해당 지역에 있는 적을 공격할 것이라 말했다"고 보도하기도 했다.[5]

로봇을 지휘할 것인가, 조종할 것인가

대부분의 로봇 시스템 설계자와 군 지휘관들이 흔히 제기하는 질문 중 하나는 "지상 로봇전투차량을 가장 효과적으로 조종하는 방법은 무엇인가"다. 이 질문은 옳은가? 로봇전투차량의 조종 임무는 유무인 옵션 전투차량에 탑승한 병사들을 전투원이 아니라 조종수로 만든다. 로봇전

미국 회사 하우 앤 하우(Howe & Howe)와 텍스트론 시스템즈(Textron Systems)가 개발한 M5 립소(Ripsaw) 로봇전투차량은 립소 시리즈의 5세대 모델로, 빠른 속도, 기동성, 무인 운용 능력을 갖추고 있다. M5 립소는 기동 간 소음이 적고 기존 및 차세대 기동 전력과 보조를 맞출 수 있게 설계되어 유인 전차 이상의 능력을 발휘할 수 있다. 2021년 5월, 텍스트론 시스템즈와 하우 앤 하우는 중형 로봇전투차량 프로그램 지원을 위해 네 번째 M5를 미 육군에 인도했다. 〈출처: Textron Systems〉

투차량은 인간 조종수가 조종하도록 설계되었기 때문에 오프라인 상태가 되거나 손상되거나 파괴되면, 해당 부대의 전투력은 미미한 수준으로 감소한다.

로봇전투차량을 조종하는 것은 무인기를 조종하는 것보다 어렵다. 하늘과 달리 지상은 다차원적 공간이며 피해야 할 함정이나 장애물도 다양하다는 점에서 또 다른 난제가 있다. 고가의 로봇전투차량을 망가뜨리지 않으려면 조종수는 도랑에 차량이 빠지지 않게 천천히 신중하게 조종해야 한다. 로봇전투차량의 좁은 시야로 인해 조종수의 시야가 제한되기 때문에 조종수는 로봇전투차량을 달팽이처럼 느리게 이동시킬 수밖에 없을 것이다. 1인칭 슈팅 게임을 경험한 사람이라면 누구나 이 질문을 이해할 수 있을 것이다. 만약 당신에게 단 한 번의 목숨이 주어지고 '죽으면' 게임을 포기해야 한다면, 당신은 빠르게 움직일까, 아니면 느리게 움직일까? 모든 조종수는 로봇전투차량을 보호하기 위해 서두르지 않고 매우 방어적인 태도를 취할 수밖에 없게 된다.

이 난제를 해결하려면 먼저 전쟁의 성격을 정확하게 파악하고 지상 로봇전투차량을 지휘관이 음성 명령으로 '지휘^{command}'할 것인지, 조종수가 원격으로 '조종^{control}'할 것인지를 결정해야 한다. (적절하지만 단순한 AI를 탑재한) 로봇전투차량이 기존 M1A2 SEPv3 에이브럼스 전차소대를 보강해 전투력을 증강하고 소대장의 음성 명령으로 지휘된다고 상상해보라. 이 경우, 인간 전차 지휘관은 AI가 놓치는 상황 인식을 자신의 전차 운용과 로봇전투차량 지휘(이는 소대장이 인간이 조종하는 윙맨 전차에 명령을 내리는 것과 같다)를 통해 보완한다. 소대장의 명령에 반응하는 로봇전투차량용 AI는 비교적 단순하며, 소대장의 명령을 반복 가능한 일련의 전투행위로 전환할 수 있다.

전차 지휘관과 로봇전투차량 간 통신 링크는 두 차량 사이의 지점 간 밀리미터파^{millimeterwave}* 링크와 같은 다양한 수단을 활용해 전투 중 로봇전투차량에 대한 적의 명령 교란 능력을 최소화한다. 인간 전차 지휘관

---

* 밀리미터파: 전자기파의 한 종류로 주파수 대역의 파장이 매우 짧은 초고주파를 말한다. 데이터 전송 속도가 매우 빠르다.

은 인지 부하를 줄이기 위해 로봇전투차량의 모든 움직임을 직접 통제하지 않고 일련의 간단한 디지털 명령 또는 음성 명령을 내린다. 예를 들어, 인간 전차 지휘관의 명령에 따라 로봇전투차량 윙맨은 세 가지 전투행위를 수행할 수 있다. 대열을 따라 이동하거나, 전차 지휘관이 지정한 지역으로 이동하여 목표물과 교전하거나, 지정된 좌표로 전진해 전방을 정찰하고 명령이 하달되면 인간이 조종하는 무기가 지정한 목표물을 향해 사격을 실시할 수 있다. 이 경우, 유무인 옵션 전투차량 안에는 조종수-운용병이 배치되어 있지 않고, 단지 전차 지휘관이 자신의 로봇전투차량 윙맨에게 명령을 내리는 구조다. 이 시스템에서 가장 핵심적인 역할을 하는 것은 전투를 지휘하는 인간 전차 지휘관이다.

프랑스와 마지노선의 사례처럼, 우리는 전쟁을 멀리서 통제할 수 있는 예측 가능한 과정으로 전환하기 위해 노력해왔다. 그 결과, 우리는 잘못된 질문을 던져왔다. 예측 가능한 선형적 사고방식으로는 우리 앞에 놓인 난제를 해결할 수 없다. 전쟁은 조종수가 아니라 전투원으로 이기는 것이다. AI와 로봇, 자율 시스템의 융합이 전쟁의 양상을 바꿀 것이라는 데는 의심의 여지가 없지만, 오늘날에도 여전히 가장 중요한 문제는 이러한 최첨단 기술을, 우리가 가진 최고의 시스템인 인간 전투원과 어떻게 효과적으로 통합하는가의 문제다. 로봇 시스템을 지휘할 것인가, 아니면 조종할 것인가라는 질문은 다음 전쟁에서 로봇 시스템의 효율성을 결정하는 가장 근본적인 질문이 아닐 수 없다.

미래 전쟁을 주도하려면 잘 훈련된 지휘관이 필요하다. 제4보병연대 1대대 체로키(Cherokee)중대 2소대 코디 프레드릭(Cody Frederick) 하사가 분대원들에게 기동 간 경계를 지시하고 있다.
〈출처: U.S. Army〉

| CHAPTER 15 |

지휘소 운용 규칙

전쟁에서 실패의 역사는 거의 다음 두 단어로 요약할 수 있다.
너무 늦었다.
잠재적 적의 치명적인 의도를 파악하기에 너무 늦었다.
치명적인 위험을 깨닫기에도 너무 늦었다.
대비를 하기에도 너무 늦었다.
저항하기 위해 가능한 모든 병력을 통합하기에도 너무 늦었다.[1]

— 더글러스 맥아더(Douglas MacArthur) 장군 —

● 최근 전쟁은 제대로 마스킹되지 않은 지휘소는 큰 위험에 처할 수 있다는 사실을 보여준다. 현 지휘소 구성 하에서는 지휘소를 은폐하는 것이 거의 불가능하고 방어하기도 매우 어렵다. 따라서 현 지휘소 구성을 바꾸지 않으면, 미군의 지휘소 대부분─대대·여단·사단 지휘소의 대부분─은 아마 적의 선제공격으로부터 살아남지 못할 것이다. 적의 지휘통제 능력을 파괴하는 것은 21세기 전쟁의 핵심이고, 아군의 지휘소를 찾아 표적화하는 것은 적의 '해야 할 일 목록'에서 맨 위에 있을 것이다. 기존의 장비를 활용해 생존 가능한 지휘소를 구성하는 것은 우리의 최우선 과제가 되어야 한다. 아울러 앞으로는 새로운 장비를 시험하고, 무엇이 필요한지 파악하고, 변화를 요구하는 것이 중요하다.

만약 여단이나 사단의 지휘소가 파괴되어 이를 다시 구성해야 한다면 무엇이 필요할지 생각해보자. 효과적인 지휘소 운용을 위한 장교, 부사관, 병사의 훈련에 엄청난 시간과 노력, 막대한 비용이 필요할 것이다. 우리는 러시아-우크라이나 전쟁에서 러시아군과 우크라이나군이 지휘소를 잃은 것처럼 지휘소를 잃을 여유가 없다. 러시아-우크라이나 전쟁 초기 러시아군의 지휘소 구성은 현재 미군의 지휘소 구성과 크게 다르지 않았다. 전쟁이 시작된 이후, 그들의 손실은 참혹했다.[2] 우리는 "이 새로운 시대의 전쟁에 맞게 지휘소를 재고해야 한다. 이 즉각적인 위협에 직면하여… 과거 이라크나 아프가니스탄에서 싸웠던 세대의 지휘관들이 알아볼 수조차 없을 정도로 지휘소를 새롭게 재구성해야 한다."[3]

지휘소를 무덤으로 만들고 싶지 않다면, 지휘관들은 지금 당장 지휘소를 위한 새로운 전술·기술·절차TTP를 도입해야 한다. 미 육군 참모총장 제임스 맥콘빌James McConville 장군은 2022년 10월 "미래의 전장은 매우 치명적일 것이며, 적은 우리의 지휘소가 어디에 있는지에 대한 [표적] 정보를 수집할 수 있는 능력을 가질 것이기 때문에 우리는 지휘소를 매우 빠르게 이동시켜야 하고, 분산시키고 더 작게 만들어야 한다."[4] 다음에 제시하는 규칙들은 미군의 지휘소를 개선하는 데 영감을 줄 것이다.

1. 지휘소의 목적은 임무형 지휘^{Mission Command}**를 가능하게 하는 것이다.**
지휘소의 목적은 단 하나다. 바로 임무형 지휘를 통해 전투에서 승리할 수 있도록 지원하는 것이다. 임무형 지휘는 단순한 개념에 그치지 않고 부대의 문화 속에 깊이 스며들어야 한다. 모든 지휘관은 임무형 지휘를 이해하고, 가르치고, 실천해야 한다. "임무형 지휘는 예하 지휘관에게 의사결정을 할 수 있는 권한과 책임을 위임함으로써 예하 지휘관이 상황에 맞게 자율적으로 분권화된 임무를 수행할 수 있도록 하는 육군의 지휘통제 방식이다."[5] 임무형 지휘는 상황이 변하고, 기존 명령이 더 이상 유효하지 않으며, 상급 지휘부와의 통신이 끊긴 경우에도 지휘관이 신속히 행동할 수 있도록 권한을 부여한다. 지휘소는 지휘관이 전투 작전을 더 잘 이해하고, 가시화하고, 설명하고, 지시하고, 평가할 수 있도록 지원함으로써 지휘관이 임무형 지휘를 원활히 수행할 수 있게 해준다.

미군 지휘부와 지휘소가 오늘날의 전투공간에서 살아남기 위해서는 전 부대의 지휘관이 임무형 지휘를 완벽히 수행할 수 있어야 한다. 지휘관은 형식보다 본질에 집중하고, 능동적으로 행동하며, 의사결정의 시점을 앞당겨야 하고, 항상 일정 수준의 위험과 불확실성은 불가피하다는 사실을 인정할 수 있어야 한다. 영향력 있는 군사사상가인 J. F. C. 풀러Fuller는 진취적이고 역동적인 지휘의 필요성을 다음과 같이 강조한 바 있다. "제1차 세계대전 당시 내가 목격한 가장 끔찍한 장면은 대대장부터 육군의 최고사령관에 이르기까지 모든 지휘관이 실질적인 지휘는 하지 않고 임시 혹은 실제 전화 부스에 앉아 그저 계속 말만 하는 모습이었다."[6]

2. 분산 임무형 지휘 Distributed Mission Command**를 발전시킨다.** 지휘소는 생존을 위해 분산되어야 한다. '분산 임무형 지휘'는 지휘관과 참모들이 한 장소에 모이지 않고도 소규모 분산 지휘소 노드를 활용해 지휘소 기능을 수행하도록 하는 새로운 임무형 지휘 개념이다. 분산 임무형 지휘의 목적은 투명하고 치명적인 전투공간에서 지휘 기능의 연속성과 생존성을 향상시키는 것이다(저자 정의). 분산 임무형 지휘를 실행하면, 지휘소는 작고 이동이 가능한 '기능적 노드들functional nodes'로 구성되어 작전 지역 곳곳에 분산되어 있으면서도 끊임없이 서로 통신할 수 있는 구조로 변하게 된다.[7]

3. 안전지대란 없다. 오늘날의 전투공간에서는 모든 지휘소의 위치를 찾아내 조준하여 타격할 수 있다. 적의 센서는 멀리에서도 아군의 지휘소를 찾아내어 장거리 정밀타격무기로 공격할 것이다. 러시아-우크라이나 전쟁에서 양국 부대의 지휘소에 대한 공격 양상을 연구한 보고서는 이에 대해 생생하게 증언한다.[6] 미국 합참의장 마크 밀리Mark Milley 장군은 다음과 같이 말했다. "우리의 지휘소가 적에게 발견될 확률은 매우 높다. 미래의 전투공간에서는 한 장소에서 두세 시간 이상 머문다면 지

휘소 요원들은 아마 죽게 될 것이다." 이 말은 그나마 낙관적이다. 전쟁터에는 피난처도, 후방 지역도, 안전지대도 없다. 우리는 위험을 감수해야 하지만, 동시에 적절한 마스킹과 분산을 통해 위험을 완화할 수 있다.

4. 살아남으려면 마스킹하라. 마스킹은 적의 센서를 기만하고 표적화를 교란하기 위한 전 영역에 걸친 다각도의 노력을 일컫는다. 우리는 광학(위장 능력의 극대화), 열(열 신호 감소), 전자(방출량 감소 및 전자 신호 관리), 음향(소음 억제) 등의 영역에서 마스킹해야 한다. 마스킹은 부대의 모든 결심 과정에서 중요한 고려 요소가 되어야 한다. 대표적인 예로 절대로 개방된 지형에서 작전예행연습을 해서는 안 된다. 적의 센서가 감시하고 있을 수 있기 때문이다. 만일 그렇다면 적은 당신의 작전계획과 의도를 파악해 바로 상부에 보고할 것이다. 예행연습은 은폐된 장소나 건물 내부에서 시행해야 한다.

디코이를 사용하여 적의 센서를 속일 수 있는 모든 기회를 포착해야 한다. 디코이는 나무 실루엣(광학 마스킹), 훈증 용기(열 마스킹), 열표적판(열 마스킹)처럼 간단한 것일 수도 있고, 원격 무선전송(전자 마스킹: 아군의 통신 내용과 전파가 적의 전자전 장비에 노출되는 것을 보호), 사이버 작전(적의 탐지 모니터에 수십에서 수백 개의 가짜 표적을 노출)처럼 정교한 것일 수도 있다. 오늘날 대부분의 표적화는 공중 센서를 통해 이루어지기 때문에 공중 센서가 가짜 표적을 실제로 오인하도록 디코이를 사용하는 것은 중요하다. 텐트나 위장망을 활용해 가짜 지휘소를 설치하고, 가짜 안테나가 달린 빈 텐트를 설치하여 적 드론 조종사가 이를 지휘소로 오인하게 만들어야 한다. 사전에 준비된 디코이가 없다면 직접 만들어야 한다.

전자 마스킹은 매우 어렵지만 다음과 같은 사항을 고려하여 반드시 준비해야 한다.

디지털 시대의 '디지털 장비' 사용을 줄이는 한 가지 방법은 야외 훈련을 시행하기 전에 의무적으로 통신 훈련을 선행하는 것이다. 어떤 부대가 주primary · 예비alternative · 보충contingent · 비상emergency(PACE) 통신 수단을 제대로 운용하지 못한다면, 이는 PACE 통신 수단에 대한 계획이 미흡하거나 훈련이 부족하기 때문이다.[9]

무선통신은 송신은 하지 않고 수신만 하는 통신 침묵listening silenc을 기본 작전 모드로 삼아야 한다. 적이 전자 신호를 감지하기 어렵게 하려면 분산된 지휘소를 유선 또는 전자 케이블로 연결하는 방법을 결정해야 한다. "시각적 신호를 찾지 못하게 하는 노력 못지않게 전자기 지문electromagnetic footprint을 위장하기 위한 조치도 취해야 한다. 안테나를 언덕 비탈에 설치하여 아군의 통신 범위를 최대한 확보하면서 적의 가시선을 제한하는 것과 같은 간단한 완화 조치를 통해 우발적인 전자 신호를 줄일 수 있다."[10] 필수 전자 시스템을 제외한 모든 전자 시스템을 일정 시간 동안 끄도록 하는 규율과 전술·기술·절차TTP를 개발하고 시행해야 한다. 언제나 연결되어야 하는 것이 규범이 되어버린 오늘날의 세상에서 자발적 침묵이라는 개념은 불가능한 것처럼 들릴지도 모르지만, 명령과 계획에 따라 전원을 끄고 다시 켤 수 있는 능력을 갖춘 지휘소는 적의 센서에 대한 특별한 방어 수단을 하나 가지게 되는 것과 같다.

적이 아군의 위치를 찾아 표적화하는 데 휴대전화가 쉽게 이용될 수 있으므로 전투공간에서 휴대전화 사용은 금지되어야 한다. 2023년 1월 1일 마키이브카Makiivka에서 발생한 러시아군의 대량 참사가 통제되지 않은 휴대전화의 사용에서부터 시작되었다는 것을 잊어서는 안 된다.[11]

지휘소에 대한 군수지원작전도 마스킹해야 한다. 지휘소는 각종 보급품의 재보급이 자주 필요하다. 보급 차량의 잦은 출입은 적이 지휘소의 위치를 파악하는 데 중요한 단서가 된다. 적의 무인기와 각종 센서는 아군의 군수지원 차량을 추적하여 지휘소의 위치를 파악하고 공격할 것이다. 드론이나 낙하 가방 등을 이용해 야간에 보급하거나, 지휘소로 물건을 직접 보내는 대신 미리 계획된 별도의 장소를 통해 보급하는 방법 등을 활용해야 한다.

5. 실전처럼 훈련하라. "오늘날 지휘통제 딜레마는 지휘소가 효과성과 생존성을 동시에 만족시켜야 한다는 기능적 요구를 충족하지 못해, 이 둘 사이에 불균형이 발생한 데서 비롯되었다."[12] 이러한 불균형을 해소하기 위해서는 지휘소를 재설계하고 재구성하는 것은 물론, 지휘소 대원들을 전문적으로 훈련시켜야 한다. 사람은 기대한다고 해서 자신의 수준을 높일 수 있는 것이 아니다. 자신의 수준을 높일 수 있는 것은 오직 훈련뿐이다. 따라서 미군은 지휘소 대원들을 프로 스포츠팀을 훈련시키듯이 완전히 숙련될 때까지 훈련시켜야 한다. 만약 지휘소 팀에 '지휘소 위치 신속 파악 및 점령', '지휘소 위치 위장', '적 드론 공격에 대한 대응', '지휘소를 다른 지정 위치로 재배치'와 같은 지휘소 전투 훈련이 없다면, 이를 개발하고 부대 표준운용절차SOP, Standard Operating Procedure를 문

서화한 다음, 기준을 초과하도록 지속적으로 훈련해야 한다.

6. 작게 만들어라. 지휘소의 모든 것은 작게 만들어야 한다. 크다고 좋은 것이 아니다. 지휘소가 크면 클수록 죽을 가능성이 크다. 모든 지휘역량을 한곳에 집중해서는 안 된다. 목표는 작고 눈에 띄지 않는 지휘소를 만드는 것이다. 현대전은 총 한 방으로 상대의 두뇌를 겨냥하면 끝나기 때문에 아군 지휘소는 적의 표적 목록 중 항상 제일 높은 곳에 있다. 적의 눈에 쉽게 띄는 '타지마할과 같은 멋진 전술지휘소^{TOC}'를 만들겠다는 생각은 지금 당장 집어치워라. 거대한 텐트 안에 전술지휘소를 설치해서는 안 된다. 텐트는 드론 공격이나 포격에 대해 어떤 방호도 제공하지 못하고, 새로 도입된 M1087 익스팬더블 밴 쉘터$^{Expandable\ Van\ Shelter}$와 같은 '확장형 밴'[13]도 그리 좋은 방법은 아니다. 확장형 밴은 효과적인 지휘소 설치 공간을 제공하지만, 이동 중에는 안전이 보장된 가운데 작전을 지휘할 수 없어 진정한 이동식 지휘소라고 할 수 없다. 확장형 밴은 이동할 수 있다는 장점은 있지만, 설치와 해체, 재배치에 많은 시간이 걸린다는 문제가 있다. 또한, 적의 공격에 대한 방호력도 약하다. 따라서 언제나 견고한 방호력을 제공하는 장소를 찾아야 한다. 협곡이나 숲, 마을, 도시가 근처에 있을 때는 개활지에 지휘소를 설치하는 실수를 범해서는 안 된다. 큰 컴퓨터 모니터 대신 작은 통신장비 모니터를 사용해야 한다. 메시 지휘소$^{mesh\ CP}$ 구성을 개발하여 지휘소 노드를 네트워크에 연결해야 한다. 이렇게 하면 지휘소에서 발생하는 전자 신호를 줄이고 생존성을 높일 수 있다. 지휘소는 무조건 작아야 한다.

위 사진은 2022년에 저자가 국립훈련센터에서 촬영한 M1087 익스팬더블 밴 쉘터(하얀색 화살표)의 모습이다. 기갑여단 전투팀은 '확장형 밴'이라고 알려진 M1087 익스팬더블 밴 쉘터를 지휘소로 활용하고 있다. 이러한 밴 차량은 텐트보다는 설치가 쉽지만, 방호력은 거의 없다. 이와 같은 밴에 설치된 여단 지휘소는 마스킹과 방어가 매우 어렵기 때문에 적에게 쉽게 노출되어 표적화될 가능성이 크다. 〈출처: 저자 제공〉

7. 레드팀을 활용해 지휘소 구성을 검증하라. 레드팀Red Team은 아군의 작전계획과 전투행동을 적의 입장에서 분석할 수 있게 해준다. 레드팀은 "훈련받은 전문가들로 구성된 팀원들이 체계적이고 반복적인 일련의 프로세스를 통해 지휘관에게 작전 환경과 파트너 및 적의 관점에서 계획·작전·개념·조직·역량을 독립적으로 검증해 평가할 수 있는 역량을 제공한다."[14] 적의 관점에서 생각하는 레드팀을 활용하여 지휘소의

약점을 분석하고 지휘소 배치와 구성을 보완해야 한다. 예를 들어, 지휘소의 위치를 결정했다면 실제 지휘소를 설치하기 전에 레드팀을 구성해 적의 지휘소 발견 및 표적화 능력을 확인해야 한다. 필요하다면 레드팀의 검토와 권고를 받아들여 위치와 구성 등을 조정해야 한다.

8. 3대 또는 4대의 차량으로 구성하라(4대를 초과하지 말 것). 눈에 띄는 표적은 공격 대상이 된다. 대대에서 군단에 이르기까지 하나의 지휘소에 3대 혹은 4대 이상의 차량을 배치하지 마라. 메시 지휘소 구성을 개발하라. 메시 지휘소 구성은 지휘소 인프라를 탄력적인 '기능적 노드'로 분산하는 것으로, 각 노드는 작고 장갑화되어 있으며 이동이 가능하고 전투공간에 분산·마스킹되어 있으면서도, 임무형 지휘를 수행하는 과정에서 상호 간에 유효한 통신을 유지하고 필요 시 지휘를 인계받을 준비가 되어 있다. 각 노드는 다른 노드가 무력화될 위험을 완화하는 수단이 된다. 이상적인 메시 지휘소 구성은 지휘소 노드들이 유연하게 자체 형성self-forming되고, 자체 복구self-healing되며, 궁극적으로 자체 조직화self-organizing되는 전술 네트워크 배열이다(저자 정의). 이것은 아프가니스탄과 이라크에서 싸웠던 지휘관들에게는 미친 소리로 들릴지 모르지만, 반드시 실행해야 한다. 그렇지 않으면 파괴된 지휘소를 계속해서 다시 설치할 수 있는 전문가가 되어야 하는데, 이는 실현 가능한 대안이라고 할 수 없다. 메시 지휘소 구성에 있는 2, 3대의 차량 노드는 전술 클라우드 컴퓨팅이나 기타 수단을 이용해 데이터에 연결되지만, 적의 화력으로부터 보호하기 위해 분산 운용된다. 대부분의 적 센서에는 3, 4대의 차량이 1개 소대처럼 보일 것이고, 전투공간에 소대급 부대가 가득 차

있는 것으로 인식할 것이다. 차량이 12대 이상 모여 있으면 당연히 눈에 띌 것이고 지휘소처럼 보여 매력적인 표적이 될 수 있다.

효과적으로 마스킹하려면, 차량 집결지를 피하고 적의 센서를 속이기 위해 오탐 신호$^{\text{false positive signal}}$*를 생성해야 한다. 3, 4대 차량으로 구성된 지휘소 노드들을 네트워크로 연결하여 메시 지휘소 구조를 형성하고, 각 노드가 서로 수백 미터 이상(지형 및 통신 링크에 따라 다름) 떨어져 분산된 상태에서 '분산 임무형 지휘'를 실시하라. 예를 들어, 대대급 메시 지휘소는 지형과 위협을 고려하여 분산된 3개의 노드로 구성할 수 있으며, 분산된 3개의 노드는 장갑차량에서 운용되고 동일한 전영역 공통작전상황도를 사용한다.

- 노드 1 : 지휘관, 화력지원장교, 참모담당관 2명
- 노드 2 : 작전장교, 참모담당관 2~3명
- 노드 3 : 정보장교, 참모담당관 2~3명.

만약 메시 지휘소 구성 노드 중 한 곳에 문제가 발생해 더는 지휘할 수 없게 되면, 다른 노드가 지휘권을 인수해(지휘관, 작전장교, 정보장교 순으로) 전투를 지휘할 수 있다. 다시 강조하지만, 이런 방식의 지휘소가 가능하지 않다고 생각하는 사람들은 대대·여단·사단·군단급 부대의 지휘소에 문제가 생겼을 때 지휘통제체계를 다시 복구하는 것이 얼마나 어려운 일인지를 깊이 고민해봐야 한다. 아르메니아, 러시아, 우크라이나는 적의 공격으로부터 지휘소를 살리고 운용하는 방법을 터득하기

---

* 오탐 신호(false positive signal): 적의 감시·탐지 시스템이 실제 표적이 아닌 대상을 '표적(양성)'으로 잘못 식별하도록 인위적으로 생성한 신호를 말한다. 거짓 양성 신호라고도 한다.

위해 많은 희생을 치렀다. 그들의 지휘소 실패 사례를 연구하면, 미래를 예측하고, 다른 방식으로 사고하며, 위협에 대응하기 위한 훈련과 장비를 구축할 수 있다.

9. 장갑화하라. 러시아-우크라이나 전쟁에서 사상자의 90%는 포탄 파편에 의해 발생했다. 적의 포격으로부터 보호하고 이동 중에도 임무형 지휘를 수행하기 위해 사용 가능한 장갑차량을 최대한 활용하라. 각 장갑차량 노드는 적절한 통신 및 컴퓨터 시스템을 탑재하고, 독립적으로 전투를 지휘할 수 있어야 한다. 보유하고 있는 모든 종류의 장갑무기 체계를 활용하라. 어떤 장갑차든 텐트나 일반 차량보다 낫다. 대부분의 경우, 궤도차량이 일반 차량보다 유리하다는 사실은 우크라이나의 진흙밭 전투에 미친 영향에 대한 간단한 조사에서도 입증되었다. 1982년 돈 스타리Donn A. Starry 장군은 "… 우리는 경험을 통해 군단급 전투를 주 지휘소Main CP 한 곳에서 지휘할 수는 없다고 확신하게 되었으며, 전투를 추적하고 적시에 명령을 내릴 수 있도록 충분한 장비와 인력을 갖춘 장갑 방호 전술지휘소TAC CP를 배치해야 한다는 증거가 충분히 설득력이 있다고 생각합니다."[15]라고 말했다. 그의 통찰은 당시에도 옳았지만, 전투공간이 투명해지고 적의 능력이 우리와 유사한 수준까지 올라온 오늘날 더욱 강하게 와닿는다. 경보병은 장갑차를 추가해 견고한 방호력을 가진 도시 시설을 점유하거나, 아니면 땅속 깊숙이라도 파고 들어가야 한다.

10. 이동 중 임무형 지휘를 실행하고 훈련하라. 움직이는 표적은 타격

하기 어렵다. 장시간 특정 위치에 머물면 안 된다. 이동 중 임무형 지휘가 가능해지면 지휘관은 더 작은 전술적 공간에서 생존 가능성을 높이면서 최전선에서 지휘할 수 있다. 미 육군은 이동 중 임무형 지휘를 지원하기 위해 차량 탑재형 컴퓨터 시스템을 개발 중이지만 이를 현장에 배치하는 데에는 시간이 더 필요할 것이다. 당분간은 기존의 장갑차량과 지휘통제 장비를 이 목적에 맞게 조직하고 갖춰야 한다. 부대는 이동 중 임무형 지휘를 지속적으로 훈련해야 한다.[16] 미 육군 제1군단은 이동 중 수행할 수 있는 분산 임무형 지휘체계를 개발하고 있다. "최근 괌에서 실시된 첨단 통신장비를 탑재한 스트라이커 장갑차 4대를 이용

캘리포니아 포트 어윈(Fort Irwin)에 있는 미 육군 국립훈련센터(National Training Center)의 대항군연대(OPFOR, Opposing Forces Regiment)는 거의 1년 내내 임무형 지휘를 연습하여 완벽성을 높인다. 빈번한 훈련은 대항군연대를 정예부대로 탈바꿈시키고 있다. 위 사진은 대항군연대가 전투를 수행하고 추적하는 데 사용하는 디지털 공통작전상황도와 종이로 된 아날로그 공통작전상황도를 보여준다. 〈출처: 저자 제공〉

한 전투 실험에서 미 육군 제1군단은 장갑차가 항공기나 함정 등에 실려서 이동하는 중에도 화력 및 표적 정보 등 중요한 전장 데이터를 서로 다른 플랫폼 간에 전송할 수 있음을 입증했다."[17]

11. 모든 지휘소 노드는 필요 시 지휘권을 완전히 인수하여 행사하라.
지휘관이 사망하거나 통신이 두절된 경우를 대비해 모든 지휘소 노드는 지휘관을 대신해 지휘권을 행사할 수 있도록 훈련해야 한다. 전투 중 지휘체계의 붕괴는 치명적인 결과를 초래한다. 모든 지휘소 노드는 지휘권을 인수할 수 있도록 노드 간 지휘권 승계 계획을 수립하고 연습해야 한다. 이중 지휘 및 통신 솔루션을 개발하여, 한 지휘소 노드나 통신 장비에 문제가 발생하더라도 전체 지휘 기능이 마비되지 않도록 하라.

12. 도시 지역을 점령하라. 노출된 개활지에는 절대로 지휘소를 설치하면 안 된다. 작은 골짜기나 계곡, 울창한 숲을 찾아라. 언덕 후사면에 위치한 지휘소는 적이 공중에서 공격할 수도 있기 때문에 더 이상 안전하지는 않지만, 전사면에 위치한 지휘소보다 낫다. 마을이나 도시에서 지휘소를 운용하라. 건물 밀집 지역은 적의 조준을 어렵게 만들고, 오탐을 유발하고, 디코이를 설치하는 데에도 유리하다. 건물에 가짜 안테나를 달아 미끼 지휘소를 만들면, 적의 사격을 유도하여 실제 아군 지휘소를 보호할 수 있다. 마을 반대편 건물에서 변위 송신기 displaced transmitter를 사용해 무전을 보내면, 적이 아군의 지휘소가 다른 곳에 있다고 착각하게 만들 수 있다. 적절한 건물이나 지하실을 선택하면 물리적 방호에 더 유리할 수 있다. 건물은 철근과 콘크리트로 된 엄폐물을 제공할 수 있

다. 주민의 성향을 고려하여 그에 맞게 행동해야 한다. 주민의 성향이 우호적이면 관련 당국과 협조하여 민감한 지역으로부터 주민을 대피시켜야 한다. 지휘소를 도시나 마을에서 운용하기 위한 전술·기술·절차TTP를 개발하고 사전 예행연습을 실시해야 한다. 적의 공격이 시작되기 전에 지금 바로 준비하라.

13. 적의 관점에서 아군의 지휘소를 평가하라. 지휘소가 공중에서 어떻게 보이는지 파악하라. 부대 예산으로 미국 연방일반서비스청GSA, General Services Administration 카탈로그에 있는 소형 쿼드콥터를 몇 대 구입하여 야외 전투훈련 때마다 활용하라. 이 소형 드론들을 띄워 지휘소의 사진과 동영상을 촬영하고, 이 사진과 동영상을 활용해 지휘소 생존성을 세부적으로 검토하고, 그 검토 결과에 따라 지휘소 배치, 훈련, 전술·기술·절차TTP, 표준운용절차SOP를 개선하라.

14. '만약'에 대비해 훈련하라. 지휘소 위치를 정할 때는 "적이 이곳을 포격한다면 우리는 어떻게 할 것인가?"와 같은 만약의 경우에 대비한 계획도 같이 수립해야 한다. 적은 장거리 정밀타격무기, 포병, 무인기 등으로 공격할 수 있다. 레트팀을 역할을 수행할 책임자를 지정하여 '만약'에 대비한 두세 가지 시나리오를 만들고, 이 시나리오들을 가지고 워게임을 실시하여 지휘소 위치와 배치를 검증하라.

15. 엄폐 수단을 사용하라. 연막을 사용해 지휘소의 위치를 가리는 계획을 수립하라. 적이 공격한다면 가용한 모든 형태의 엄폐 수단, 특히

지휘소 생존능력 평가표

지휘소를 점검하고 작전 상황과 지휘소 설치에 대한 분석에 기반하여 각 항목을 평가하시오.

항목	LOW ——————→ HIGH	점수	색상
광학 마스킹 (위장)	1 2 3 4 5 6 7 8 9 10		
열 마스킹	1 2 3 4 5 6 7 8 9 10		
전자 마스킹	1 2 3 4 5 6 7 8 9 10		
음향 마스킹	1 2 3 4 5 6 7 8 9 10		
분산	1 2 3 4 5 6 7 8 9 10		
기동성	1 2 3 4 5 6 7 8 9 10		
적극 방어 (대드론 및 대공 방어)	1 2 3 4 5 6 7 8 9 10		
장갑 방호 (지휘소가 장갑차량에 설치되어 있는가?)	1 2 3 4 5 6 7 8 9 10		
도시나 마을 내 위치 여부	1 2 3 4 5 6 7 8 9 10		
적의 킬체인 (적의 킬체인을 저지할 계획이 있는가?)	1 2 3 4 5 6 7 8 9 10		
총합			

색상 분류 1-2=검정, 3-5=적색, 6-7=황색, 8-10=녹색

위 도표는 지휘소의 생존능력을 평가할 수 있는 간단한 평가표다. 작전 상황과 지휘소 설치를 검토하고, 지휘소 생존능력을 점수로 전환하여 합산한다. 합산된 점수를 기반으로 지휘소 생존능력을 개선하는 방법이 무엇인지 깊이 고민해야 한다. 〈출처: 저자 작성〉

다중 스펙트럼 연막을 우선적으로 사용하라. 피격당할 경우를 대비해 예비 지휘소로 이동하는 대피 계획Jump Plan을 준비하라. 러시아군은 이동 중에도 TDA-2K 연막차량과 각종 연막발생기를 사용하여 다중 스펙트럼 연막을 쳐서 적의 적외선 센서를 차단했다. 이 사례에서 교훈을 얻어야 한다.[18]

16. 전영역공통작전상황도ADCOP를 만들어라. 임무형 지휘를 용이하게 하는 전영역공통작전상황도를 개발하라. 지휘부의 모든 지휘관이 이해할 수 있는 전영역공통작전상황도를 개발하는 것은 임무형 지휘에 있어 매우 중요하다. 최신 디지털 전영역공통작전상황도를 사용하되, 정전에 대비해 종이로 된 아날로그 전영역공통작전상황도도 비상용으로 준비해야 한다. 모든 지휘소 노드는 임무형 지휘를 수행할 수 있어야 한다. 즉, 각 지휘소 노드는 최신 전영역공통작전상황도를 공유하여 모든 지휘관이 어느 지휘소 노드에서든 전투를 지휘할 수 있어야 한다. 미 육군 제1군단 참모장은 다음과 같이 강조했다. "우리 군단이 지휘통제 기능을 한 곳에서 수행하는 것이 아니라 세 곳, 다섯 곳, 여섯 곳에서 수행한다면, 설사 적이 우리를 표적화한다고 해도 회복력과 생존력을 높일 수 있다."[19] 전영역공통작전상황도의 구현을 위해 지금 당장 행동하라. 할 수 없는 일에 시간과 노력을 투자하지 말고, 할 수 있는 일에 집중하고 실제 전투하듯 훈련해야 한다.

17. 대드론 전투 계획을 수립하라. 현대의 전투공간은 무인 공중공격 무기체계인 자폭 드론, 무인전투기, 정보수집·감시·정찰ISR 무인기 등이

곳곳에서 활동하고 있다. 적은 이러한 무기들을 활용하여 아군의 지휘소를 찾아 공격할 것이다. 따라서 적이 공중에서 공격해올 것을 전제로 대드론 전투 계획을 수립하고, 대드론 전투를 지휘할 책임자를 지정해야 한다. 보유하고 있는 모든 유형의 대드론 체계를 활용하고, 이를 기존의 방공 자산과 통합하여 지휘소를 방어해야 한다. 전투공간 내에 있는 적의 무인기를 찾아 추적할 수 있는 수단을 갖추어야 한다. 이를 표준운용절차SOP에 반영하고, 적 무인기 식별·추적·대응 훈련을 반복해 실시하라.

18. 행동편향성 Bias for Action*을 **가져라.** 다른 누군가가 문제를 해결해줄 때까지 기다리지 말라. 메시 지휘소를 구성하고, 이를 마스킹하기 위한 전술·기술·절차TTP를 토의하고, 발전시키고, 워게임을 실시하라.

전투 중 작전 환경은 불확실하고 통신이 제한되며 기회가 찰나처럼 스쳐 지나간다. 따라서 다영역작전에서는 임무형 지휘 문화를 통해 함양된 자율적 판단력과 행동이 요구된다. 지휘관은 행동편향성을 가져야 하며, 어느 정도의 불확실성은 항상 존재한다는 것을 받아들여야 한다. 지휘관이 자신의 의도 내에서 신속한 결정을 내리고 위험을 감수할 수 있도록 예하 지휘관에게 권한을 부여하면, 각 부대는 노력의 통일성을 유지하면서 신속하게 적응할 수 있다.[20]

---

* 행동편향성(Bias for Action): 똑같은 결과나 더 나쁜 결과가 나오더라도 가만히 있는 것보다는 행동하는 게 낫다는 믿음을 말한다.

지휘소는 무조건 작아야 한다. 지휘소는 항상 마스킹해야 한다. 개방된 곳에 지휘소를 설치하면 재앙을 초래한다. 전투공간에는 실제로 많은 소대가 있기 때문에, 장갑차 3대로만 구성된 지휘소는 지휘소라기보다는 일반 소대처럼 보일 것이다. 하지만 차량이 3대 이상 모여 있으면 우선순위가 높은 표적이 된다. 위 사진은 2014년 10월 22일, 통신 훈련을 위해 스트라이커 3대를 네트워크로 연결해 전술지휘소를 설치한 모습이다. 숲이나 도시 지역에 은폐된 장갑차의 보호 하에 이동 중 임무형 지휘를 수행하는 것이 더 안전하다. 그리고 실전처럼 훈련하라. 〈출처: U.S. Army〉

이 장 서두에서 인용했던 맥아더 장군의 경고와 같이 우리는 변화하는 현대 전투공간의 특징에 맞춰 지휘소를 개선하려는 노력을 게을리하면 안 된다. 잠재적인 적이 가진 치명적 능력과 의도를 너무 늦게 파악하면 안 된다. 죽을 수도 있다는 위험을 너무 늦게 알아차리고 너무 늦게 준비해서도 안 된다. 방법을 찾아야 하고, 방법이 없다면 당장 방법을 만들어내야 한다.

결단력 있는 지휘관에 의해 고무되고 인도되는 인간의 의지는 전쟁을 승리로 이끄는 원동력이다. 기술과 전술은 전쟁의 방식을 바꾸고 있지만, 전쟁의 본질을 바꾸지는 못한다. 전쟁의 본질은 서로 상반되는 의지를 가진 두 집단 간의 폭력적 충돌이라는 것이다. 전쟁을 억제하는 가장 좋은 방법은 어떠한 잠재적 적도 감히 전쟁을 일으키지 못하도록 철저하게 준비하는 것이다. 〈출처: U.S. Army〉

| CHAPTER 16 |

전투충격

공격하지 않으면 승리할 수 없다.
특히 수적으로 열세하다면 더욱 그렇다.
오늘날의 전쟁에서 공격작전은 교묘한 기술과 책략이 필요하다.
이는 우리가 이제 막 이해하기 시작한 공격의 개념이다.[1]

— 돈 스타리(Donn A. Starry) 장군 —

● 20분 후면 공격이 시작된다. 2030년 8월 14일 새벽 3시 20분, 달빛도 없는 흐린 밤이다. 마이크 로드리게스Mike Rodriguez 중령은 깊게 숨을 들이쉬고는 '임무형 지휘 바이저Mission Command Visor'로 최신 보고를 확인한다. 오른쪽 눈을 살짝 움직여 전영역공통작전상황도ADCOP의 관련 항목을 내려보고 검토한다. 임무형 지휘 바이저를 통해 눈앞에 전시되는 3차원 증강현실 지도에는 그가 지휘하는 제병협동대대와 지원부대가 모두 표시되어 있다. 상급부대 관련 핵심 정보와 예하 부대의 보고 내용이 실시간으로 업데이트되어 모든 부대가 계획대로 움직이는지를 확인할 수 있다.

지난 한 달은 계속되는 작전계획의 작성과 보완, 예행연습, 작전 준비로 잠잘 시간도 모자랄 정도로 긴장의 연속이었다. 열흘 전 그의 대대는 비바람과 번개, 폭풍우를 뚫고 국도와 고속도로를 따라 독일에서 리투아니아까지 이동했다. 폭우와 강풍이 몰아치는 끔찍한 날씨였지만, 덕분에 부대 이동 상황이 드러나지 않아 오히려 다행이었다.

그가 지휘하는 특수임무부대Task Force 소속 모든 소대는 여러 경로로 침투하고 주로 야간에 움직였다. 적이 부대의 이동을 관측해 표적화하지 못하도록 부대를 분산시켜서 이동에는 많은 시간이 소요되었다. 각각의 행군 대열은 유인 차량 2대와 무인로봇 10여 대로 엄격히 제한했다. 적과 근접한 지역[2]에 도착하자 전차, 보병전투장갑차, 포병, 지원차량 등은 마을과 도시, 주변 숲으로 이동하여 마을과 도시의 소음을 활용한 인공위장이나 깊은 숲속의 자연위장 속으로 섞여 들어가 적의 탐지수단으로부터 위치를 마스킹하려 했다. 장갑차량에는 특수 레이더 흡수 소재 위장막을 씌워 적의 센서가 감지하지 못하게 했고, 장갑전투차량, 보급 차량, 지휘소 차량에는 위장포와 위장망을 씌워 적외선·열·레이더 신호 발산을 감소시켰다. 아울러, 부대의 위치를 더 확실히 숨기기 위해 부대가 없는 여러 지역에 수십 개의 위장 진지를 설치했다.

집결지 전개와 위장이 완료되자, 로드리게스 중령은 장거리 무선통신을 금지하는 '통신 침묵' 명령을 하달했다. 부대는 꼭 필요한 메시지만 지향성 안테나를 활용해 저대역 밀리미터파로 송수신했다. 이 방법으로는 근거리 부대와의 통신만 가능하므로 정보가 필요한 모든 부대에 메시지를 전달하려면 메시 네트워크를 통해 릴레이 전파를 해야 한다. 또한, 상급부대인 사단과 여단은 적을 혼란에 빠뜨리고, 적의 센서를 기만하고, 로드리게스 부대의 은닉 위치에 대한 적의 탐지·표적화를 방해하기 위해 강력한 사이버 및 전자전 공격을 실시했다.

로드리게스의 부대는 공격작전의 주공이자 선두부대이기 때문에 작전 성공에 필요한 많은 다영역 자산을 할당받았다. 그의 임무는 적의 방어망을 돌파하고 적의 후방으로 침투하여 적의 포병 및 반접근/지역거부A2/AD, Anti-Access/Area-Denial 체계를 교란·파괴하는 것이다. 적 부대는 야포와 로켓포의 지원을 받는 전차, 보병, 대전차유도미사일, 드론 부대로 이루어져 있다. 로드리게스는 적 방어선 가운데 약 10km 정면의 좁은 전선을 돌파할 계획이다.

자신이 공격할 지역을 확인하던 중 그는 대드론 전투체계를 장착한 경전술기 2대, 헬기 2대, 중고도 장기 체공 무인기 2대, 그리고 다수의 드론이 이른바 '빅 블루 블랭킷'을 구성해 공중에서 작전 중이라는 것을 확인한다. 이 빅 블루 블랭킷은 적 드론과 미사일로부터 아군의 전투공간을 보호한다. 유인 항공기는 전방 접촉선의 후방에서 대드론 무기를 발사하는 이동식 발사 플랫폼 역할을 하고, 필요한 경우 적 드론 격퇴를 위한 드론 킬러 드론CUAS drones을 적진을 향해 발사할 수도 있다.

그러나 로드리게스 중령은 적은 예측 불가능하며 적어도 한 번의 기회는 가진다는 것을 알고 있다. 적은 미군의 위치를 파악하기 위해 모든 방법을 동원하고 있다. 신호 정보만으로는 미군의 위치를 파악하지 못하자, 첩보원을 침투시켰다. 어제 체포된 2명의 민간인을 조사한 결과, 이들은 미군의 위치를 파악해 휴대전화로 전송하려다가 실패한 것으로 확인되었다. 현지 휴대전화 네트워크에 대한 전자전 재밍이 효과를 발휘하고 있는 것으로 보였다.

적도 드론을 아군 작전 지역에 침투시키려 했지만, 미군의 대드론 체계 빅 블루 블랭킷이 이를 격추하고 무력화했으며, 동시에 적의 센서를 적극적으로 공격하고 교란했다. 전방 미군 부대 마스킹을 목적으로 특별 편성된 군단 및 사단급 부대들은 적의 센서를 기만하고 장거리 정밀타격무기 작동을 방해하기 위해 적 지역 종심에 대한 전자전과 사이버 작전을 주도하여 실시했다. 한편, 미군의 센서들은 적의 방공망, 전자전 부대, 지휘통신 시설, 포병 부대 등의 위치를 확인하는 데 집중했다.

로드리게스 중령은 M1286 지휘용 다목적장갑차AMPV, Armored Multi-Purpose Vehicle 안에서 지휘하고 있다. M1286 차량은 분산 임무형 지휘를 실현하기 위해 최근 몇 년간 재설계된 궤도가 달린 이동식 컴퓨터라고 할 수 있다.[3] 지휘차량 내부에는 로드리게스와 작전장교, 운전병까지 3명의 승무원이 탑승한다. 400m 뒤에서 후속하는 M1286은 로드리게스 부대의 2호 지휘소 노드이고, 여기에는 화력지원장교, 작전부사관과 운전병, 그리고 3명의 대전차유도미사일/경계팀이 탑승하고 있다.

로드리게스의 이동식 지휘소 편성은 미 육군의 표준 메시 지휘소 노드 편성을 적용한 것으로, 이 표준 메시 지휘소 노드 편성은 미 육군이 최근 전쟁에서 얻은 교훈을 바탕으로 이동이 가능하고 장갑 방호력과 이중 지휘·통신 시스템을 갖춘 생존성이 높은 메시 지휘소 네트워크를 제공하기 위해 채택한 것이다. 메시 지휘소 노드 편성은 3개의 지휘소 노드로 구성되며, 각 지휘소 노드는 2대의 차량으로 이루어져 있다. 이 3개의 지휘소 노드는 일정한 간격을 두고 분산 배치되지만, 무선 및 디지털 통신으로 항상 서로 연결되어 있다. 지휘소 노드 하나에 문제가 발생하면 다른 지휘소 노드가 지휘권을 이어받는다. 로드리게스는 이번 공격작전을 위해 3개의 지휘소 노드를 삼각형 형태로 배치했다. 2개의 지휘소 노드는 전방에, 1개의 지휘소 노드는 후방에 배치했다. 로드리게스가 지휘하는 제1 지휘소 노드는 우전방에 위치해 있고, 대대 작전과장 롭 파이크$^{Rob\ Pike}$ 소령이 지휘하는 제2 지휘소 노드는 로드리게스로부터 왼쪽 10km 떨어진 지점에 위치해 있다. 정보과장 로라 아담스$^{Laura\ Adams}$ 대위와 소규모 참모 보조팀이 지휘하고 삼각형 대형의 중앙에서 작전을 수행하는 제3 지휘소 노드는 2개의 전방 지휘소 노드로부터 8km 후방에 위치해 있다.

로드리게스가 지휘하는 주공부대는 2개 전차중대와 2개 보병중대로 이루어져 있다. 각 중대는 3개 소대로 구성되어 있으며, 각 전차소대는 유인 M1A4 에이브럼스 전차 2대와 로봇전투차량 M7 립소 6대를 보유하고 있다. M7 립소는 M1A4 전차의 윙맨으로 에이브럼스 전차 지휘관은 음성 명령 또는 디지털 명령어로 이들을 지휘한다. M7은 M5 로봇전투차량의 업그레이드 버전이다.[4] 유인 전차 1대는 3대의 M7을 지휘하여 종대, 횡대 등 각종 전투 대형을 구성하고 전투 기술을 적용하여 지정된 표적을 타격하는 등의 임무를 수행한다. M7은 적이 사격하면 자동 대응할 수도 있다. 에이브럼스X 설계를 기반으로 한 M1A4 전차[5]는 주변의 스마트 시스템을 감지하고 로봇 시스템을 지휘할 수 있는 엣지 컴퓨팅 성능edge-computing power[6]을 갖추고 있다. 이 전차는 무인포탑, 자동 장전장치, 120mm 주포, 여러 대의 기관총을 장착하고 있다. 승무원은 전차 내부에서도 장갑투시 시스템을 활용하여 외부 상황을 인식할 수 있다. 전차 지휘관과 조종수만 탑승하는 M1A4 에이브럼스 전차는 인간-로봇 하이브리드 전투력을 극대화한 시스템이다.

기계화보병소대는 6대의 유무인 옵션 전투차량OMFV으로 구성된다. 6대 중 3대는 유인 옵션 전투차량으로 인간 승무원이 지휘하며 8명의 보병을 수송한다. 나머지 3대는 완전 무인 옵션 전투차량으로, 유인 옵션 전투차량의 윙맨을 담당한다. 이 무인 옵션 전투차량은 M7 립소와 마찬가지로 인간 조종수가 직접 조종하지 않고 인간 지휘관이 지휘한다. 무인 옵션 전투차량의 대부분은 통상 전방에 넓게 분산 배치되어 지휘관의 가시선 밖에서 활동하는 경우가 많지만, 지휘관은 지휘용 바이저를 통해 무인 옵션 전투차량이 어디에서 활동하는지 알 수 있다.

공격작전 실행은 6단계로 계획되었다. 1단계는 장사정포 부대가 스마트 탄약과 연막을 발사하여 적을 죽이거나 엄폐호 안으로 숨게 만든다. 연막은 곧 있을 드론 공격에 앞서 전투공간을 제대로 볼 수 없게 가림으로써 적의 시야를 제한하기 위해 사용된다. 2단계는 장사정포 사격 직후 사이버 및 전자전 공격을 집중적으로 실시해 적의 방공망, 전자전 및 지휘통제 시스템을 교란한다. 3단계는 군집 드론, 수십 대의 무인전투기 및 장거리 정밀타격무기에 의한 대규모 공격을 실시해 적의 방공망, 전자전 및 지휘통제 시스템을 파괴한다. 3단계에 실시되는 군집 드론, 무인전투기, 장거리 정밀타격무기에 의한 대규모 공격은 공중우세를 확보하기 위한 것으로, AI 기반의 합동전영역지휘통제^{JADC2} 킬웹에 의해 동기화되어 실행된다.

적의 통합 방공망이 파괴된 뒤에는 4단계 공세가 이어진다. 네트워크로 연결된 자폭 드론들이 적 지역 종심으로 깊숙이 침투하여 적 방어체계를 초토화한다. 자폭 드론은 조종사나 GPS 유도 없이도 움직이는 자체 항법 스마트 시스템을 갖추고 있어 적의 전자전 재밍에 영향을 받지 않는다. 자폭 드론들은 스스로 작동하지만 네트워크에 연결되어 있어 전영역공통작전상황도를 통해 그들의 위치를 추적할 수 있기 때문에 필요 시 인간 지휘관이 개입해 통제할 수 있다. 자폭 드론은 인간 지휘관이 작동 개시, 작동 중단, 작동 종료를 통제할 수 있지만, 작동 중단 명령이 없는 상황이라면 사전에 지정된 '지속 정밀타격구역$^{Persistent\ Precision\ Fire\ Box}$' 내에서 스스로 표적을 탐색해 타격한다. 최신 자폭 드론은 10년 전의 자폭 드론보다 훨씬 더 빠르고, 은밀하며, 향상된 센서 패키지를 장착하고 있고, 체공시간도 길어 최대 12시간까지 체공할 수 있으며, 훨씬 더 치명적이다. 자폭 드론들은 네트워크를 통해 표적 정보를 공유하면서 사냥하듯 표적을 타격한다.

로드리게스는 M1A4 에이브람스 전차, M7 립소, 유무인 옵션 전투차량이 참여하는 5단계 근접공격을 개시한다. 적은 상공을 선회하는 드론들이 두려워 방어진지에서 나올 수도, 전투력을 집중할 수도 없다. 미군 전차와 보병은 이 기회를 활용해 적의 방어선을 신속히 돌파하고 적을 격퇴한다. 적이 할 수 있는 것은 그 자리에서 죽음을 맞거나, 항복하거나, 도망치는 것뿐이다. 6단계는 지상군, 잔여 드론, 공격헬기, 항공기를 동원해 후퇴하는 잔적을 격멸하는 추격전이다. 적의 지휘통제체계와 컴퓨터 시스템에 대한 사이버 및 전자전 공격은 6단계가 종료되거나 공격이 취소될 때까지 계속된다.

그런데 그때 문제가 발생한다. 갑자기 적이 강력한 야포와 로켓, 미사일을 쏘면서 먼저 공격을 개시한 것이다. 적의 첫 번째 일제사격은 약 20분 동안 이어졌고, 엄청난 폭발음과 화염을 불러일으켰지만, 아군의 마스킹 조치가 효과를 발휘했다. 적의 센서에 대한 기만 노력 덕분에 적의 포탄과 로켓, 미사일들은 표적이 아니라 많은 디코이들을 산산조각 냈다. 적의 표적화 화면에 표적으로 식별된 가짜 표적들—전자적 허상에 불과한 것들—이 완전히 파괴되었다. 그렇다고 피해가 없는 것은 아니었다. 안타깝게도 적 로켓 몇 발이 숲속에 숨어 있던 미군 전차 1대, 로봇전투차량 1대, 유무인 옵션 전투차량 1대를 파괴시키면서 미군 5명이 전사하고 6명이 부상당했다.

적의 선제공격이 시작되고 몇 초 후 아군 킬웹이 1단계 공격을 개시했다.

다목적장갑차 내부에는 작전 부장교 빌 켄트 대위가 로드리게스 중령 옆에서 지휘용 바이저로 전투공간을 살피고 아군의 움직임을 실시간 확인하고 있다. 조종수 수잔 케르타 상병은 조종석에 앉아 있다. 포탄 파편이 비산하는 외부 상황에도 불구하고 로드리게스, 켄트, 케르타는 장갑차 안에 있어 비교적 안전하다.

"1단계 실시 중. 2단계 개시. 사이버 및 전자전 공격 진행 중." 켄트가 침착하게 말했다. "적의 표적화 화면에 가짜 표적이 표시될 겁니다. 아마 우리가 사방에 있는 것처럼 보일 겁니다."

"수신 완료." 로드리게스가 대답했다. 그는 임무형 지휘 바이저에서 적 무인기 아이콘이 아군의 빅 블루 블랭킷 공격으로 사라지는 것을 확인했다. "대드론 체계도 교전 중이군.

몇 분 후 다목적장갑차에서 멀리 떨어진 곳에서 폭발음이 울려 퍼졌다. "3단계 개시. 아군 자폭 드론이 공격개시선을 통과 중. 정밀타격구역 내 표적 타격을 위해 지정된 지역으로 이동 중." 켄트가 상황을 전파했다.

"수신 완료." 자신의 임무형 지휘 바이저를 통해 작전 상황을 확인하던 로드리게스가 대답했다. 임무형 지휘 바이저를 통해 로드리게스는 아군 포병이 적을 포격하는 동안에 군집 자폭 드론과 무인전투기 10여 대가 지정된 정밀타격구역 내에 있는 적을 공격하는 것을 확인할 수 있었다.

아군의 무인기들이 정밀타격구역 상공을 낮게 비행하면서 적을 탐색하고 발견 즉시 자동으로 타격했다. 로드리게스는 무인기를 슈퍼 군집 형태로 투입하는 것이 3단계 성공의 핵심이라는 것을 잘 알고 있었다. 정면 20km, 종심 20km 규모의 정밀타격구역에 대한 무인기 타격 작전이 계획대로 진행된다면, 정밀타격구역 내 적의 전투체계는 모두 파괴되거나 무력화될 것이다. 여기에 장거리 정밀타격무기까지 더해진다면 적의 방공망은 파괴되고, 지휘체계는 무력화될 것이며, 기동무기도 더는 싸울 수 없는 지경에 이를 것이다. 실제로 단 몇 분이 지나자 적의 방공망과 전자전 체계가 화염에 휩싸였다.

15분이 지났다. 로드리게스의 임무형 지휘 바이저가 2단계 종료를 알렸다. 적의 방공망과 대드론 체계는 기능을 완전히 상실했다.

"3단계 및 4단계 동시 진행 중." 켄트가 보고했다.

"좋아. 나도 확인했어." 로드리게스가 대답했다. 공격의 템포가 빨라지고 모든 것이 신속하게 진행 중이다. 로드리게스는 임무형 지휘 바이저를 통해 자폭 드론이 표적을 식별·지정·공격하는 것을 확인했다. 네트워크로 연결되어 활동 중인 드론과 여러 센서가 하이마스^{HIMARS} 로켓의 타격이 필요한 고가치 표적을 식별했고, 다른 장거리 정밀타격무기도 포격에 가세했다.

멀리서 폭발음이 이어지는 가운데 20분이 지났다. 로드리게스는 임무형 지휘 바이저를 통해 전투 상황을 초조하게 지켜보면서 기다렸다. 기다리는 것이 고통스러웠지만, 시간이 지날수록 전투공간 안의 적의 수가 줄어든다는 것을 알고 있었기 때문에 그는 기다릴 수 있었다.

그는 임무형 지휘 바이저 속 화면을 확대해 공격 구역 전체를 살펴보았다. 그런 다음 세부 확인이 필요한 관심 지역에 눈동자를 고정한 후 눈을 한 번 깜박였다. 다영역 정보는 상태에 따라 초록색에서 빨강색으로 화면 맨 우측에 정리되어 표시되었다. 그는 4단계가 진행되는 것을 실시간으로 보면서 적 방어체계가 무너지고 있음을 확인할 수 있었다. 아군의 자폭 드론과 무인전투기가 발사한 미사일이 적의 방어체계를 파괴하자 임무형 지휘 바이저에 표시되어 있던 적군 아이콘도 함께 사라졌다.

"4단계 완료." 켄트가 보고했다.

"수신 완료." 로드리게스는 대답하고 크게 심호흡을 했다. 바로 지금이었다. 그는 임후형 지휘 바이저를 통해 들어오는 모든 보고를 마지막

다목적장갑차량(AMPV, Armored Multi-Purpose Vehicle)은 미 육군의 최신 장갑차 중 하나다. 생존성과 신뢰성이 향상된 다목적장갑차량은 2018년 미 육군 미래사령부(U.S. Army Futures Command) 창설 이후 육군 작전 부대에 인도된 가장 복잡하고 현대화된 전투 시스템이다. 〈출처: U.S. Army〉

으로 확인하고 눈을 깜박여 전 부대 공격 개시 명령을 디지털 메시지로 전송했다.

로드리게스는 차량 통합 인터콤 시스템을 통해 조종수에게 명령했다. "조종수, 차량 이동." "좌측 알파 중대를 1km 뒤에서 후속하라."

"수신 완료." 조종수 케르타 상병이 대답했다.

다목적장갑차가 앞으로 돌진했다. 케르타 상병은 열상 기반 상황 인식 화면을 켜고 마치 대낮에 고향 도로를 달리듯이 거침없이 지형을 가로질러 나갔다. 두 번째 다목적장갑차는 로드리게스 차량과 음성 및 데이터 통신을 주고받으며 약 400m 정도 뒤에서 따라오고 있었다.

로드리게스는 선두에 있는 2개 중대가 공격개시선을 통과하는 장면을 임무형 지휘 바이저로 확인하고 미소 지었다. 작전은 예행연습처럼 전개되고 있었다. 그의 휘하 지휘관들은 계획뿐만 아니라 상황이 바뀔 때를 대비한 대체 계획도 숙지하고 있었으며, 로드리게스의 의도를 잘 이해하고 있어서 통신이 끊기더라도 어떻게 단독으로 행동해야 하는지 잘 알고 있었다. 혹시 모를 사고로 각자가 단독으로 행동해야 하는 상황이 생긴다고 해도 로드리게스가 추가적인 지침을 내릴 필요가 없다. 모두 자신의 임무를 잘 알고 있고 잘 해낼 것이었다.

"알파팀, 적과 접촉." 켄트가 보고했다.

"수신 완료." 로드리게스가 대답했다. 그는 그의 임무형 지휘 바이저에서 적 방어선을 돌파하기 위해 전투 중인 예하 부대들의 아이콘들을 확인했다. 알파팀으로부터 디지털 보고가 들어왔다. "적 전투의지 와해. 방어조직 붕괴. 적 병력 다수 항복 중. 아군 전투력 수준 양호. 사상자 없음. 임무 계속 수행 중."

지금까지 모든 것이 순조로웠다. 하지만 이상하게도 뭔가 찜찜한 느낌을 지울 수 없었다. 그 순간 큰 폭발과 함께 모든 생각이 멈췄다. 갑자기 멍해졌다.

귀청이 터질 듯한 굉음이 들렸다. 다목적장갑차가 멈춰서더니 오른쪽으로 회전했다. 전원이 꺼져 내부가 깜깜해지자, 차량은 옆으로 기울어지며 천천히 전복되었다.

차량이 전복되면서 주변에 있던 물건들이 여기저기 떨어지는 가운데 로드리게스는 안전벨트로 좌석에 고정된 채로 회전하고 있었다. 회전이 멈췄다. 잠시 정적이 흘렀다. 로드리게스는 거꾸로 뒤집힌 어두운 장갑차 안에서 안전벨트로 좌석에 고정된 채 도대체 무슨 일이 일어난 건지 이해하려고 애썼다. 잠시 혼란스러웠지만, 그는 정신을 차렸다. 연기 냄새가 났다. "전 승무원 상태 보고!"

"이상 무." 켄트 대위가 말했다. "젠장! 지뢰를 밟은 것 같습니다. 길에 지뢰가 보이지는 않았는데… 아마도 지뢰인 것 같습니다." 켄트가 손전등을 켜자, 조종석 해치에서 연기가 올라오는 것이 보였다. 폭발물의 추진제 타는 냄새가 났다.

"케르타!" 로드리게스가 소리쳤다.

아무 대답이 없었다. 조종수인 케르타의 상태를 확인하려고 급히 안전벨트를 풀려고 애썼다. 좌석에 고정되어 있던 로드리게스는 차가 뒤집힌 상태에서 겨우 안전벨트를 풀자 떨어지면서 헬멧이 장갑차의 금속 천장에 부딪혔다. 충격에 욕설을 퍼부은 후 이내 정신을 차렸다. 그는 차 탑재 컴퓨터에서 헬멧 커넥터를 분리하고 어둠 속에서 조종석으로 기어가 케르타에게 손을 뻗어 그의 안전벨트를 풀고 조종석 밖으로

그를 끌어냈다. 다행히도 숨을 쉬고 있었다. 좋은 징조였다.

켄트는 후미 해치로 미끄러져 들어가서 해치를 열려고 안간힘을 썼다. 손잡이를 잡고 있는 힘을 다해 다리로 해치를 밀어냈다. 해치가 열리고 신선한 공기가 장갑차 안으로 들어왔다.

"케르타를 좀 도와줘." 로드리게스가 말했다.

켄트는 다목적장갑차 앞으로 가서 로드리게스와 힘을 합쳐 후방 해치에서 케르타를 밖으로 끌어낸 후 땅바닥에 눕혔다. 전복된 다목적장갑차 뒤편 진흙더미 속에서 켄트는 케르타의 상처를 살펴보았다.

로드리게스는 자리에서 일어나 동쪽을 보았다. 전투 소리, 폭발음, 120mm 포의 포성, 유무인 옵션 전투차량의 30mm 기관포가 내는 특유의 소리, 그리고 기관총 소리가 들렸다. 그때 뒤쪽에서 차량 한 대가 그들을 향해 움직이는 소리가 들렸다. 뒤를 돌아보니 그의 임무형 지휘노드에 속한, 화력지원장교가 지휘하는 2호 다목적장갑차였다.

"대대장님, 대대장님이신가요? 괜찮으십니까?" 화력지원장교가 소리쳤다.

"괜찮아." 로드리게스가 대답했다. "상태가 어떤가?"

"괜찮습니다. 차량, 통신장비 모두 이상 없습니다." 화력지원장교가 대답했다. "지시하실 건 없으십니까?"

"케르타를 자네의 2호차로 옮겨. 내가 2호차를 지휘하겠다. 서둘러. 바로 전투에 복귀한다."

***

이 이야기는 언젠가 다영역 제병협동작전이라고 불릴지도 모르는 작전을 가상으로 묘사한 것이다. 미군이 곧 전력화할 계획이거나, 또는 구상 중인 체계가 제대로 운용된다는 긍정적 가정 하에 작성했다. 이 이야기 속의 아이디어는 현실에서 검증된 바 없지만, 아이디어를 현실로 만들려면 먼저 개념 설정부터 시작해야 한다. 기술은 중요하다. 우리는 믿을 만한 전투 개념을 바탕으로 설계된 새로운 시스템들이 필요하지만, 기술만으로는 충분하지 않다.

세상에서 가장 치명적인 무기는 팀의 일원으로서 제대로 훈련받고 적절한 장비를 갖추고 결의에 차서 싸우는 인간 전투원이다. 네트워크가 파괴되어 혼란스럽고 혼돈스러운 가운데서도 임무형 지휘를 따르고 실행할 수 있는, 잘 훈련되고 결의에 찬 남녀 전투원들은 기술보다 더 중요하다. 전투에 능숙하고, 서로 협력하며, 생각하고, 적시에 행동하며, 절대 포기하지 않는 미국의 육·해·공군·해병대·우주군은 미국의 비대칭적 우위asymmetric advantage를 항상 보장할 것이다. 어떠한 기술도 잘 훈련되고 준비되고 결의에 찬 전투원들로 구성된 팀을 대체할 수 없다. 그러나 그런 팀이 최고의 기술과 전술을 갖추면 결정적 순간에 압도적 우위를 만들어낼 수 있다. 이러한 요소들을 결합해 적절히 적용하면, 적에게 전투충격을 안겨줄 수 있다. 이를 위해 **우리는 지휘, 설계, 훈련, 전투, 지원을 잘 결합하여 반드시 승리해야 한다.**

지휘

전쟁에서 군대를 지휘하는 것은 언제나 어렵다. 지휘가 어렵다는 것을 모두가 알고 있기 때문에 우리는 위대한 군사 지도자들을 존경하고, 오늘날까지 알렉산드로스 대왕Alexander the Great, 율리우스 카이사르Julius Caesar, 나폴레옹Napoleon과 같은 전쟁영웅의 리더십과 행동을 연구한다. 예나 지금이나 군사적 천재들은 전쟁의 안개를 뚫고 당면 문제를 해결하고 승리를 달성하는 능력을 가지고 있었다. 오늘날의 전쟁이 과거 알렉산드로스 대왕이 싸웠던 시대의 전쟁보다 훨씬 더 복잡해진 것은 사실이지만, 놀라운 점은 그때나 지금이나 전쟁에서 요구되는 리더십은 비슷하다는 것이다. 지휘관은 자신이 전쟁에서 이끌어야 하는 부하의 신뢰를 얻어야 하고, 부대를 강하게 훈련시켜야 하며, 현명한 결정을 내리고, 행동해야 할 때 행동하고, 항상 솔선수범해야 한다. 전쟁에서 지휘관은 클라우제비츠가 '전쟁의 안개'라고 말한 불완전한 정보 속에서도 행동하고, 불완전한 정보를 활용하여 자신이 지휘할 군사적 수단을 시간·공간·목적에 맞게 조율할 수 있어야 한다.

인간 전투원이 전쟁 승리에 핵심이기 때문에, 육·해·공군·해병대·우주군을 하나로 통합하는 군사 문화가 중요하다. 러시아, 중국, 이란, 북한과 같이 명령 중심의 상명하복 리더십 문화를 가진 국가들은 인간 전투원이 명령에 복종하고 계획에 따라 지시를 수행할 것을 요구한다. 이러한 군사 문화는 계획을 최대한 충실히 따르는 것을 중요시하기 때문에, 상황 변화로 인해 그 계획이 무의미해지면— 전쟁에서는 늘 그런 일이 벌이지기 마련이다— 그들의 노력은 허사가 되고 만다.

이를 보여주는 좋은 예로 2022년 5월 10일 돈바스^{Donbas} 지역 시베르스키도네츠강$^{Siversky\ Donets\ River}$에서 러시아군이 실시한 도하작전을 꼽을 수 있다. 우크라이나군 방어선의 측방을 공격하기 위해 러시아군은 강습도하를 감행했다. 우크라이나군은 정찰대, 드론, 위성 영상 등 다양한 탐지 수단을 활용해 러시아군의 의도를 사전에 파악한 뒤, 포병과 드론으로 러시아군을 공격하여 도하 시도를 저지했다. 러시아군은 결연하게 기존의 계획을 고수하며 다섯 차례나 똑같은 방법으로 도하를 시도했지만, 매번 큰 피해를 입고 도하에 실패했다. 최종 결정을 내려야 하는 순간에 러시아군 지휘관들은 계획을 바꿀 수 있는 권한이 없었기 때문에 매번 도하 시도가 자살행위처럼 보였음에도 도하 명령을 반복할 수밖에 없었다. 이렇게 어려운 상황에도 작전을 포기하지 않은 러시아군의 결의는 높이 평가할 만하지만, 이 도하작전이 러시아-우크라이나 전쟁 발발 이후 가장 참혹한 피해를 초래한 작전 중 하나라는 점을 감안하면, 러시아군 지휘관들의 판단에는 의문을 제기할 수밖에 없다. 러시아군의 상명하복식 지휘 문화가 시베르스키도네츠강 도하 지점에서 80대 이상의 차량과 수백 명의 장병을 잃게 만드는 참사를 초래했다는 점은 부인하기 어렵다. 러시아, 중국, 이란, 북한의 군대는 "생각하는 사람이 이긴다$^{Who\ thinks,\ wins}$"라는 격언을 믿지 않는다. 그들은 "복종하는 자가 이긴다$^{Who\ obeys,\ wins}$"고 믿으며, 그들의 군사사에서 이러한 굳건한 결의를 보여주는 사례를 높이 칭송한다. 이러한 접근방식은 예하 부대를 명령에 따라 기계처럼 움직이게 만들기 때문에 그들의 작전은 항상 기술적인 수준에 머물고 예측 범위를 벗어나지 못한다.

서방의 군대 문화는 일반적으로 '임무형 지휘' 개념으로 설명되는 다른 접근방식을 수용한다. 임무형 지휘는 적과 맞닥뜨리는 순간에 현장에 있는 지휘관이 유연하게 상황에 맞는 의사결정을 내리는 것이 승리를 위한 올바른 접근방식이라고 주장한다. 임무형 지휘를 실천하는 지휘관은 상급 지휘관의 의도를 이해한 상태에서 생각하고, 행동하며, 실시간으로 결정을 내려 전투를 승리로 이끌어야 한다. 전쟁의 혼돈과 안개 속에서 지휘관이 전사하는 상황이 발생하더라도 임무형 지휘를 체득한 부대는 계속 작전을 수행하여 성공시킬 수 있다. 임무형 지휘는 "생각하는 자가 이긴다"라는 개념을 근간으로 한다. 임무형 지휘를 터득한 지휘관과 부대는 두 단계 위의 상급 지휘관의 의도를 이해하고 전투공간에 대한 상황 인식을 공유한 상태에서 작전을 수행하기 때문에 명령만 따르기에 급급한 적보다 시간과 의사결정 면에서 우위를 점할 수 있다. 임무형 지휘를 실천하는 지휘관은 임무형 지휘의 개념을 정확히 이해하고, 명확하게 설명할 수 있어야 하며, 이를 가르치고 실천할 수 있어야 한다. 지휘관은 임무형 지휘를 자신의 언어로 정의하고, 머릿속에서 가시화하고, 체화해야 한다. 임무형 지휘를 이해하고, 평소 주둔지에서 이를 실천하고, 훈련을 통해 강화하는 것은 실제 전투 현장에서 임무형 지휘를 효과적으로 수행하기 위한 필수 조건이다.

   기술은 지휘관의 의사소통 방식을 향상시킬 수 있다. 고대에는 지휘관이 부하에게 직접 명령을 내리거나 전령을 통해 구두 명령이나 문서 명령을 전달했다. 통신 기술이 발전함에 따라 깃발 신호, 전신, 유선 전화, 무전기, 그리고 오늘날 5G 인터넷 클라우드를 통한 디지털 통신에 이르기까지 점점 더 빠른 통신 수단이 등장하게 되었다. 오늘날 디지털 기술의 발전으로 지휘관은 장소에 구애받지 않고 전투공간 모든 곳에서 지휘할 수 있게 되었다. 가상현실^{VR}과 증강현실^{AR}은 임무형 지휘 훈련을 위한 강력한 도구로 활용될 수 있다. 이 장의 서두에서도 언급했듯이 어떠한 기계도 제대로 훈련받고 적절한 장비를 갖추고 결의에 차서 싸우는 인간 전투원을 대체할 수는 없다. 단기적으로 적용할 수 있는 가장 좋은 방법은 기술을 활용해 인간을 지원하고, 인간과 로봇을 결합한 인간-로봇 하이브리드 부대를 만드는 것이다. 상황에 맞는 부하의 의사결정과 분산 임무형 지휘를 가능하게 하는 지휘통제 방식인 임무형 지휘는 기술을 통해 더욱 강화할 수 있다. 켄타우로스^{centaur} 접근법은 인간과 기술이 원활하게 협력할 수 있는 최상의 솔루션 중 하나다. 켄타우로스 임무형 지휘$^{Centaur\ Mission\ Command}$는 엣지 컴퓨팅에 내장된 AI와 홀로렌즈와 유사한 증강현실 바이저$^{AR\ visor}$를 통해 전투공간을 가시화하여 다영역작전 수행에 필요한 직관적 판단 정보를 지휘관에게 제공해준다. 모든 제대의 지휘관이 서로 연결되고, 눈 깜박임이나 손가락 터치로 다영역 전투공간을 실시간으로 파악할 수 있는 켄타우로스 임무형 지휘 헬멧이나 바이저가 있다고 상상해보자. J. F. C. 풀러는 "우리가 전투에서 사용하는 무기가 더 기계화될수록 그것을 통제하는 우리의 정신은 덜 기계적이어야 한다"[7]라고 말했다. 기습과 패배를 피하고 전진하기 위해 지휘관은 새로운 기술이 전쟁에 미치는 영향을 이해하고, 이러한 기술을 적절히 활용할 수 있어야 한다. 따라서 전쟁의 본질과 변화하는 전쟁의 방식을 이해하는 것은 지휘관의 중요한 임무일 수 밖에 없다.

만약 지휘소를 분산 임무형 지휘 중심으로 재편성한다면, 지휘소의 기능이 장소가 아니라 서비스로 바뀌게 될 것이다. 각각 2~4대의 장갑차로 구성된 지휘소 노드들이 메시 네트워크를 구축하고, 이를 통해 대

대부터 군단까지 모든 지휘관이 메시 네트워크 내에 있는 어느 지휘소 노드에서든 원활하게 지휘할 수 있다고 상상해보자. 지휘관이 한 지휘소 노드에서 다른 지휘소 노드로 이동해 지휘할 수 있다면, 지휘관으로서의 존재감과 그의 리더십은 더욱강화될 것이다. 만약 한 개의 지휘소 노드에 문제가 생기면, 다른 지휘소 노드가 지휘권을 인수하여 새로운 지휘관이 부대를 지휘한다. 이를 위해서는 탄력적이고 역동적이며 안정적인 통신체계가 필요하고 전영역공통작전상황도를 공유해야 한다.

설계

전쟁 방식이 바뀌면 무기의 설계와 개발도 바뀌어야 한다. 새로운 환경에서는 새로운 무기가 필요하다. 오늘날 전투공간에서 마스킹은 점점 더 어려워지고 있다. 적의 광학·열영상·전자·음향 센서가 어떻게든 당신을 찾아낼 것이다. 만약 미래에 양자 센싱$^{quantum\ sensing}$*까지 추가된다면 마스킹은 불가능한 과제가 될지도 모른다. 마스킹은 미래의 모든 군사 시스템 설계에 있어 핵심적인 고려 요소가 되어야 한다. 사이버 작전 또는 물리적 디코이를 사용하여 전투공간이 가짜 표적들로 넘치게 하는 것도 마스킹의 또 다른 방법이 될 수 있다.

   자폭 드론은 군집을 이뤄 적을 공격할 수 있는 수단이기 때문에, 미래의 분쟁에서 중요한 역할을 담당할 것이다. 자폭 드론은 저렴하고, 일회

---

* 양자 센싱(quantum sensing): 원자나 전자의 양자 특성을 이용해 기존 센서보다 훨씬 높은 정밀도로 물리량을 측정하는 기술로, 군사적으로는 스텔스 표적 탐지나 GPS 의존도 저감 등 다양한 응용이 기대된다.

용이며, 아군의 인명 손실 없이 정밀타격력을 제공하는 효과적인 수단이다. 이러한 이유로 현대판 가미카제로 불리는 자폭 드론은 아군의 인명 피해를 막기 위해 아군 병력이 없는 곳에 투입된다. 또한, 자폭 드론은 단독으로 또는 다른 센서 네트워크에 연동되어 전투공간에 대한 정보수집과 감시 임무를 수행하면서 아울러 표적을 타격할 수도 있다. 네트워크에 연결된 자폭 드론이 한 번에 대규모로 투입되는 슈퍼 군집 공격은 미래 전쟁을 바꾸는 획기적인 공격 방법이 될 것이다. 더 빠르고, 더 은밀하고, 더 정확하고, 더 강력한 자폭 드론은 미래 전투공간에서 중요하게 활용될 무기체계임이 분명하다.

어떤 무기가 개발되면 우리는 이에 대응하는 무기체계를 반드시 설계하고 개발해야 한다. 제2차 세계대전 말기에 미국 해군 함대가 일본의 가미카제 공격에 대응하는 방호 수단을 개발해야 했던 것처럼, 무인전투기와 자폭 드론 확산에 대응하기 위한 대드론 체계의 설계와 개발은 시급하고 중요한 문제다. 아군에 대한 지속적인 방공망을 제공하는 '빅 블루 블랭킷' 개념은 제2차 세계대전에서 유효성이 입증되었으며, 오늘날 대드론 체계에 대한 해결책을 구상하는 데 유용한 틀을 제시한다. 기동성과 화력을 겸비한 경전술기를 활용하는 하이-로우 믹스 방식을 채택해, 경전술기를 사정권 내 모든 대드론 체계를 위한 통합 메시 방공 네트워크에서 통신 및 지휘 노드로 운용한다면, 이는 오늘날의 '빅 블루 블랭킷' 전략의 핵심이 될 수 있다.

현대전을 수행하려면 인간 전투원이 직접 조종하지 않고 지휘하는 다양한 무인로봇 시스템이 필요하다. 인간이 로봇을 직접 조종하지 않고 감독만 하고 있다가 필요 시에 개입해 로봇에게 몇 가지 간단한 명

위 그림은 에어로바이런먼트(AeroVironment)의 스위치블레이드(Switchblade) 600의 형상이다. 스위치블레이드는 실전에서 검증된 자폭 드론으로, 20분간 40km를 비행하고, 이후 표적을 찾기까지 20분을 추가 체공(총 비행거리는 약 80km)할 수 있으며, 재블린(Javelin) 대전차유도미사일과 유사한 위력을 가진 탄두를 장착하고 시속 185km 속도로 타격한다. 개별 스위치블레이드를 네트워크에 연결해 슈퍼 군집 형태로 활용하는 방안도 연구 중이다. 〈출처: AeroVironment〉

령을 내리면, 로봇이 '대형 유지 이동', '사격선까지 전진', '표적 교전' 등 지정된 일련의 전투행동을 수행하는 전차로봇통합서번트팀TRUST, Tank Robot Unified Servant Team 개념을 생각해볼 수 있다. 이는 로봇 차량을 직접 조종하는 것과는 완전히 다른 개념이다. 이 개념에서 인간은 로봇 차량을 직접 조종하지 않는다. 로봇 서번트RS, Robot Servant는 유인 전차의 부하처럼 움직이지만, 그렇다고 해서 인간이 로봇을 직접 조종하는 것은 아니다. 로봇을 정확한 위치로 이동시키라는 명령은 예외적인 경우에 해당한다. AI의 한계 내에서 인간은 소대장이 소대원들에게 명령을 내리듯이 단지 로봇의 목표 지점만 지정하면 된다. 로봇은 탑재된 AI를 활용하여 최적의 경로를 찾아 스스로 목표 지점으로 이동한다.

 미국이 강한 군사력을 보유한 경쟁국들과 싸우기 위해서는 엣지 컴퓨팅 기술을 기반으로 설계된 보다 지능적인 차량과 무기체계가 필요하다.[8] 새로 개발되는 지상전투차량에는 이러한 기술이 시급히 필요하다. 대규모 지상전에서 성공적으로 임무를 완수하려면, 다영역(지상, 해상, 공중, 사이버, 우주) 작전의 모든 요소가 거의 실시간으로 통합되고 동기화되어야 한다. 합동군은 지휘관들이 다영역작전 상황을 가시화하고 이를 다른 지휘관들과 공유하는 체계를 시급히 개발해야 한다. 이는 지휘관의 '대시보드dashboard'에 구현되어 지휘관이 전투공간에서 "아군, 적군, 그리고 다른 영역의 상황을 동시에 파악"할 수 있게 해준다. 공통작전상황도는 2개 이상의 지휘부가 공유하는 작전 관련 정보(예: 아군·적군의 위치, 교량, 도로 등 주요 인프라의 위치 및 상태)를 하나의 화면에 통합해 나타낸 것이다. 전 영역에 걸쳐 작전을 수행 중인 합동부대들이 공통작전상황도를 공유하면, 공동의 상황 인식, 통합된 계획 및 실행을 촉진할 수 있다.[9] 이러한 지능형 시스템을 메시 네트워크 노드로 전환하면, 분산 임무형 지휘가 가능하고, 투명한 전투공간에서 기동력과 타격력을 향상시킬 수 있다.

훈련

하지만 임무형 지휘는 양날의 검과 같아서 기회와 위험이 동시에 존재한다. 임무형 지휘를 구현하기 위해서는 작전에 대해 명확하게 이해하는 훈련된 전투원과 지휘관이 필요하다. 임무형 지휘를 기반으로 지휘할 수 있는 일정 수준의 리더십, 경험, 신뢰를 쌓기까지는 많은 시간이 걸린다. 전투에서 사상자가 발생하면, 계속해서 임무형 지휘를 수행하기 어렵다. 이는 마치 스포츠팀이 핵심 선수를 신인 선수로 교체해야 하는 상황과 같다. 제대로 훈련받지 못한 지휘관과 부대가 상급 지휘관의 의도와 달리 본인들의 생각을 앞세워 작전을 수행할 때 실패 가능성은 커진다. 훈련은 이러한 상황을 반영해야 하며, 결정적 순간에 지휘관 전사하는 등의 상황을 만들어 하급 지휘관이나 참모가 상급 지휘관을 대신해 지휘권을 잡아보는 기회를 제공해야 한다. 구성·가상·라이브 시뮬레이션 훈련은 임무형 지휘가 마치 제2의 본능처럼 자연스러워지는 수준에 도달할 때까지 반복해야 한다. 대부분의 군대가 '명령 중심'의 지휘 방식을 고수하는 이유가 임무형 지휘를 위한 훈련과 실제 적용이 어렵기 때문임을 명심해야 한다.

 훈련의 목적은 전투에서 승리할 수 있는 개인과 팀, 부대를 육성하는 것이다. 새로운 기술은 임무형 지휘 훈련을 향상시킬 수 있다. 시뮬레이션은 실전과 같은 환경에서 임무형 지휘를 자주 훈련할 수 있는 전투 학습장을 만드는 데 활용할 수 있다. 예를 들어, 미 육군의 대대급 부대는 통상 2년의 훈련 주기 동안 구성 시뮬레이션 훈련이나 가상 시뮬레이션 훈련을 여러 차례 실시할 수 있지만, 전투훈련센터[CTC, Combat Training Center]에서 실시하는 라이브 시뮬레이션 훈련은 단 한 번뿐이다. 라이브 시뮬레이션 훈련은 비용이 많이 들기 때문에 구성 시뮬레이션 훈련이나 가상 시뮬레이션 훈련만큼 자주 할 수 없다. 따라서 임무형 지휘의 숙련도를 높이기 위해서는 자주 할 수 있는 구성 시뮬레이션 훈련 및 가상 시뮬레이션 훈련의 수준을 높이는 것이 중요하다. 훈련 성과를 최대치로 끌어 올리려면 훈련받는 부대는 전투 상황에 집중해야 한다. 하지만 대부분의 부대는 실제 전투가 일어나기 전에는 상황에 몰입하기 어렵다. 역사가 증명하듯이 최고의 경험은 언제나 실전을 통해 얻어지는 것이지만, 그때까지 기다리면 너무 늦다. 총성이 울리는 전투의 첫날부터 전투 준비가 된 상태로 투입되기를 원한다면, 우리는 훈련의 패러다임을 바꿔야 한다.

미 육군 제병협동대대가 14개월 뒤 국립훈련센터NTC,National Training Center에서 순환훈련을 실시할 예정이라고 가정해보자. 대대장은 준비할 일이 엄청나게 많을 것이다. 미 육군의 인사제도에 따라 부대의 지휘관들은 일정 주기에 따라 교체되기 때문에 지휘관과 부대가 임무형 지휘를 수행할 정도의 수준을 유지하기 위해서는 잦은 빈도로 훈련해야 한다. 이러한 노력을 지원하기 위해 종이로 된 전투 의사결정 게임paper combat-decision game부터 VBS3, VBS4와 같은 정교한 컴퓨터 시뮬레이션에 이르기까지 다양한 건설적인 시뮬레이션을 활용할 수 있다. 구성 시뮬레이션이 주로 정신적 요소에 대한 훈련이라면, 가상 시뮬레이션은 항공기, 전차, 차량, 소부대 시뮬레이터와 같이 정신과 신체 요소 모두를 훈련할 수 있도록 정교하게 설계되어 있다. 다양한 제대가 참여하는 구성 시뮬레이션 훈련을 주 1회 정도 시행하고 중간에 가상 시뮬레이션 훈련을 병행한다면 실제 훈련 전에 최대 약 64회의 훈련을 반복할 수 있다. 다른 요구사항을 충족하기 위해 횟수를 절반으로 줄인다고 해도 32회나 된다. 스포츠에서 승리하는 팀은 어떤 동작 하나를 완성하기 위해 같은 훈련을 반복한다. 집단 전투 기술을 숙달하기 위해서는 몇 번의 반복 훈련이 필요할까? 지휘관이 탁월한 임무 수행 능력을 갖추려면 계획, 준비, 실행을 몇 번이나 반복해야 할까? 모든 지휘관은 자기 자신에게 이러한 질문을 던지고 이를 고려하여 계획을 수립해야 한다. 미군은 세계에서 가장 다양한 시뮬레이션 프로그램을 보유하고 있는 군대다. 하지만 문제는 이러한 시뮬레이션 역량을 최대한 활용하지 못한다는 데에 있고, 이러한 상태가 이어진다면 우리 군의 훈련 수준은 저하될 것이다. 제대로 된 훈련이 시행되지 않는 데에는 여러 이유가 있다. 하지만 전투가 시작되고 우리가 기대하는 수준만큼의 임무형 지휘가 구현되지 않는다면, 이는 우리가 필요한 만큼의 훈련을 반복 숙달하지 못했기 때문일 것이다.

전투

오늘날 우리는 이미 적용 중인 기술과 이제 막 등장한 신기술이 전쟁 방식의 변화에 미치는 영향을 목격하고 있다. 지휘관들은 변화하는 전쟁 방식에 적응하고 이를 유리하게 활용할 수 있어야 한다. 지난 몇 년 동안 제2차 나고르노-카라바흐 전쟁(2020년), 이스라엘-하마스 전쟁(2021년), 지금도 끝나지 않은 러시아-우크라이나 전쟁(2022년~)은 무인로봇 시스템, 특히 무인전투기와 자폭 드론, 그리고 센서와 장거리 정밀타격무기의 조합이 얼마나 파괴적인 위력을 발휘하는지 보여주었다. 이러한 사실들을 고려할 때, 지휘관들은 이 책에 제시된 주제들을 숙지하고, 적이 선제공격의 우위를 점할 가능성이 높고 전쟁 역사상 그 어느 때보다 생각하는 지휘관을 요구하는 투명한 전투공간에서 싸워야 하는

2023년 1월 17일, 미 해병대가 노스캐롤라이나주 캠프 르준(Camp Lejune) 박격포사격장에서 소형 무인기를 발사하고 있다. 보병부대와 무인기 능력을 합친다면 해병대는 소규모부대 수준에서 더욱 치명적이고 효과적인 전투력을 발휘할 것이다. 〈출처: U.S. Marine Corps〉

미래 전쟁에 대비해야 한다.

 다음 전쟁에 대비하는 지휘관들은 이러한 새로운 현실에 부합하는 노력을 게을리 해서는 안 된다. 첫 번째 과제는 변화하는 전쟁 방식이 본인이 지휘하는 부대에 어떤 영향을 미칠지 깨닫도록 읽고, 대화하고, 토론하고, 배우는 것이다. 그 다음 과제는 이에 대해 조치를 취하는 것이다. 눈에 띄는 표적은 공격당하는 투명한 전투공간에서 훈련하라. 모든 훈련에서 적의 센서 속이고 표적화를 교란하기 위해 다영역 마스킹 수단을 활용하는 방법을 익혀라. 적이 선제공격을 단행해 우위를 점하는 상황을 가정하여 계획을 수립하고 훈련해야 하며, 선제공격을 통한 적의 전략적 성과를 최소화하기 위해 마스킹, 보호, 분산, 조기경보 능력을 극대화하는 조치를 취해야 한다. 전자 시스템을 통해 통신하는 경우라면, 언제나 적에게 재밍을 당할 수 있다는 것을 명심해야 한다. 전자 신호를 남긴다면 적의 센서는 이를 식별하여 위치를 파악할 것이다. 이는 우리와 적 모두에게 똑같이 적용된다. 우리는 가능한 모든 수단을 동원해 전자 신호를 줄여야 한다. 만약 당신이 괌에서 부대를 지휘하는데, 부대 지휘와 관련된 모든 정보가 중국군의 다영역 센서에 의해 포착되고 있고, 당신의 부대가 중국군의 미사일 사정권 안에 있다는 것을 안다면, 중국군의 기습 선제공격 가능성에 대비해 당신은 무엇을 준비하고 있는가? 무력 분쟁의 역학관계는 너무 복잡해서 단순한 공식으로 풀 수 없다. 따라서 지휘부를 전투에 대비시킬 수 있는 간단한 수식이나 지침은 존재하지 않는다. 리더십과 전쟁 모두에서 변화가 유일한 불변의 요소라면, 지휘관들은 변화하는 전쟁 방식을 이해하고 제때 대비해야 한다. 그렇지 않으면 다음 전쟁에서 최근 전쟁들이 남긴 비극적인 교훈의 희생자가 될 가능성 크다.

지원

우리는 항상 실제 전투에서 우리가 맞닥뜨릴 상황과 조건을 최대한 반영해 훈련해야 한다. 우리는 피난처가 없는 치열한 전투공간에서 아군을 효과적으로 지원할 수 있어야 한다. 반쪽짜리 대책은 우리를 죽음으로 몰고 갈 것이다. 러시아-우크라이나 전쟁에서 전 세계는 러시아군의 병참 분야의 실패를 목격했다. 썩은 타이어, 오래된 전투식량, 부족한 연료, 작동하지 않는 무전기, 무능한 리더십, 부패 등 여러 가지 많은

2023년 2월 1일 독일 호헨펠스(Hohenfels) 다국적합동준비센터(Joint Multinational Readiness Center)에서 열린 드래곤 레디(Dragon Read) 23 훈련에서 제2기병연대 소속 미군이 적과 교전을 벌이고 있다. 이 훈련은 연대급 부대의 숙련도와 나토 동맹국과의 상호운용성을 높이기 위해 통합 지상작전 임무 필수 과제를 숙달한다. 〈출처: WIKIMEDIA DOMMONS | U.S. Army | Public Domain〉

문제가 러시아 전투부대에 대한 군수지원을 어렵게 만들었다. 최근에 있었던 전투에서 우크라이나군의 장거리 정밀타격무기는 러시아군의 탄약고와 연료·보급 기지를 타격하여 큰 성과를 거두었다. 러시아군 군수부대는 전쟁 준비가 되어 있지 않았고, 이로 인해 러시아군은 많은 사상자와 부상자가 발생했다. 그렇다면 우리의 군수부대가 오늘날의 치명적인 전투공간에서 아군을 지원할 대비가 되어 있는지 물어보지 않을 수 없다. 우리의 군수부대는 오늘날의 치명적인 전투공간에서 아군을 지원할 대비가 되어 있는지 스스로 물어야 한다. 2022년, 필자는 미 육군 국가훈련센터를 방문하여 순환배치훈련 과정을 참관하고, 특히 훈련 부대 지휘소의 생존성을 조사했다. 안타깝게도 이 순환배치를 지원하는 군수부대들은 생존능력 부분에서 심각한 문제를 드러냈다. 필자를 비롯해 이 훈련을 참관했던 많은 전문가는 지속지원부대의 전투준비태세 향상을 위해 더 많은 에너지와 노력을 기울여야 한다고 이구동성으로 입을 모았다.

지원부대도 전투원이다. 정비와 보급을 담당하는 부대도 앞에서 언급한 것과 같이 전투를 방해하는 다양한 상황을 상정하여 훈련해야 한다. 전투공간 어디에도 안전지대는 존재하지 않는다. 모든 장소는 적에게 탐지되고 그들의 장거리 정밀타격무기의 사정권 내에 존재한다. 앞서 언급했듯이 무엇이든 노출되면 적의 표적이 되어 공격당한다. 지원부대의 지휘소, 탄약·연료 저장소, 정비보수 시설은 발각되기는 쉽지만 방어하기는 어렵다. 이러한 중요한 전투 지원 시설을 마스킹하는 것이 무엇보다 중요하다. 적이 지원부대의 지휘통제 시설을 파괴하고, 탄약과 연료 저장소를 불바다로 만들고, 무인전투기와 자폭 드론으로 정비보수 시설을 파괴한다면 아무리 강력한 전투부대도 전투력을 발휘할 수 없다. 연료, 탄약, 보급품 없이 부대가 어떻게 싸울 수 있겠는가? 이러한 도전에 대응할 수 있도록 각종 지원부대를 훈련시켜야 한다. 의료구조부대는 과거 수십 년 동안 미군이 참여했던 대테러 전투에서 그랬던 것처럼 부상자들을 쉽게 후송할 수 있는 허용적 환경이 아니라는 점을 인식하고, '골든 아워golden hour'를 '골든 데이golden day'로 연장할 수 있도록 훈련해야 한다.

요컨대, 지원부대는 지금보다 더 높은 수준의 교육훈련과 숙련된 리더십을 필요로 한다. 현대 전투의 요구를 충족하기 위해 구성·가상·라이브 시뮬레이션을 통한 광범위하고 높은 수준의 훈련을 반복해서 시행해야 한다. 지원부대는 방어시설이 갖추어진 기지에서 안전하게 활동할 수 있다는 생각은 이제는 유효하지 않다. 현대 전투공간에서 지원 및 군수부대는 분산되어 작전할 수 있어야 하며, 기동성과 마스킹 능력을 높이기 위해 가능한 모든 노력을 기울여야 한다. 우리는 지원부대에 대한 기존의 생각을 바꿔 지원부대를 메시 네트워크 조직으로 분산 배치하는 방법을 모색하고, 이스라엘제 아이언돔이나 로켓 및 박격포 방어체계 같은 방공체계를 구축하여 이들의 생존능력을 높여야 한다. 지원부대 기지를 보호하기 위한 '빅 블루 블랭킷' 구축도 중요한 문제다. 진지를 강화하고 신속히 진지를 구축하는 연습도 병행해야 한다. 지원부대는 자체 생존능력을 높이고, 전투부대를 효과적으로 지원하기 위해 전술·기술·절차TTP의 전면적 쇄신이 필요하다. 이 문제들은 더는 미룰 수 없는 즉각적인 조치를 요하는 핵심 과제다.

승리

다음 전쟁에서 승리하려면 이 책에 제시한 전쟁의 변혁 요인들을 연구하고 실행에 옮긴 뒤 이를 철저하게 평가하여 다영역작전과 제병협동작전에 실제로 적용할 수 있어야 한다. 오늘날 미 육군의 제병협동작전은 변화하는 전쟁 방식에 적응해야 한다. 제병협동작전을 계획·준비·실행하는 방식도 바뀌어야 한다. 제병협동작전은 새로운 개념이 아니다. 오늘날 군대가 제병협동작전을 수행하기 위해 지상군을 조직하고, 무장하고, 훈련시키는 방법은 과거의 군대와 큰 차이가 없다. 로마군단의 창병·투창병·기병 혼합 운용 방식부터 나폴레옹 전쟁 당시의 기병·보병·포병 혼합 전법에 이르기까지 제병협동작전은 다양한 전술능력을 조화롭게 적용하는 것을 추구한다. 각각의 병종은 고유의 역할을 지녔다. 보병은 아군 진지를 사수하고 돌격하여 적의 진지를 점령했고, 포병은 적을 포격해 적의 항복을 유도하고 적 포병과 교전을 벌였다. 기병은 전방을 감시하고 정찰하며, 적 기병을 격퇴하고, 신속한 기동과 추격전을 수행했다.

제병협동작전은 공동의 목표를 달성하기 위해 전투부대, 전투지원부대, 전투근무지원부대를 동시에 통합 운용하는 것이다. 제병협동작전은 개별 부대가 단독으로 발휘하는 효과를 다 합친 것보다 더 큰 효과를 발휘한다. 제병협동부대는 시간, 공간, 목적, 자원의 측면에서 완전히 통합된 작전을 수행하고 전투력을 조정·집중함으로써 적을 혼란에 빠뜨리고, 적의 사기를 저하시키며, 파괴하는 것을 목표로 한다. 오늘날 전쟁에서 활용할 수 있는 수단은 나폴레옹 시대보다 수천 배는 많아졌고, 제병협동작전의 적용 방식 또한 다양해졌다.

다영역 제병협동은 지상, 해상, 공중, 사이버, 우주에서 작전하는 부대들이 서로 협동하여 큰 시너지 효과를 발휘하게 함으로써 제병협동작전 수행을 더욱 용이하게 한다. 다영역 제병협동기동은 합동 전력을 집중시켜 지정된 다영역 돌파구 내에 있는 적을 압도하고 전투충격을 일으켜야 한다. 이러한 다양한 능력을 조정하고 통합하는 것은 매우 복잡하고 어려운 과제로, 분산 임무형 지휘 및 합동전영역지휘통제체계^{JADC2}와 함께 개발되고 있는 전문가 시스템$^{expert\ system}$*이 필요하다. 분산, 공격, 집중을 위한 능숙한 마스킹은 필수적인 요소다. 전영역 제병협동작전을 제대로 수행하기 위해서는 강한 훈련을 통해 분산 임무형 지휘에 능숙한 지휘관을 양성해야 한다.

---

* 전문가 시스템(expert system): 특정 분야의 전문가가 보유한 전문 지식을 컴퓨터에 체계적으로 저장·적용하여, 일반인도 전문가 수준의 문제 해결이나 의사결정을 지원받을 수 있도록 설계된 인공지능 시스템이다.

효과적인 제병협동작전은 언제나 승리한다. 하지만, 현대의 투명하고 치명적이며 정밀해진 전투공간에서 승리하기 위해 기존의 제병협동전술은 시대에 맞게 변해야 한다. 위 사진은 2021년 3월 8일 뉴멕시코주 도나 아나 사격장(Dona Ana Range Complex)에서 1기갑사단 1기갑여단 전투팀 30야전포병연대 2대대 소속 미 육군 장병들이 대대급 포병 자격인증 훈련을 하며 M109 팔라딘을 사격하는 모습이다. 〈출처: U.S. Army〉

전 세계에서 다영역 제병협동작전을 능숙하게 수행할 수 있는 군대는 극소수에 불과할 것이다. 만약 그런 능력을 보유한 군대가 있다면, 1940년 전격전에서 독일군이 그러했던 것처럼 적에 대한 엄청난 비교 우위를 점하게 될 것이다. 클라우제비츠가 "주어진 분쟁 내에서 예측할 수 없는 무작위적이고 예측 불가능한 사건"이라고 정의한 전쟁의 마찰

friction of war은 오늘날에도 유효한 개념이고, 시간이 지남에 따라 전쟁의 마찰은 전투력을 소진시킬 것이다. 전쟁의 기본적인 모습은 진지전, 정적인 방어, 피비린내로 가득한 소모전이다. 기동하지 않으면 전쟁은 끝없이 길어지고, 양측에 막대한 사상자를 내고도 승패는 결정되지 않는다. 기동과 전술적 사고보다 화력을 앞세웠던 제1차 세계대전에서 우리는 이러한 현상을 목격했다. 오늘날 우리는 제1차 세계대전 때와 비슷한 기술적·전술적 상황에 처해 있다. 러시아-우크라이나 전쟁에서 보듯이 전쟁의 마찰이 커지면, 전쟁은 다시 진지전으로 되돌아간다. 포병과 정밀타격무기가 전투공간에 널리 보급되어 있기 때문에 적군과 아군 모두 참호를 깊게 파고 들어가야만 살아남을 수 있다. 땅을 파면 진지는 강화되지만, 땅을 판다고 전쟁에서 승리할 수 있는 것은 아니다. 공격해야 승리할 수 있다. 일단 전투가 시작되면 공격을 통해 주도권을 확보하고 적에게 우리의 의지를 끊임없이 강요해야만 결정적인 승리로 전쟁을 마무리 지을 수 있다.

다음 전쟁

새로운 전쟁 수단은 새로운 사고방식을 자극한다. 최근 몇 년간 일어난 전쟁들은 전쟁의 양상이 어떻게 변화하는지 보여주었다. 이러한 전쟁들을 관찰하고 얻은 교훈은 행동을 촉구하는 강력한 경고음이다. 이는 우리에게 울리는 경종이다. 필자는 최근 전쟁들을 연구하여 이 책에 제시한 9가지 전쟁의 변혁 요인을 도출했다. 최근의 전쟁들에서 얻은 분명한 교훈 중 하나는 전쟁의 장기화를 반드시 피해야 한다는 것이다. 이라크와 아프가니스탄에서 겪어야 했던 미군의 길고 고통스러운 경험을 통해 우리는 반드시 교훈을 얻어야 한다. 만약 다시 전쟁을 해야 한다면 1991년 '사막의 폭풍Desert Storm' 작전처럼 신속하고 단호하게 승리하는 데 집중해야 한다. 하지만 지금의 전쟁은 당시와는 사뭇 다르고, 사막의 폭풍 작전에서 수행했던 방식을 반복해서는 절대 성공할 수 없다. 아군이 안전한 지역에서 압도적인 전력을 축적하는 것을 적은 절대 허용하지 않을 것이고, 완전하게 준비된 아군이 먼저 공격할 때까지 기다리고만 있지도 않을 것이다. 이 장에서 설명했듯이 적은 선제공격의 우위를 점할 것이며 그러한 도전에 맞서기 위해 우리는 훈련과 전투에 대한 사고방식을 바꿔야 한다.

지금 세계는 팬데믹, 경제위기, 전쟁으로 어려운 시기를 맞고 있다. 미국이 마주할 다음 전쟁이 '언제 어디에서' 일어날지는 예측할 수 없지만, 우리가 간과하지 말아야 할 경고 신호는 분명히 존재한다. 현재 미국은 러시아와 하이브리드 전쟁hybrid war을 하고 있으며, 미국을 비롯한 여러 국가들이 러시아의 침략에 맞서 우크라이나에 무기를 지원하고 있다. 러시아가 우크라이나에서 승리하기 어려워짐에 따라 미국과 나토 대 러시아 간의 긴장이 고조되고 있다. 의도적으로든 또는 실수로든 우크라이나에서의 전쟁이 러시아와 나토 간의 충돌로 확대될 가능성도 배제할 수 없다.

또한, 지구 반대편에서 중국은 미국과 미국의 국익에 대한 커다란 위협 세력으로 떠오르고 있다. 태평양 지역에서 전쟁이 일어날 위험성은 크다. "중국은 지금 자신이 적국들과 전쟁 중인 상태라고 여기지만, 중국의 적국들은 그렇지 않다."[10] 중국은 군사적 침공까지 포함하는 모든 수단을 동원하여 대만을 점령하겠다고 공언하고 있다. 2022년 11월, 중국에서는 1989년 천안문 사태 이후 가장 큰 규모의 국내 시위인 '백지 시위White Paper Protest'가 발생했다. 중국 공산당은 이 시위의 지도자와 참가자 대부분을 아무도 모르게 체포하거나 제거했는데, 이는 중국이 조지 오웰George Orwell의 디스토피아 소설 『1984』를 넘어서는 수준의 감시 국가라는 사실을 다시 한 번 상기시켜주었다.[11] 국내의 불안에도 불구하고, 중국은 이에 아랑곳하지 않고 대만 점령을 위한 군의 현대화를 가속하고 있다. "문제는 중국이 대만을 침공할지 여부의 문제가 아니라 언제 침공할 것인가 하는 시기의 문제일 뿐이다."[12] 중국이 대만을 정복하려고 공격한다면 미국과 동맹국의 반격을 촉발하여 미국을 또 다른 대등한 강대국과 대립하게 만들 것이다. 이것이 현실이 된다면 북한도 전쟁에 개입할 수 있다. 중국이나 북한은 사전경고 없이 선제공격할 수 있는 능력을 가지고 있으므로 태평양과 한국에 주둔 중인 미군은 항시 높은 경계태세를 유지해야 한다.

나고르노-카라바흐와 같은 다른 지역에서는 아제르바이잔과 아르메니아 사이에 언제든 또 다른 전쟁이 발발할 수 있다. 아제르바이잔과 터키는 동맹국이고 아르메니아는 러시아, 이란과 동맹을 맺고 있기 때문에 캅카스에서 지역 분쟁이 발발할 가능성이 있다. 여기에 더해 러시아-우크라이나 전쟁에서 드러난 약점으로 인해 러시아의 불안정성이 심화되고 있다. 구소련 공화국 중 어느 곳에서든 전쟁이 일어나도 이상하지 않은 상황이다. 모스크바의 영향력으로 내전과 민족 간 분쟁에 시달리는 독립국가들은 러시아의 지배력이 약화되면서 과거의 불만을 해결하기 위해 전쟁을 선택하거나 내전으로 분열할 수 있다. 러시아가 우크라이나에서 실패할 경우, 러시아 연방은 붕괴할 수도 있다. 제국의 몰락이 전쟁으로 이어졌던 역사적 전례는 수없이 많다. 앞으로 몇 년은 잠재적인 전쟁과 전쟁에 대한 소문으로 가득 찬 위험한 시기가 될 것이다. 지금이야말로 경각심을 높이고, 예지력을 키우고, 대비태세를 높게 유지해야 할 때다. 2030년이나 2035년까지 기다릴 수는 없다.

우리는 싸우는 방식을 다시 구상해야 한다. 기술은 필수적이지만, 하드웨어보다 더 중요한 것은 인간이다. 이는 인간이 생각하고 준비할 때에 한해서다. 전쟁이 발발했을 때 우리가 보유한 전투 능력은 정교하게 발전된 기술의 수준이 결정하는 것이 아니라 그동안 우리가 반복했던 훈련의 수준에 의해서 결정된다. 최근의 전쟁들을 통해서도 제대로 된 교훈을 얻지 못한다면 두 번째 기회는 없을 것이다.

미래는 생각보다 빨리 다가올 것이다. 예상 가능한 모든 형태의 잠재적 갈등은 새로운 기술의 등장으로 인해 가속화되고 있다. 지금 우리는 마치 대규모 전쟁의 벼랑 끝에 서 있는 듯하다. 우리가 지금 준비한다면, 잠재적인 적들이 전쟁을 시작하기 전에 한 번 더 생각하도록 설득할 수 있을 것이다. 전쟁을 억제하기 위해서는 적이 전쟁에서 절대로 이길 수 없으며 미국이나 동맹국을 공격하려는 시도조차 해서는 안 된다고 믿게 만들어야 한다. 만약 우리의 억제 노력이 실패한다면, 가능한 한 빨리 승리해야 한다. 오랜 전쟁은 국가의 파멸을 가져오기 때문이다.

적대 세력과의 전쟁에서 승리하려면 이 책에서 제시한 9가지 전쟁 변

---

* 이 말은 조지 오웰의 소설 『1984』에 등장하는 말로, 무언가가 정상적이지 않고 불안정한 상황을 의미한다.

리더십은 중요하다. 전쟁의 방식은 끊임없이 변화한다. 제대로 이끌기 위해서는 독서해야 한다. 생각하는 사람이 이긴다! 2023년 2월 27일 폴란드 베모보 피스키에(Bemowo Piskie)에서 미 육군 보병 분대장과 기관총 사수가 제병협동 실사격 훈련 중 적 표적을 향해 사격하고 있다. 〈출처: WIKIMEDIA COMMONS | U.S. Army National Guard | Public Domain〉

혁 요인에 대한 심도 깊은 논의가 필요하다. 시계는 이미 "13시를 가리키고 있다."* 변화를 만들어낼 수 있는 시간은 얼마 남지 않았다. 우리는 지금 당장 다르게 생각하고, 다르게 행동해야 한다. 최근 전쟁들로부터 교훈을 배우고 변혁 요인 하나하나를 깊이 있게 들여다보지 않는다면, 우리는 다음 전쟁에서 피의 대가를 치르게 될 것이다. 반면에 우리가 선견지명을 얻기 위해 노력하고, 새로운 아이디어, 전술, 장비를 포함한 혁신적인 해결책을 만들기 위해 빨리 행동에 나선다면 전쟁을 억제하고 미국과 동맹국을 성공적으로 방어해낼 수 있을 것이다. 리더십은 승리의 창조자이자 평화의 전파자다. 다음 전쟁에 대비하기 위해 생각하고, 행동하고, 준비하는 것은 우리에게 달려 있다.

| 저자주(著者註) |

1. Ulysses S. Grant, as quoted in James F. Rusling, *Men and Things I Saw in Civil War Days* (New York: Eaton and Mains, 1899), 137. 병참총감부 소속이었던 제임스 F. 러슬링(James F. Rusling) 대령은 1863~1864년 겨울, 한 병참장교가 애틀랜타 원정을 위해 수백만 달러의 지출 승인을 요청했을 때 그랜트 장군이 서류를 간단히 검토한 후 즉시 승인을 내렸다고 회고했다. 장교가 그랜트의 신속한 결정을 의아하게 여기며 "이 결정이 확실합니까?"라고 묻자, 그랜트는 이렇게 답했다. "아니, 확신할 수는 없소. 하지만 전쟁에서 가장 나쁜 것은 우유부단함이오. 우리는 결정을 내려야 하오. 만약 내가 틀렸다면 곧 알게 될 것이고, 다른 방법을 택하면 되오. 그러나 결정을 내리지 않으면 시간과 돈을 낭비하게 되고, 모든 것을 망칠 수도 있소."

서문

1. Bertrand Russell, *The A B C of Relativity* (New York: Harper & Brothers, 1925), 167.

2. "생각하는 자가 승리한다(Who thinks, wins)"라는 표현은 영국 특수공군(SAS)의 좌우명인 "위험을 감수하는 자가 승리한다(Who dares, wins)"와 브라이스 G. 호프만의 저서 *Red Teaming: How Your Business Can Conquer the Competition by Challenging Everything* (뉴욕: Crown Business, 2017), 7쪽에서 영감을 받았다.

3. 트로이 목마 이야기는 호메로스의 오디세이아와 베르길리우스의 아이네이스에 등장한다. 아이네이스에서 오디세우스는 로마식 이름인 "율리시스(Ulysses)"로 불린다. 참고: M. Clarke (1970), *The Aeneid of Virgil*, translated by John Dryden. Edited with introduction and notes by Robert Fitzgerald. *The Aeneid by Virgil* (London: Collier-Macmillan, 1968), accessed at http://faculty.sgc.edu/rkelley/The%20Ae-

neid.pdf.

4. Patrick Sanders, "Chief of the General Staff Speech at RUSI Land Warfare Conference," *Gov.UK*, June 28, 2022, at https://www.gov.uk/government/speeches/ chief-the-general-staff-speech-at-rusi-land-warfare-conference.

5. 미 육군 훈련 및 교리사령부(TRADOC) 사령관이었던 윌리엄 드푸이(Gen. DePuy) 장군은 욤키푸르 전쟁을 연구하고 미 육군 교리를 개정했다. 이 평가의 결과로 1976년 FM 100-5 작전(Operation) 교범에서 '능동 방어(Active Defense)' 개념이 발표되었다. 이후 TRADOC 사령관직을 승계한 도널드 스타리(Gen. Starry) 장군은 공군과 지상군의 합동 운용을 강조하며, 소모전이 아닌 기동전 개념을 중심으로 교리를 개정했다. 그의 노력의 결과로 1982년 FM 100-5 교범이 새롭게 발표되었으며, 이를 '공지전(AirLand Battle)'이라고 한다. '공지전'은 1982년부터 2000년대 초까지 미 육군의 전투 교리의 근간이 되었으며, 1991년 걸프전(사막의 폭풍 작전, Operation Desert Storm)에서 성공적으로 적용되었다.

6. 2018년 미 의회 보고서에서 인공지능(AI)의 정의에 대한 자세한 내용은 용어집(Glossary) 참고.

7. Todd Neikirk, "The Germans Had High Hopes Goliath for the Goliath Tracked Mine," *War History Online*, accessed June 6, 2022, at https://www.warhistoryonline.com/world-war-ii/ goliath-tracked-mine.html?chrome=1. 독일군은 전기식 및 가솔린 엔진형의 골리앗 궤도 지뢰를 운용했다.

8. Jen Judson, "US Army Adopts New Multi-domain Operations Doctrine," *Defense News*, accessed October 22, 2022, at https://www.defensenews.com/land/2022/10/10/ us-army-adopts-new-multidomain-operations-doctrine/

9. Joint Air Power Competence Center (JAPCC), "All Domain Operations in a Combined Environment," North Atlantic Treaty Organization JAPCC, September 2021, at https://www.japcc.org/flyers/all-domain-operations-in-a-combined-environment/

10. US Congress, "Testimony of Peter Singer to the House Armed Services Committee Subcommittee on Cyber, Information Technologies, and Innovation The Future of War: Is the Pentagon Prepared to Deter and Defeat America's Adversaries," Washington, D.C.: US House of Representatives, Armed Services Committee, February 9, 2023.

| CHAPTER 1 | 상상력의 결여

1. Roberta Morgan Wohlstetter, *Pearl Harbor, Warning and Decision* (Stanford: Stanford University Press; 1962), 387.

2. George Sylvester Viereck, "What Life Means to Einstein: An Interview by George Sylvester Viereck," Indianapolis: *Saturday Evening Post* Society, October 26, 1929, 17.

3. Command History. US Pacific Fleet website, US Navy, at https://www.cpf.navy.mil/About-Us/ Command-History/; and Bob Bryant, "Aircraft Carrier Operations During WW2," *WWII Database*, at https://ww2db.com/other.php?other_id=49.

4. 충격 드론(shock drone)은 러시아 군사 문헌에서 정찰 및 공격 임무용으로 설계된 무인항공기(UAV) 또는 자폭 드론(loitering munition)을 지칭할 때 사용되는 용어다.

5. 이 전쟁을 연구하고자 하는 사람들은 저자의 저서 *7 Seconds to Die: A Military Analysis of the Second Nagorno-Karabakh War and the Future of Warfighting* 참고하기 바람. https://www.casematepublishers.com/7-seconds-to-die.html.

6. Dontavian Harrison, "AUSA 2021: Secretary of the Army's Keynote Speech 11 October 2021," *army.mil*, accessed October 14, 2021, at https://www.army.mil/article/251180/ausa_2021_secretary_of_the_armys_keynote_speech_11_october_2021.

7. Anna Ahronheim, "Israel's Operation Against Hamas was the World's First AI War," *The Jerusalem Post*, May 26, 2021.

8. Harun Yilmaz, "No, Russia will not invade Ukraine: A large-scale military operation does not fit into Moscow's cost-benefit calculus," *Al Jazeera*, February 9, 2022, at https://www.aljazeera.com/opinions/2022/2/9/no-russia-will-not-invade-ukraine; and Frank Gardner, "Ukraine crisis: Five reasons why Putin Might Not Invade," *BBC News*, February 21, 2022, athttps://www.bbc.com/news/world-europe-60468264.

9. Jacqui Heinrich, Adam Sabes, "Gen. Milley says Kyiv could fall within 72 hours if Russia Decides to Invade Ukraine," *Fox News*, February 5, 2022, at https://www.foxnews.com/us/gen-milley-says-kyiv-could-fall-within-72-hours-if-russia-decides-to-invade-ukraine-sources.

10. Geoff Ball, Chad Skaggs, and USMC authors et al, "Signature Management (SIGMAN) Camouflage SOP: A Guide to Reduce Physical Signature Under UAS," Twenty-Nine Palms: The Warfighting Society, August 2020, at http://www.2ndbn5thmar.com/camouflage/SIGMAN%20 Camouflage%20SOP.pdf, 1.

11. 임무형 지휘(Mission Command)는 미 육군의 지휘 및 통제 방식으로, 상황에 적합한 독립적 의사결정과 분산된 실행을 강조하는 개념이다. 참고: Army Doctrine Publication No. 6-0, *Mission Command: Command and Control of Army Forces*, Washington, D.C: Headquarters Department of the Army, July 31, 2019, 1-3.

12. US Army, "The Operational Environment and the Changing Character of Warfare," Fort Eustis: TRADOC Pam 525-92, October 2019, 24.

| CHAPTER 2 | 투명한 전투공간

1. Mark A. Milley, "AUSA Eisenhower Luncheon, 4 October 2016"(speech, Association of the United States Army [AUSA]), Washington, D.C., October 4, 2016.

2. Raphael Satter and Dmytro Vlasov, "Ukraine Soldiers Bombarded by 'Pinpoint Propaganda'Texts," *AP News*, May 11, 2017, at https://apnews.com/article/technology-europe-ukraine-onlyon-ap-9a564a5f64e847d1a50938035ea64b8f.

3. David Axe, "The Ukrainian Army Learned The Hard Way—Don't Idle Your Tanks When The Russians Are Nearby," *Forbes Magazine*, August 5, 2020, at https://www.forbes.com/sites/davidaxe/2020/08/05/the-ukrainian-army-learned-the-hard-way-dont-idle-your-tanks-when-therussians- are-nearby/.

4. Phillip Karber, "Lessons Learned From the Russo-Ukraine War," Historical Lessons Learned Workshop by Johns Hopkins Applied Physics Laboratory and the US Army Capabilities Center (ARCIC), July 6, 2015, at https://www.researchgate.net/publication/316122469_Karber_RUSUKR_War_Lessons_Learned.

5. Yury Butusov, "The Russian Army killed 37 Ukrainian Soldiers near Zelenopillia," *Censor.NET*, Ukrainian news portal, July 11, 2014, at https://censor.net/ru/r343516.

6. 노모포비아(Nomophobia)는 "노 모바일폰 포비아(no-mobile-phone phobia)"의 약자로, 휴대전화가 없을 때 느끼는 불안감을 뜻한다. 이 용어는 2008년 영국 우체국 (UK Postal Office) 의뢰 연구에서 처음 등장했다. 참고 : Kendra Cherry, "Nomopho-

bia: The Fear of Being Without Your Phone," *Verywell Mind*, February 25, 2020, at https://www.verywellmind.com/nomophobia-the-fear-of-being-without-your-phone-4781725.

7. Liam Collins, "Russia gives Lessons in Electronic Warfare," *Association of the US Army*, July 26, 2018, at https://www.ausa.org/articles/russia-gives-lessons-electronic-warfare.

8. Lt. Gen. Sergei Sevryukov, "Statement by First Deputy Chief of Main Military-Political Directorate of Russian Armed Forces Lieutenant General Sergei Sevryukov," *mil.ru*, Russian Ministry of Defense Video, January 4, 2022.

9. Malcolm Parkinson, "The Artist at War," *Prologue Magazine* in The National Archives, Vol. 44, No.1, Spring 2012, at https://www.archives.gov/publications/prologue/2012/spring/camouflage.html.

10. Linda Rodriguez McRobbie, "When the British Wanted to Camouflage Their Warships, They Made Them Dazzle," *Smithsonian Magazine*, April 7, 2016.

11. Hugh. B. Cott, *Adaptive Coloration in Animals*, Methuen, Oxford University Press, 1940. 휴 코트는 자연에서 관찰되는 위장 기법을 다음과 같이 분류했다: 1.융합(Merging): 산토끼, 북극곰 2.교란(Disruption): 흰떠물떼새, 3.변장(Disguise): 대벌레 4.눈속임(Misdirection): 나비와 물고기의 눈무늬 5.대즐 위장(Dazzle Camouflage): 일부 메뚜기 종 6.유인(Decoy): 아귀 7.연막(Smokescreen): 오징어 8.가짜(dummy): 파리, 개미 9.허위적 힘의 과시(False Display of Strength): 두꺼비, 도마뱀. 참고 : https://www.liquisearch.com/hugh_b_cott/camouflage_research.

12. Dan Parsons, "What Ukraine Is Teaching US Army Generals About Future Combat: US soldiers can expect to be under constant enemy surveillance and threatened by long-range precision artillery in the next war," *The War Zone*, October 14, 2022, at https://www.thedrive.com/the-war-zone/what-ukraine-is-teaching-u-s-army-generals-about-future-combat.

13. Mykhailo Podolyak, "If something is launched into other countries' airspace, sooner or later unknown flying objects will return to (their) departure point," Twitter, @Podolyak_M, December 5, 2022.

14. John Johnson, "Analysis of Image Forming Systems,"Ft. Belvoir: Image Intensifier Symposium, AD 220160, Warfare Electrical Engineering Department, US Army Research and Development Laboratories, October 6 – 7, 1958, 249 – 73, at

https://home.cis.rit.edu/~cnspci/references/johnson1958.pdf.

15. Dmitry Litovkin, "Infrared and Invisibility: Russia's New Tanks Top Up on Technology," *Russia Beyond*, May 17, 2017, at https://www.rbth.com/defence/2017/05/17/infrared-andinvisibility- russias-new-tanks-top-up-on-technology_764601.

16. Jennifer Chu, "MIT engineers configure RFID tags to work as sensors, Platform may enable continuous, low-cost, reliable devices that detect chemicals in the environment," *MIT News*, Massachusetts Institute of Technology, June 14, 2018; and LaPorta, James, et al. "Military Units Track Guns Using Tech that Could Aid Foes," *The Associated Press*, September 30, 2021.

17. Swati Khandelwal, "How A Drone Can Infiltrate Your Network by Hovering Outside the Building," *The Hacker News*, October 7, 2015, at https://thehackernews.com/2015/10/hack-drones-computer.html.

18. Sam Cranny-Evans and Dr. Thomas Withington, "Russian Comms in Ukraine: A World of Hertz," *Russia Report*, March 9, 2022, at https://rusi.org/explore-our-research/publications/commentary/ russian-comms-ukraine-world-hertz.

19. Stephen Chen, "Chinese Team Says Quantum Physics Project Moves Radar Closer to Detecting Stealth Aircraft," *South China Morning Post*, September 3, 2021, at https://www.scmp.com/news/ china/science/article/3147309/chinese-team-says-quantum-physics-project-moves-radar-closer.

20. US Army doctrine establishes nine principles of war: Objective, Offensive, Mass, Economy of Force, Maneuver, Unity of Command, Security, Surprise, and Simplicity. Joint doctrine adds three principles of operations (perseverance, legitimacy, and restraint) to the traditional nine principles of war to account for operations other than conventional large-scale combat, such as peacekeeping and counterinsurgency. See: US Army, *Field Manual 3-0, Operations* (Washington, D.C.: Headquarters Department of the Army, 2022), Appendix A.

20. 미 육군 교리는 전쟁의 9대 원칙을 다음과 같이 규정하고 있다: 목표(Objective), 공격(Offensive), 집중(Mass), 전력 절약(Economy of Force), 기동(Maneuver), 통일된 지휘(Unity of Command), 보안(Security), 기습(Surprise), 단순성(Simplicity). 합동 교리는 여기에 인내(Perseverance), 정당성(Legitimacy), 절제(Restraint)의 세 가지 작전 원칙을 추가하여 평화유지 및 대반란 작전과 같은 비전통적 작전을 반영한다. 참고: US Army, *Field Manual 3-0, Operations* (Washington, D.C.: Headquarters De-

partment of the Army, 2022), Appendix A.

21. Kateryna Stepanenko, et al. "Russian Offensive Campaign Assessment, September 30," Institute for the Study of War, September 30, 2022, at https://www.iswresearch.org/2022/09/.

| CHAPTER 3 | 선제공격의 이점

1. Sun Tzu, *The Art of War*, (Lionel Giles Trans.), Project Gutenberg, (Original work published London: Luzac and Company, 1910), 2004 by project Gutenberg, at https://ia600502.us.archive. org/12/items/TheArtOfWarBySunTzu/ArtOfWar.pdf, 65.

2. Lester W. Grau and Charles K. Bartles, "The Russian Reconnaissance Fire Complex Comes of Age," Oxford: The Changing Character of War Centre Pembroke College, University of Oxford, With Axel and Margaret Ax：son Johnson Foundation, May 2018, at https://static1.squarespace.com/static/55faab67e4b0914105347194/t/5b17fd67562fa70b3ae0dd24/1528298869210/The+Russian+Reconnaissance+Fire+Complex+Comes+of+Age.pdf.

3. Mark F. Cancian, Matthew Cancian and Eric Heginbotham, *The First Battle of the Next War : Wargaming a Chinese Invasion of Taiwan*, Center for Strategic and International Studies (CSIS), January 9, 2023, at https://www.csis.org/analysis/first-battle-next-war-wargaming-chinese-invasion-taiwan.

4. Jeffrey Lewis, David Joel La Boon, and Decker Eveleth, "China's Growing Missile Arsenal and the Risk of a 'Taiwan Missile Crisis,'" *Nuclear Threat Initiative*, Report November 18, 2020.

5. US Army, *Field Manual 3-0 Operations* (Washington, D.C.: Headquarters Department of the Army, October 2022)

6. Israel Aerospace Industries (IAI), "HAROP Loitering Munition System,"IAI website, accessed January 23, 2023, at https://www.iai.co.il/p/harop.

7. 무인항공 시스템(UAS)은 비행하는 무인항공기(UAV)와 이를 제어하는 통제 시스템으로 구성된다. 통제 시스템은 일반적으로 무선 통신 링크를 통해 무인항공기와 연결된 원격조종 스테이션을 포함하며, 무인항공기는 무인항공 시스템의 한 구성 요소다.

8. BulgarianMilitary.com, "8 Russian 122mm Howitzers Destroyed by Ukrainian Drone Strikes," Bulgarian Government Publication, March 25, 2022, at https://youtu.be/4Erlh7JjNT0; and https://www.facebook.com/bulgarian-military/posts/watch-8-russian-122mm-howit ers-werestruck- after-uav-found-them-ukraine-ukraine/3047235708858925/; and https://www.zenger.news/2022/03/25/video-ukrainian-forces-take-out-russian-equipment-with-turkish-drones/.

9. Valius Venckunas, "Baykar drone factory in Ukraine to be complete in two years: CEO," *Aerotime Hub*, October 28, 2022, at www.aerotime.aero/articles/32524-baykar-factory-inukraine-to-be-complete-in-two-years-ceo.

10. Rohit Ranjan, "Russia Claims 2,911 Ukrainian Military Infrastructure Facilities Destroyed," *Republicworld.com*, March 10, 2022, at https://www.republicworld.com/world-news/russia-ukraine-crisis/russia-claims-2911-ukrainian-military-infrastructure-facilities-destroyed-articleshow. html.

11. Roberta Morgan Wohlstetter, *Pearl Harbor, Warning and Decision* (Stanford: Stanford University Press, 1962), 382.

12. Ibid., 387.

| CHAPTER 4 | 무인 공중공격

1. 저자는 제2차 세계대전 당시 미 육군 장군이었던 조지 S. 패튼 주니어 장군의 명언인 "훈련받지 않은 용기는 훈련된 총알 앞에서는 쓸모가 없다"를 변용했다. 안타깝게도 패튼의 연설이나 저술 어디에도 이 인용문에 대한 기록이 없고 공식적인 명언집이나 명언집에도 포함되어 있지는 않지만, 이 문구는 잘 준비되고 잘 무장된 상대, 특히 센서 네트워크에 연결된 최신 정밀무기라면 용감함만으로는 충분하지 않다는 것을 의미한다.

2. Pantsir-S1(NATO 보고명 그레이하운드)은 자주식 중거리 지대공미사일 및 대공포 시스템으로 항공기, 헬기, 정밀무기, 순항미사일 및 드론을 격추하도록 특별히 설계되었다.

3. Stijn Mitzer and Joost Oliemans, "Defending Ukraine – Listing Russian Military Equipment Destroyed By Bayraktar TB2s," *Oryx website*, February 27, 2022, at https://www.oryxspioenkop.com/2022/02/defending-ukraine-listing-russian-army.html; and Ukrainian Armed Forces, "Bayraktar destroyed the Russian Buk air defense system near Zhytomyr," Rubryka, February 27, 2022, at https://ru-

bryka.com/en/2022/02/27/znyshhyv-rosijskyj-zrk-buk-pid-zhytomyrom/.

4. Dylan Malyasov, "Ukrainian Bayraktar TB2 Drones Successfully Attack Russian Convoys," *Defense Blog*, February 28, 2022, at https://defence-blog.com/ukrainian-bayraktar-tb2-drones-successfully-attack-russian-convoys/; and Lauren Kahn, "How Ukraine Is Using Drones Against Russia," Council of Foreign Relations (CFR), March 2, 2022, at https://www.cfr.org/in-brief/ how-ukraine-using-drones-against-russia.

5. Uzi Rubin, "The Second Nagorno-Karabakh War: A Milestone in Military Affairs," The Begin-Sadat Center for Strategic Studies, Mideast Security and Policy Studies No. 184, December 2020, at https://besacenter.org/nagorno-karabakh-war-milestone/.

6. Leo Sands, "Sunken Russian warship Moskva: What do we know?" *BBC News*, April 18, 2022, at https://www.bbc.com/news/world-europe-61103927.

7. Stefano D'urso, "Evidence Of US-supplied Switchblade Loitering Munitions Targeting Russian Troops In Ukraine Emerges," *The Aviationist*, May 25, 2022, at https://theaviationist.com/2022/05/25/switchblade-ukraine/.

8. David Hambling, "Paper Planes? Ukraine Gets Flat-Packed Cardboard Drones From Australia," *Forbes*, March 6, 2023, at https://www.forbes.com/sites/davidhambling/2023/03/06/paper-planes-ukraine-gets-flat-packed-cardboard-drones-from-australia/?sh=2d2bafc1b8a2.

9. Felipe Dominguez "Raytheon Intelligence & Space to build mobile 50kW-class laser for US Army," *Raytheon News*, September 7, 202, at https://www.raytheonintelligenceandspace.com/news/2021/09/07/ris-build-mobile-50kw-class-laser-army.

10. Brett Tingley, "Jet-Powered Coyote Drone Defeats Swarm In Army Tests," *The War Zone*, thedrive.com, July 26, 2021, at https://www.thedrive.com/the-war-zone/41689/latest-coyote-drone-variant-defeats-drone-swarm-in-new-army-tests.

11. Can Kasapoglu, "Dangerous Drone for All Seasons: Assessing the Ukrainian Military's Use of the Bayraktar TB2," *Eurasia Daily Monitor*, Volume 19, Issue 36, March 16, 2022, at https://jamestown.org/program/a-dangerous-drone-for-all-seasons-assessing-the-ukrainian-militarys-useof-the-bayraktar-tb-2/.

12. Benjamin Scott, "Army Counter-UAS, 2021-2028," *Military Review*, March-April 2021, at https://www.armyupress.army.mil/Portals/7/military-review/Archives/English/MA-21/Scott-Counter-UAS-1.pdf.

| CHAPTER 5 | AI와 가속화되는 전쟁의 템포

1. Peter G. Tsouras, *Warriors' Words, A Quotation Book, From Sesostris to Schwarzkopf, 187 BC to AD 1991* (London: Arms and Armour Press, 1992), 405.

2. Joint Chiefs of Staff, Joint Publication 3-60, Joint Targeting, January 31, 2013 I-9. 고가치 표적(HVT, High-Value Target): 적 지휘관이 임무를 성공적으로 수행하는 데 필수적인 표적을 의미한다. 고수익 표적(HPT, High-Payoff Target)은 고가치 표적 목록에서 도출되며, 해당 표적을 제거할 경우 아군의 작전 성공에 결정적으로 기여할 수 있는 표적이다. 고가치 표적이 제거되면 아군 지휘관의 관심 지역 내에서 적의 주요 기능이 심각하게 약화될 가능성이 높다. 고수익 표적은 적이 상실했을 때 아군의 작전 성공을 크게 뒷받침하는 표적을 의미한다.

3. "Israel Completes 'Iron Wall' Underground Gaza Barrier," *Al Jazeera*, December 7, 2021, at https://www.aljazeera.com/news/2021/12/7/israel-announces-completion-of-undergroundgaza-border-barrier

4. Toi Staff, "Report: IAF bombing of Hamas 'Metro' Smashed Miles of Tunnels; No Info On Deaths," *The Times of Israel*, May 14, 2021, at https://www.timesofisrael.com/report-heavy-bombing-of-hamas-metro-destroyed-miles-of-tunnels-killed-dozens/.

5. Judah Ari Gross, "IDF Intelligence Hails Tactical Win in Gaza, Can't Say How Long Calm Will Last," *The Times of Israel*, May 27, 2021, at https://www.timesofisrael.com/idf-intel-hails-tactical-win-over-hamas-but-cant-say-how-long-calm-will-last/.

6. 실시간 처리(Real-time processing)는 데이터가 지속적으로 입력되고, 끊임없이 처리되며, 일정한 속도로 출력되는 방식을 의미한다. 반면, 준실시간 처리(Near real-time processing)는 속도가 중요하지만, 초 단위가 아닌 몇 분 단위의 처리 시간도 허용되는 경우를 뜻한다. Cristy Wilson, "The Difference Between Real-Time, Near Real-Time, and Batch Processing in Big Data," *Precisely*, November 14, 2022, at https://www.precisely.com/ blog/big-data/difference-between-real-time-near-real-time-batch-processing-big-data.

7. Sebastien Roblin, "Israel's Bombardment Of Gaza: Methods, Weapons And Impact," *Forbes*, May 26, 2021, at https://www.forbes.com/sites/sebastien-roblin/2021/05/26/israelsbombardment-of-gaza-methods-weapons-and-impact/?sh=1e5f0fdb2f44.

8. Avi Kalo, "AI-Enhanced Military Intelligence Warfare Precedent: Lessons from IDF's Operation "Guardian of the Walls," *Frost and Sullivan*, accessed March 7, 2023, at https://www.frost.com/frost-perspectives/ai-enhanced-military-intelligence-warfare-precedent-lessons-from-idfs-operation-guardian-of-the-walls/.

9. US Army, *Field Manual 3-0, Operations* (Washington D.C.: Headquarters Department of the Army, 2022), 3-3.

10. Ibid.

11. B. J. Copeland, "Artificial Intelligence," *Encyclopedia Britannica*, February 16, 2023, accessed March 6, 2023, at https://www.britannica.com/technology/artificial-intelligence.

12. James Chen, "What Is a Neural Network?" *Investopedia*, September 21, 2022, at https://www.investopedia.com/terms/n/neuralnetwork.asp.

13. Margaret Rouse, "Definition of Generative AI," *Technopedia*, February 1, 2023, at https://www.techopedia.com/definition/34633/generative-ai.

14. Open AI, ChatGPT App, accessed March 7, 2023, at https://chatgptonline.net/.

15. Tsouras, *Warrior's Words*, 434.

16. Christian Brose, "Testimony of Christian Brose to the HASC on Cyber, Information Technologies, and Innovation The Future of War: Is the Pentagon Prepared to Deter and Defeat America's Adversaries," Washington, D.C., US House of Representatives, Armed Services Committee, February 9, 2023, at https://armedservices.house.gov/hearings/citi-hearing-future-war-pentagon-prepared-deter-and-defeat-america-s-adversaries.

17. Stephen I. Schwartz, "The Costs of the Manhattan Project," Brookings Institute, accessed March 7, 2023, at https://www.brookings.edu/the-costs-of-the-manhattan-project/.

18. Translated by Flora Sapio (FLIAScholar), Weiming Chen and Adrian Lo (FLIA Research Intern) Foundation for Law and International Affairs, "New Generation of Artificial Intelligence Development Plan," Chinese Communist Party State Council Document No. 35, July 8, 2017, at https://flia.org/notice-state-council-issuing-new-generation-artificial-intelligence-development-plan/.

19. Deloitte Development LLC, "China Emerges as Global Tech, Innovation Leader," *Wall Street Journal*, 2019, at https://deloitte.wsj.com/articles/china-emerges-as-global-tech-innovationleade-01572483727.

20. Jamie Gaida, Jennifer Wong-Leung, Stephan Robin and Danielle Cave, "ASPI's Critical Technology Tracker: The Global Race for Future Power," *The Australian Strategic Policy Institute Limited*, 2023, at https://ad-aspi.s3.ap-southeast-2.amazonaws.com/2023-03/ASPIs%20Critical%20Technology%20Tracker_0.pdf?VersionId=ndm5v4DRMfpLvu.x69Bi_VUdMVLp07jw, 1-2.

| CHAPTER 6 | 완전자율무기로의 전환

1. Gregory C. Allen, "Understanding China's AI Strategy, Clues to Chinese Strategic Thinking on Artificial Intelligence and National Security," *Center for New American Security*, February 2019, at https://www.cnas.org/publications/reports/understanding-chinas-ai-strategy, 5-6.

2. Techmango, "ChatGPT & Dall-e-2: Everything You Need to Know About the Newest Passion," December 21, 2022, at https://www.techmango.net/chatgpt-dall-e-2-everything-youneed-to-know-about-the-newest-passion.

3. Cliff Saran, "Stanford University's AI Index 2019 annual report has found that the speed of artificial intelligence (AI) is outpacing Moore's Law," *Computerweekly.com*, December 12, 2019, at https://www.computerweekly.com/news/252475371/Stanford-University-finds-that-AIis-outpacing-Moores-Law.

4. Chris Anderson, "Ray Kurzweil on What the Future Holds Next," TED2018 Interview, TED Conferences, LLC, 2018, at https://www.ted.com/talks/the_ted_interview_ray_kurzweil_on_what_the_future_holds_next/transcript.

5. Army Science Board, *Multidomain Operations, Final Report* (Washington, D.C.: Department of the Army, Office of the Deputy Under Secretary of the Army,

May 2019), 8.

6. Sun Tzu, *The Art of War*, (Peter Harris, trans.) (London: Everyman's Library, 2018), 8.

7. "Combined arms is the synchronized and simultaneous application of arms to achieve an effect greater than if each element was used separately or sequentially." US Army ADP 3-0, Operations, Headquarters Department of the Army, October 2019, 3-9.

8. Army Doctrine Publication No. 6-0, *Mission Command: Command and Control of Army Forces* (Washington, D.C.: Headquarters Department of the Army, 2019). 용어집(glossary)의 임무형 지휘에 대한 정의 참고.

9. David K. Spencer, Stephen Duncan, Adam Taliaferro, "Operationalizing artificial intelligence for multidomain operations: a first look," Proc. SPIE 11006, Artificial Intelligence and Machine Learning for Multidomain Operations Applications, May 10, 2019, at https://doi.org/10.1117/12.2524227.

10. Peter J. Boyer, "A Different War: Is the Army Becoming Irrelevant?" *The New Yorker*, June 23, 2002, at https://www.newyorker.com/magazine/2002/07/01/a-different-war.

| CHAPTER 7 | 킬웹

1. Ray Alderman, "Transitioning from the Kill Chain to the Kill Web," *Military Embedded Systems*, May 30, 2018, at https://militaryembedded.com/comms/communications/transitioning-from-the-kill-chain-to-the-kill-web.

2. "Ukraine says it hit Russian Command Post," *Associated Press News*, April 23, 2022, at https://apnews.com/article/russia-ukraine-kyiv-business-crimea-europe-6e0de7b8a92ef0af3c60b69438d6b8b1.

3. John M. Doyle, "General: Precise Sensors to Close Kill Chain is a Key Takeaway from Ukraine War," *Seapower, The Official Publication of the Navy League of the United States*, May 5, 2022.

4. Mara Karlin, "The Kill Chain: An Interview with Christian Brose," Johns Hopkins University, School of Advanced International Studies, May 26, 2020, at

https://sais.jhu.edu/news-press/event-recap/kill-chain-interview-christian-brose; and Christian Brose, *The Kill Chain: Defending America in the Future of High-Tech Warfare* (New York: Hachette Books, 2020).

5. Sydney J. Freedberg, "Target Gone In 20 Seconds: Army Sensor-Shooter Test," *Speaking Defense*, September 10, 2020, at https://breakingdefense.com/2020/09/target-gone-in-20-seconds-army-sensor-shooter-test/.

6. David H. Freedman, "US Is Only Nation with Ethical Standards for AI Weapons. Should We Be Afraid?" *Newsweek*, September 15, 2021, at https://www.newsweek.com/2021/09/24/us-onlynation-ethical-standards-ai-weapons-should-we-afraid-1628986.html.

7. Training and Doctrine Command, *ATP 7-100.3 Chinese Tactics* (Washington D.C.: US Army, 2021), 1–10.

8. Alderman, "Transitioning from the Kill Chain to the Kill Web."

9. Avi Kalo, "AI-Enhanced Military Intelligence Warfare Precedent: Lessons from IDF's Operation 'Guardian of the Walls,'" *Frost and Sullivan*, July 9, 2021, at https://www.frost.com/frost-perspectives/ai-enhanced-military-intelligence-warfare-precedent-lessons-from-idfs-operation-guardian-of-the-walls/.

10. Anna Ahronheim, "Israel's Operation Against Hamas was the World's First AI War," *The Jerusalem Post*, May 27, 2021.

11. Ibid.

12. Robin Laird and Edward Timberlake, *A Maritime Kill Web Force in the Making: Deterrence and Warfighting in the XXIst Century* (Pennsauken: Bookbaby, 2022).

| CHAPTER 8 | 슈퍼 군집

1. David Hambling, "The next era of drones will be defined by 'swarms'," *BBC, Future Now*, April 16, 2017, at https://www.bbc.com/future/article/20170425-were-entering-the-nextera-of-drones.

2. See dramatic video of the attack, from the perspective of one of the

Ukrainian USVs that conducted the attack at https://twitter.com/i/status/1586460767619977216; and H.I Sutton, "Why Ukraine's Remarkable Attack On Sevastopol Will Go Down In History,"November 17, 2022, at https://www.navalnews.com/naval-news/2022/11/why-ukraines-remarkableattack- on-sevastopol-will-go-down-in-history/.

3. John Arquilla and David Ronfeldt, *Swarming and the Future of Conflict* (Santa Monica: RAND Corporation. 2000), at https://www.rand.org/pubs/documented_briefings/DB311.html, vii.

4. Sean J. A. Edwards, *Swarming and the Future of Warfare* (Santa Monica: RAND Corporation, 2005), at https://www.rand.org/pubs/rgs_dissertations/RGSD189.html, xxii.

5. Ibid., xvii.

6. Joseph Trevithick, "China Conducts Test Of Massive Suicide Drone Swarm Launched From A Box On A Truck," *The War Zone*, thedrive.com, October 14, 2020, at https://www.thedrive.com/the-war-zone/37062/china-conducts-test-of-massive-suicide-drone-swarm-launched-from-a-boxon-a-truck.

7. Christian Brose, "Testimony of Christian Brose To the House Armed Services Committee Subcommittee on Cyber, Information Technologies, and Innovation The Future of War: Is the Pentagon Prepared to Deter and Defeat America's Adversaries," Washington, D.C.: US House of Representatives, Armed Services Committee, February 9, 2023, at https://armedservices.house.gov/hearings/citi-hearing-future-war-pentagon-prepared-deter-and-defeat-america-s-adversaries

8. Insider Business, "Watch the Navy's LOCUST (Low-Cost UAV Swarming Technology), Launcher Fire a Swarm of Drones," *YouTube*, April 20, 2017, at https://www.youtube.com/watch?v=qW77hVqux10.

9. 코요테(The Coyote)는 레이시온에서 만든 소형 소모성 자폭 드론이다.

10. Joseph Trevithick, "Massive Drone Swarm Over Strait Decisive In Taiwan Conflict Wargames: Air Force and Independent Think Tank Simulations Show Giant Drone Swarms are Key to Defeating China's Invasion of Taiwan," *The War Zone*, thedrive.com, May 19, 2022, at https://www.thedrive.com/the-war-zone/massive-drone-swarm-over-strait-decisive-in-taiwan-conflict-wargames.

11. US Department of Defense, "Defense Department Successfully Transitions New Technology to Programs of Record," March 16, 2021, at https://www.defense.gov/News/Releases/Release/Article/2539182/defense-department-successfully-transitions-new-technology-toprograms-of-record/.

12. David Hambling, *Swarm Troopers: How Small Drones Will Conquer the World* (Archangel Ink,2015), 8.

13. Tyler Rogoway as quoted in an article by Joseph Trevithick. "Army Buys Small Suicide Drones To Break Up Hostile Swarms And Potentially More." *The War Zone*, The Drive, Jul. 17, 2018.

| CHAPTER 9 | 전투공간의 가시화

1. Sydney J. Freedberg, "War Without Fear: DepSecDef Work on How AI Changes Conflict," *Breaking Defense*, May 31, 2017, at https://breakingdefense.com/2017/05/killer-robots-arentthe-problem-its-unpredictable-ai/.

2. 카우펜스 전투에 대한 자세한 내용은 "Chapter 6, Charge Bayonets! Daniel Morgan at the Battle of Cowpens," in John Antal's *7 Leadership Lessons of the American Revolution* (London: Casemate, 2013)을 참고하시오.

3. Michael Howard and Peter Paret trans. *On War*, Carl von Clausewitz (Princeton: Princeton University Press, 1989), 578.

4. 우다 루프에 대한 자세한 내용은 Robert Coram, *Boyd: The Fighter Pilot Who Changed the Art of War* (New York: Back Bay Books, 2004)을 참고하시 바라며, ADCOP의 정의는 용어집(Glossary)과 https://youtu.be/lzRqZnPVeJI.에서 "Patterns of Conflict"을 참고하시오.

5. 저자의 정의

6. Gareth Halfacree, "A New Non-Invasive Brain-Machine Interface Offers Thought-Based Robot Control with High Accuracy,"Hackster, March 24, 2023, at https://www.hackster.io/news/a-new-non-invasive-brain-machine-interface-offers-thought-based-robot-controlwith-high-accuracy-825e3d406d62.

7. Johns Hopkins University COVID dashboard 참고(https://coronavirus.jhu.edu/map.html.)

8. MMO Populations, "World of Tanks Player Count, (Rank 21/138 of all MMOs)," *mmo.population.com*, as of January 24, 2023, at https://mmo-population.com/r/worldoftanks/.

9. 다이어제틱 뷰(Diegetic View)는 이야기의 세계 내부에서 발생하는 요소를 의미하며, 그 세계와는 별개로 존재하는 외부적인 요소와 대비된다. 즉, 이야기가 보여지거나 연출되는 것이 아니라, 전달되거나 이야기되는 방식이다. 예를 들어, 영화에서 배경 음악이 장면 밖의 보이지 않는 오케스트라에서 나오는 것이 아니라, 장면 속 자동차 라디오에서 흘러나오는 경우가 다이어제틱 뷰 요소에 해당한다.

10. 메트로이드 비디오 게임에서 사용된 미니멀리스트 접근방식의 헤드업 디스플레이(Heads-Up Display, HUD)를 확인하려면 다음을 참고하시오. (https://metroid.fandom.com/wiki/Heads-Up_Display.)

11. MetaQuotes, "MetaTrader 5 Trading Platform," *metaquotes.net*, January 23, 2023, at https://www.metaquotes.net/en/metatrader5.

12. Alexander Suvorov, "The Art of Victory," English trans. 1800, at https://annas-archive.org/md5/12e0a1ed0963b42f539b67e29e983f32.

13. John R. Hoehn, "Joint All Domain Command and Control (JADC2), Congressional Research Service Report (CRS), July 1, 2021," Congress.gov, March 18, 2021, at https://crsreports.congress.gov/product/pdf/R/R46725/2, 1.

14. Ibid., 2.

15. Ibid., 11.

16. Erik Brynjolfsson, coauthor of "The Second Machine Age: Work, Progress, and Prosperity in a Time of Brilliant Technologies," LinkedIn Speaker Series talk, February 22, 2018, at https://speakerseries.libsyn.com/webpage/2018/02/22.

17. Hoehn, "Joint All Domain Command and Control," 4.

18. Paul Scharre, *Centaur Warfighting, The False Choice of Humans vs. Automation* (Temple International and Company LJ., 2016), 152.

19. Hoehn, "Joint All Domain Command and Control," 4.

20. Sgt. Joshua Oh, "Distributed C2 Concept to Address the Pacific Theater," US Army, October 17, 2022, at https://www.army.mil/article/261211/distributed_

c2_concept_to_address_the_pacific_theater.

21. Shaikh Nayeem Faisal, et al. "Noninvasive Sensors for Brain‒Machine Interfaces Based on Micropatterned Epitaxial Graphene," *American Chemical Society (ACS)*, March 16, 2023, at https://pubs.acs.org/doi/10.1021/acsanm.2c05546.

| CHAPTER 10 | 결심 우위

1. Sydney J. Freedberg Jr., "Army's New Aim Is 'Decision Dominance,'" *Breaking Defense*, March 17, 2022, at https://breakingdefense.com/2021/03/armys-new-aim-is-decision-dominance/.

2. Bevin Alexander, *How Great Generals Win* (New York: Avon Books, 1993), 21.

3. Merrick Krause, "Decision Dominance: Exploiting Transformational Asymmetries," *Defense Horizons*, The Center for Technology and National Security Policy National Defense University, February 2003, at https://ndupress.ndu.edu/Portals/68/Documents/defensehorizon/DH-023.pdf?ver=2016-11-15-092812-353

4. Freedberg, "Army's New Aim Is 'Decision Dominance.'"

5. Matt Gonzales, "Mobile Satellite System Reduces Communications Gaps, Increases Naval Interoperability," *US Marine Corps Systems Command*, December 15, 2021, at https://www.marines.mil/DesktopModules/ArticleCS/Print.aspx?PortalId=1&ModuleId=632&Article=2874262.

6. US Army, *FM 3.0 Operations* (Washington, D.C.: Headquarters Department of the Army, 2022), 3‒14.

7. Thomas Cleary trans. *The Art of War, Complete Texts and Commentaries, Sun Tzu* (Boston: Shambhala Publications Inc., 2003), 73.

8. 참고 : https://vbs4.com/.

9. Eric Limer, "The Norwegian Army is Using the Oculus Rift to See Through Its Tanks," *Gizmodo*, May 5, 2014, at https://gizmodo.com/the-norwegian-army-is-using-the-oculusrift-to-see-thro-1571831534.

| CHAPTER 11 | 최초의 스타링크 전쟁

1. John Hoist, "Starlink, China, and Upset Plans," *Ill-Defined Space*, May 12, 2022, at https://illdefinedspace.substack.com/p/starlink-china-and-upset-plans.

2. Qiao Liang and Wang Xiangsui, *Unrestricted Warfare* (Beijing: PLA Literature and Arts Publishing House, 1999), at https://www.c4i.org/unrestricted.pdf, 11.

3. Ashish Dangwal, "China Sends Suspected Military Reconnaissance Balloons Over Taiwan Amid Russian Ops In Ukraine; Beijing Responds," *The EurAsian Times*, March 2, 2022, at and https://eurasiantimes.com/china-launch-military-balloons-into-taiwan-amid-ukraine/; and Qiang Tianlin, "The 'Sharp Weapon'of Air-Space Battle," *China Military Network*, Ministry of Defense Network, March 30, 2018, at http://www.81.cn/jfjbmap/content/2018-03/30/content_202810.htm.

4. Iain Boyd, "Chinese spy balloon over the US: An Aerospace Expert Explains How the Balloons Work and What They Can See," *The Conversation*, February 4, 2023, at https://theconversation.com/chinese-spy-balloon-over-the-us-an-aerospace-expert-explains-how-the-balloonswork-and-what-they-can-see-199245.

5. Heather Chen and Wayne Chang, "China Says It 'Reserves The Right'To Deal With 'Similar Situations'After US Jets Shoot Down Suspected Spy Balloon," *CNN*, February 5, 2023, https://www.cnn.com/2023/02/04/asia/beijing-reacts-us-jets-shoot-chinese-spy-balloon-intl-hnk/index.html.

6. Fatima Khaled, "Ukraine Official Asks Elon Musk for Starlink Stations Amid Russian Invasion," *Newsweek*, February 26, 2022, at https://www.newsweek.com/ukraine-official-asks-elonmusk-starlink-stations-amid-russian-invasion-1682977.

7. Lexi Lonas, "Zelensky says Ukraine Receiving More SpaceX Internet Stations for 'Destroyed Cities,'" *The Hill*, Mar. 5, 2022, atchhttps://thehill.com/policy/international/597028-zelenskysays-ukraine-receiving-more-spacex-internet-stations-for/.

8. Elon Musk @elonmusk Twitter. 1:49 pm, March 3, 2022, at https://twitter.com/elonmusk/status/1499472139333746691.

9. Erick Mack, "US Military Says SpaceX Handily Fought Off Russian Starlink Jamming Attempts," *CNET*, April 22, 2022, at https://www.cnet.com/science/space/us-military-says-spacex-handily-fought-off-russian-starlink-jamming-attempts/.

10. Alia Shoaib, "An Elite Ukrainian Drone Unit Exploits the Cover of Night to Destroy Russian Tanks and Trucks While Their Soldiers Sleep," *Business Insider*, March 20, 2022, at https://www.businessinsider.com/ukrainian-drone-unit-strikes-russian-targets-while-they-sleep-thetimes-2022-3?op=1.

11. Tom Simonite, "How Starlink Scrambled to Keep Ukraine Online: Elon Musk's intervention demonstrates how satellite internet could route around war or censorship far beyond Ukraine," *Wired*, May 11, 2022, at https://www.wired.com/story/starlink-ukraine-internet/.

12. Ilya TZsukanov, "Chinese Military 'Deeply Alarmed'Over Musk's Starlink Satellites'Dual-Use Capabilities," Sputnik International, May 11, 2022, at https://sputniknews.com/20220511/chinese-military-deeply-alarmed-musks-starlink-satellites-dual-use-capabilities-1095443590.html.

13. David Cowhig, "PRC Defense: Starlink Countermeasures," David Cowhig's Translation Blog, May 25, 2022, at https://gaodawei.wordpress.com/.

14. Brandon Wall and Nicholas Ayrton, "Drones and Starlink: Combining Satellite Constellations with Unmanned Navy Ships," *Center for International Maritime Security*, September 1, 2021, at https://cimsec.org/drones-and-starlink-combining-satellite-constellations-with-unmanned-navy-ships/.

15. Mike Wall, "SpaceX launches 56 Starlink Satellites, Lands Rocket on Ship at Sea," *Space.com*, March 24, 2023, at https://www.space.com/spacex-starlink-satellites-group-5-5-launch.

16. Michael Kan, "Starlink on a Drone? This Company Is Working on the Idea," *PCMag.com*, November 2,2022, at https://www.pcmag.com/news/starlink-on-a-drone-this-company-is-working-on-the-idea.

17. SpaceX website, "Starshield," at SpaceX.com, accessed March 28, 2023, at https://www.spacex.com/starshield/.

| CHAPTER 12 | 미래 도시전투에 대한 준비

1. Margarita Konaev and Kirstin J.H. Brathwaite, "Russia's Urban Warfare Predictably Struggles Fighting in Cities is Hard for any Military," *Forbes Magazine*, April 4, 2022, at https://foreignpolicy.com/2022/04/04/russia-ukraine-urban-warfare-kyiv-mariupol/.

2. "House to House Fighting in Bakhmut,"Military Mind, *TVP World*, Polish Broadcasting Service, December 12, 2022; and "Intense urban combat in Bakhmut,"Military Mind, *TVP World*, Polish Broadcasting Service, December 16, 2022, at https://www.youtube.com/watch?v=bv96p2f5APQ and https://www.youtube.com/watch?v=6nPBsWwvLBY.

3. 라스푸티차(Rasputitsa)는 봄철 눈이 녹거나 가을철 집중호우로 인해 발생하는 진흙탕과 습지로 인해 도로가 통행 불가능해지는 현상을 뜻하는 용어로, 주로 우크라이나와 러시아에서 발생한다. 라스푸티차는 1812년 나폴레옹의 원정과 제2차 세계대전 당시 독일군의 진격을 지연시키고 방해한 것으로 유명하다. 우크라이나어로 "라스푸티차"를 뜻하는 "베즈도리즈자(Bezdorizhzhia)"는 "도로 없음(roadlessness)"이라는 의미로, 진흙 때문에 비포장 이동이 극도로 어렵거나 불가능한 상황을 묘사하는 표현이다.

4. 손자는 "가장 낮은 수준의 전략은 성을 공격하는 것이다. 성을 포위하는 것은 최후의 수단으로만 행해져야 한다"고 말했다. Thomas Cleary 번역. *The Art of War, Complete Texts and Commentaries, Sun Tzu* (Boston: Shambhala Publications Inc., 2003), 73.

5. Marc Harris, et al. "Megacities and the United States Army: Preparing for a Complex and Uncertain Future," Chief of Staff of the Army Strategic Studies Group, June 2014, 3.

6. For an excellent discussion about tanks and modern warfare, see David Johnson, "The Tank is Dead: Long Live the Javelin, the Switchblade, the …?" *War on the Rocks*, April 18, 2022, at https://warontherocks.com/2022/04/the-tank-is-dead-long-live-the-javelin-the-switchblade-the/.

7. Elliot Gardner, "All Clear: the Onset of See-Through Armour," *Army Technology*, August 28, 2018, at https://www.army-technology.com/features/clear-onset-see-armour/.

8. "M5 Ripsaw, Extreme Mobility, Decisive Lethality, Wingman Ready," *Team Ripsaw*, Textron Systems, accessed March 2, 2023, at https://www.textronsystems.

com/products/ripsaw-m5.

9. Tyler Rogoway, "AbramsX Next Generation Main Battle Tank Breaks Cover," *The War Zone*, thedrive.com, October 9, 2022, at https://www.thedrive.com/the-war-zone/abramsx-next-generation-main-battle-tank-breaks-cover.

10. Mark Episkopos, "Russia Is Ready to Receive Shiny New T-14 Armata Tanks," *The National Interest*, July 7, 2021, at https://nationalinterest.org/blog/buzz/russia-ready-receive-shinynew-t-14-armata-tanks-189320.

11. 엣지 컴퓨팅은 데이터 처리, 저장 및 분석이 데이터를 수집하고 생성하는 센서, 장치 및 단말기 내부 또는 그 근처에서 이루어지는 분산형 컴퓨팅 인프라를 뜻한다. 이는 모든 데이터를 서버나 중앙 클라우드에 전송하는 방식과 대비된다. 참고: https://www.ibm.com/cloud/what-is-edge-computing.

12. 마리우폴 전투에 대한 리뷰는 다음을 참고하시오. Peter Beaumont, "Defenders of Mariupol are the Heroes of Our Time: the Battle that Gripped the World," *The Guardian*, May 17, 2022, at https://www.theguardian.com/world/2022/may/17/defenders-of-mariupol-arethe-heroes-of-our-time-the-battle-that-gripped-the-world.

13. "Legion-X, Multidomain Autonomous Network Combat Solutions for Unmanned Heterogeneous Swarms," *Elbit Systems*, accessed March 2, 2023, at https://elbitsystems.com/product/legion-x/.

14. "Lanius, Drone-based Loitering Munition for Complex Environments," *Elbit Systems*, accessed March 2, 2023, at https://elbitsystems.com/product/lanius/.

15. Dr. Matt Turek, "Explainable Artificial Intelligence (XAI)," Defense Advanced Research Projects Agency (DARPA), accessed March 2, 2023, at https://www.darpa.mil/program/explainable-artificial-intelligence.

16. Joe Saballa, "US Air Force Tactical Fighter Flown by Artificial Intelligence for First Time," *The Defense Post*, February 14, 2023, at https://www.thedefensepost.com/2023/02/14/us-fighter-artificial-intelligence/.

17. "OFFensive Swarm-Enabled Tactics (OFFSET)," Defense Advanced Research Projects Agency (DARPA), accessed March 2, 2023, at https://www.darpa.mil/work-with-us/offensive-swarm-enabled-tactics.

18. John Spires, "DJI Named Top Commercial Drone Maker with 70% Market

Share," *Drone DJ*, October 16, 2020, at https://dronedj.com/2020/10/16/dji-named-top-commercial-drone-maker-with-70-market-share/.

19. Alia Shoaib, "Inside the elite Ukrainian Drone Unit Founded by Volunteer IT Experts: 'We are all soldiers now,'" *Business Insider*, April 9, 2022, at https://www.businessinsider.com/inside-the-elite-ukrainian-drone-unit-volunteer-it-experts-2022-4.

20. Mandip Singh, "Global MALE & HALE UAV Key Developments Across Global Top 10 Defense Spenders," *European Security and Defense*, January 10, 2023., at https://euro-sd.com/2023/01/articles/26779/global-male-hale-uav-key-developments-across-global-top-10-defence-spenders/.

21. Carlo Munoz, "US Navy, CENTCOM Seek Solutions for Stratospheric ISR Operations," *Janes*, April 5, 2021, at https://www.janes.com/defence-news/news-detail/us-navy-centcom-seek-solutions-for-stratospheric-isr-operations.

22. Lee Ferran, "Army's Ultra-Endurance Zephyr Drone Comes Down After 'Unexpected Termination'over Arizona Desert," *Breaking Defense*, August 23, 2022, at https://breakingdefense.com/2022/08/armys-ultra-endurance-zephyr-drone-comes-down-after-unexpected-terminationover-arizona-desert/.

23. W. J. Hennigan, "Downed Chinese Balloon Part of Global Spy Operation, Pentagon Alleges," *Time*, February 8, 2023, https://time.com/6253974/chinese-balloon-worldwidespy-operation/.

24. "Sentinels of the Sky: The Persistent Threat Detection System," Lockheed Martin, accessed March 2, 2023, at https://www.lockheedmartin.com/en-us/news/features/history/ptds.html.

25. Paul Scharre, "Robotics on the Battlefield Part II: The Coming Swarm," Center for a New American Security (CNAS), October 15, 2014, at https://www.cnas.org/publications/reports/robotics-on-the-battlefield-part-ii-the-coming-swarm.

| CHAPTER 13 | 빅 블루 블랭킷: 대드론 작전을 위한 경전술기

1. Gen. Kenneth F. McKenzie, Jr., "Posture Statement of US Central Command

before the Senate Armed Services Committee," April 22, 2021, at https://www.armed-services.senate.gov/imo/media/doc/McKenzie%20Testimony%2004.22.211.pdf.

2. Sebastien Roblin, "In 1944, USS Intrepid Survived Assault from a Huge Japanese Warship," *The National Interest*, June 6, 2021, at https://nationalinterest.org/blog/reboot/1944-uss-intrepidsurvived-assault-huge-japanese-warship-186877.

3. Steve Balestrieri, "Remembering Adm. John Thach, Naval Aviator, Died on This Day 1981," SOFREP, April 15, 2019, at https://sofrep.com/specialoperations/remembering-adm-john-thach-naval-aviator-died-on-this-day-1981/.

4. Mike Benitez, "OA-X: More Than Just Light Attack," *War on the Rocks*, August 16, 2016, at https://warontherocks.com/2016/08/oa-x-more-than-just-light-attack/.

5. Stephen Losey, "US Special Operations Command chooses L3Harris'Sky Warden for Armed Overwatch Effort," Defense News, August 1, 2022, at https://www.defensenews.com/air/2022/08/01/us-special-operations-command-chooses-l3harris-sky-warden-for-armed-overwatch-effort/.

6. BAE 시스템즈는 50년 이상 미군에서 사용된 2.75인치 로켓을 정밀유도무기로 전환하여, 사거리 3km의 드론 대응 미사일로 개발했다. APKWS 시스템은 동급에서 가장 비용 효율적인 레이저 유도무기로 알려져 있다.

| CHAPTER 14 | 인간-로봇 하이브리드 부대

1. Captain Wayne P. Hughes Jr., US Navy (retired), *Fleet Tactics and Coastal Combat, second edition* (Annapolis: Naval Institute Press, 2000), 4–5.

2. Congressional Research Service, "The Army's Optionally Manned Fighting Vehicle (OMFV) Program: Background and Issues for Congress," February 22, 2019, at https://crsreports.congress.gov/product/pdf/R/R45519/1.

3. Eric Tegler, "An Army General Says The Robotic Combat Vehicles It's Experimenting With Will Be The 'Ghosts Of Patton's Army,'" *Forbes Magazine*, July 30, 2021.

4. John Antal, *Leadership Rising: Raise Your Awareness, Raise Your Leadership, Raise Your Life* (Oxford, UK: Casemate Publishers, 2021), 129.

5. Ellie Cook, "How Russia's 'Marker'Combat Robots Could Impact Ukraine War," *Newsweek*, January 18,2023, at https://www.newsweek.com/russia-marker-combat-robots-ukraine-tests-impact-1774666.

| CHAPTER 15 | 지휘소 운용 규칙

1. General Douglas MacArthur, "MacArthur Endorses More Aid to Britain; General Cables Warning Against 'Fatal Epitaph, Too Late,'" *The New York Times*, September 16, 1940, at https://www.nytimes.com/1940/09/16/archives/macarthur-endorses-more-aid-to-britain-general-cables-warning.html.

2. David Axe, "The Ukrainians Keep Blowing Up Russian Command Posts And Killing Generals," *Forbes*, April 23, 2022, at https://www.forbes.com/sites/davidaxe/2022/04/23/the-ukrainianskeep-blowing-up-russian-command-posts-and-killing-generals/?sh=7b62b207a350.

3. Milford Beagle (LTG US Army), Jason Slider (BG US Army), and Matthew R. Arrol (LTC US Army), "The Graveyard of Command Posts What Chornobaivka Should Teach Us about Command and Control in Large-Scale Combat Operations," *Military Review Online*, March 2023, at https:// www.armyupress.army.mil/Portals/7/military-review/Archives/English/Online-Exclusive/2023/Graveyard-of-Command-Posts/The-Graveyard-of-Command-Posts-UA2.pdf.

4. Sydney J. Freedberg Jr., "Firepower & People: Army Chief On Keys to Future War," *Breaking Defense*, October 10, 2022, at https://breakingdefense.com/2022/10/firepowerpeople-army-chief-on-keys-to-future-war-exclusive/?_hsmi=229138687&_hsenc=p2ANqtz-8JhaqIK0drCqwhSINGHWTz2nbsyRG3if2tFlE0PTmML6iIDJ2lFkWhgNd3D92skkfCGOR8YCpqYlinUtjKgd9zC7Icw.

5. Army Doctrine Publication No. 6-0, *Mission Command: Command and Control of Army Forces* (Washington, D.C.: Headquarters Department of the Army, 2019), at https://usacac.army.mil/node/2425, 1-3.

6. J. F. C. Fuller, *Generalship: Its Diseases and Their Cure: A Study of The Per-

sonal Factor in Command (Harrisburg: Military Service Publishing Company, 1936), 61.

7. Andrew Eversden, "Inside the Army's Distributed Mission Command Experiments In, And Over, The Pacific," *Breaking Defense*, March 23, 2022, at https://breakingdefense.com/2022/03/inside-the-armys-distributed-mission-command-experiments-in-and-over-the-pacific/.

8. Beagle, Slider, and Arrol, "The Graveyard of Command Posts."

9. Jeremy Hofstetter and Adam Wojciechowski, "Electromagnetic Spectrum Survivability in Large-Scale Combat Operations," Fort Benning, GA: Infantry, Winter 2020–2021, at https://www.benning.army.mil/infantry/magazine/issues/2020/Winter/pdf/7_Hofstetter_EW.pdf, 22.

10. Hofstetter and Wojciechowski, "Electromagnetic Spectrum Survivability in Large-Scale Combat Operations," 23.

11. Lt. Gen. Sergei Sevryukov, "Statement by First Deputy Chief of Main Military-Political Directorate of Russian Armed Forces Lieutenant General Sergei Sevryukov," *mil.ru*, Russian Ministry of Defense Video, January 4, 2022.

12. Ibid., 5.

13. 익스펜도 밴(An expando-van)은 지휘소로 활용하기 위해 더 넓은 작업공간으로 확장할 수 있는 트럭이다. 참고: https://www.army.mil/article/219567/new_army_vehicles_being_developed_to_counter modern_threats.

14. TRADOC G2. *The Red Team Handbook, The Army's Guide to Making Better Decisions*, US Army Training and Doctrine Command, Version 9. 2019, at https://usacac.army.mil/sites/default/files/documents/ufmcs/The_Red_Team_Handbook.pdf.

15. Lewis Sorley, *Press On! Selected Works of General Donn A. Starry Volume I* (Fort Leavenworth: US Army Combined Arms Center, Combat Studies Institute, 2009), 164.

16. 이동 중 임무형 지휘의 예는 다음을 참고. MAJ Adam R. Brady, LTC Tommy L. Cardone and CPT Edwin C. den Harder, "Mission Command on the Move,"*Armor Magazine*, 2015, at https://www.benning.army.mil/armor/eARMOR/content/issues/2015/OCT_DEC/Brady-Cardone-Den_Harder.pdf.

17. Andrew Eversden, "Inside the Army's Distributed Mission Command Experiments In, and Over, the Pacific," *Breaking Defense*, March 23, 2022, at https://breakingdefense.com/2022/03/inside-the-armys-distributed-mission-command-experiments-in-and-over-the-pacific/.

18. David Axe, "To Hide From Ukraine's Drones, Russian Troops Could Lay Smoke Screens," *Forbes*, December 17, 2021, at https://www.forbes.com/sites/davidaxe/2021/12/17/to-hide-from-ukraines-drones-russian-troops-could-lay-smoke-screens/?sh=638eee9168ef.

19. Eversden, "Inside The Army's Distributed Mission Command Experiments In, And Over, The Pacific."

20. US Army, *FM 3.0 Operations*, Headquarters Department of the Army, Washington, D.C.: October 1, 2022, 3-2.

| CHAPTER 16 | 전투충격

1. Lewis Sorley, *Press On! Selected Works of General Donn A. Starry Volume I* (Fort Leavenworth: US Army Combined Arms Center, Combat Studies Institute, 2009), 249.

2. 다영역작전은 전략지원 영역, 작전지원 영역, 전술지원 영역, 근접 영역, 종심기동 영역, 종심화력 영역 등 여섯 가지 물리적 영역으로 가시화된다. 참고: US Army, *Field Manual 3-0, Operations* (Washington, D.C.: Headquarters Department of the Army, 2022), 1-2.

3. 분산 임무형 지휘(Distributed Mission Command)는 임무형 지휘를 메시 지휘소 구성에서 수행하는 새로운 개념으로, 기존의 지휘소 인프라를 작고 기동성이 있으며 전투공간에 분산되어 있으면서도 지속적인 통신이 가능한 '기능 노드'로 분할한다. 이러한 분산 임무형 지휘의 목적은 C4ISR 노드를 더욱 탄력적이고 생존 가능하며 효과적으로 만드는 것이다.(저자 정의)

4. Jared Keller, "The Army is Testing a Robot Mini-Tank Straight Out of 'Fast and the Furious' The Ripsaw is Here and Ready to Rock," *Task and Purpose*, July 27, 2021, at https://taskandpurpose.com/news/army-robotic-combat-vehicle-medium-ripsaw-testing/ and https://youtu.be/Wc_ChwLMgCY.

5. Kris Osborn, "Army Evaluates Newly Unveiled AbramsX Main Battle Tank for

Future War Into 2050 General Dynamics Land Systems Unveils Breakthrough Abrams for Future," *Warrior Maven*, October 11, 2022, at https://warriormaven.com/land/army-evalutes-newly-unveiled-abrams-xmain-battle-tank-variant-for-future-warand https://youtu.be/TcfuyyxFtgQ.

6. 마이스로소프트(Microsoft)는 엣지 컴퓨팅을 "원격 위치에 있는 장치가 장치 자체 또는 로컬 서버를 통해 네트워크의 엣지에서 데이터를 처리할 수 있도록 하는 수단"으로 정의한다. 또한, 중앙 데이터 센서에서 데이터를 처리해야 하는 경우 가장 중요한 데이터만 전송하여 대기시간을 최소화할 수 있다. 참고: https://azure.microsoft.com/en-us/resources/cloud-computing-dictionary/what-is-edge-computing/.

7. J. F. C. Fuller, *Generalship, Its Diseases and Their Cure, A Study of the Personal Factor in Command* (Harrisburg: Military Service Publishing Co., 1936), at https://ia801606.us.archive.org/31/items/GeneralshipItsDiseasesAndTheirCure/GeneralshipItsDiseasesAndTheirCure.pdf.

8. 마이크로소프트(Microsoft)의 엣지 컴퓨터에 대한 정의를 참고하시오. https://azure.microsoft.com/en-us/resources/cloud-computing-dictionary/what-is-edge-computing/.

9. 이는 지휘관이 분산 임무형 지휘(Distributed Mission Command)를 수행할 수 있도록 전영역작전을 실행하는 데 필수적인 도구이다. 분산 임무형 지휘의 강점은 서로 분리되고 독립적인 부대를 연결하여 부대의 회복력을 향상시키는 능력에 있다. 분산 임무형 지휘는 작전을 동기화하고, 주도권을 유지하며, 지휘관 의도를 달성하기 위해 명령이나 프로토콜을 통해 임무형 지휘 활동을 조건적·적응적으로 위임하거나 수행하는 것으로 정의할 수 있다. 이러한 노력의 핵심은 지휘관이 전영역공통작전상황도(ADCOP, Advanced Digital Common Operational Picture)를 통해 전투공간을 실시간으로 가시화하는 능력이다.

10. US Army, *Field Manual 3-0, Operations* (Washington, D.C.: Headquarters Department of the Army, 2022), 1–7.

11. William Yang, "China: Fears Grow for Detained Anti-COVID Protesters," *Deutsche Welle*, January 17, 2023, at https://www.dw.com/en/china-fears-grow-for-detained-anti-covidprotesters/a-64421018; and Katherine Miller, "Many participants of the 'White Paper Movement' arrested and lost contact," *TheBL*, December 6, 2022, at https://thebl.tv/china/many-participants-of-the-white-paper-movement-arrested-and-lost-contact.html and https://www.asianews.it/news-en/‘White-sheet’-revolution%27:-

scores-of-Chinese-protestersin-prison-57559.html, and https://globalvoices.org/2023/01/28/anti-zero-covid-white-paperprotesters-face-forced-disappearance-in-china/, and https://www.hrw.org/news/2023/01/26/china-free-white-paper-protesters.

12. 60 Minutes Overtime, "The Persistent Threat of China Invading Taiwan," *CBS News*, O0ctober 9, 2022. Admiral Lee Hsi-min, who once led Taiwan's armed forces, told correspondent Lesley Stahl about China, at https://www.cbsnews.com/news/taiwan-china-military-threat-60-minutes-2022-10-09/.

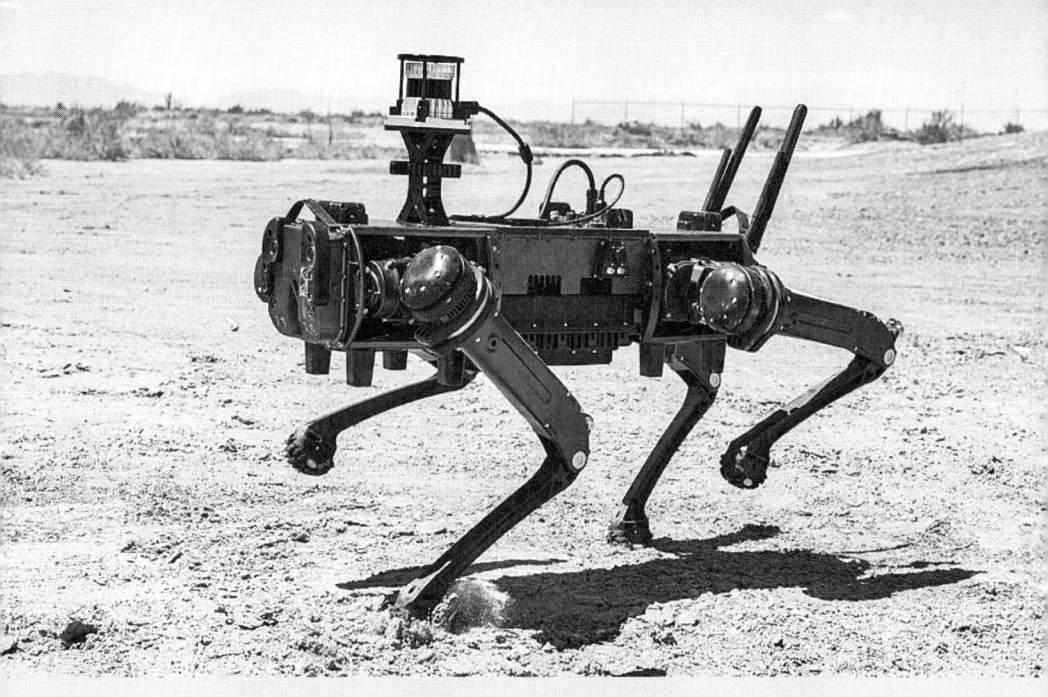

전쟁의 양상이 변화하고 있다. 지휘관들은 이러한 변화를 이해하고, 성공적인 군사작전을 계획·준비·실행하기 위한 통찰력을 가져야 한다. 위 사진은 2023년 4월 17일 뉴멕시코주 홀로먼(Holloman) 공군기지에서 거친 지형을 기동할 수 있는 고스트 로보틱스(Ghost Robotics)의 사족보행 지상로봇인 비전 60Q(Vision 60Q)가 정찰 임무를 수행하는 모습을 찍은 것이다. 〈출처: WIKIMEDIA COMMONS | Air Force Airman 1st Class Isaiah Pedrazzini | Public Domain〉

한국국방안보포럼(KODEF)은 21세기 국방정론을 발전시키고 국가안보에 대한 미래 전략적 대안을 제시하기 위해 뜻있는 군·정치·언론·법조·경제·문화 마니아 집단이 만든 사단법인입니다. 온·오프라인을 통해 국방정책을 논의하고, 국방정책에 관한 조사·연구·자문·지원 활동을 하고 있으며, 국방 관련 단체 및 기관과 공조하여 국방 교육 자료를 개발하고 안보의식을 고양하는 사업을 하고 있습니다. http://www.kodef.net

KODEF 안보총서 127

넥스트 워
NEXT WAR

초판 1쇄 인쇄 | 2025년 10월 24일
초판 1쇄 발행 | 2025년 10월 29일

지은이 | 존 앤털
옮긴이 | 진학근 · 이상호 · 최원석
펴낸이 | 김세영

펴낸곳 | 도서출판 플래닛미디어
주소 | 04013 서울시 마포구 월드컵로15길 67, 2층
전화 | 02-3143-3366
팩스 | 02-3143-3360
블로그 | http://blog.naver.com/planetmedia7
이메일 | webmaster@planetmedia.co.kr
출판등록 | 2005년 9월 12일 제313-2005-000197호

ISBN | 979-11-87822-99-8 03390